U0240029

从**深度学习**到
图神经网络
模型与实践

张玉宏 杨铁军 / 著

电子工业出版社
Publishing House of Electronics Industry
北京·BEIJING

内 容 简 介

近年来，深度学习在人工智能的发展过程中起到了举足轻重的作用，而图神经网络是人工智能领域的一个新兴方向，被称为图上的深度学习。

本书详细介绍了从深度学习到图神经网络的基础概念和前沿技术，包括图上的深度学习、图神经网络的数学基础、神经网络学习与算法优化、深度学习基础、神经网络中的表示学习、面向图数据的嵌入表示、初代图神经网络、空域及谱域图卷积神经网络等内容。为增强可读性，本书叙述清晰、内容深入浅出、图文并茂，力求降低初学者的学习难度。

本书既可作为人工智能领域研究和开发人员的技术参考书，也可作为对图上的深度学习感兴趣的高年级本科生和研究生的入门书。

图书在版编目（CIP）数据

从深度学习到图神经网络：模型与实践 / 张玉宏，杨铁军著. —北京：电子工业出版社，2023.6

ISBN 978-7-121-45682-4

Ⅰ . ①从… Ⅱ . ①张… ②杨… Ⅲ . ①机器学习②人工神经网络 Ⅳ . ①TP181②TP183

中国国家版本馆 CIP 数据核字（2023）第 092989 号

责任编辑：孙奇俏　　　　　　　特约编辑：田学清

印　　刷：三河市双峰印刷装订有限公司

装　　订：三河市双峰印刷装订有限公司

出版发行：电子工业出版社

　　　　　北京市海淀区万寿路 173 信箱　　　　邮编：100036

开　　本：787×980　　1/16　　印张：21.25　　字数：442 千字

版　　次：2023 年 6 月第 1 版

印　　次：2023 年 6 月第 1 次印刷

定　　价：108.00 元

凡所购买电子工业出版社图书有缺损问题，请向购买书店调换。若书店售缺，请与本社发行部联系，联系及邮购电话：（010）88254888，88258888。

质量投诉请发邮件至 zlts@phei.com.cn，盗版侵权举报请发邮件至 dbqq@phei.com.cn。

本书咨询联系方式：faq@phei.com.cn。

前　言

做一名有趣的知识搬运工

很多年前有句广告语——"我们不生产水，我们只是大自然的搬运工"，令我印象深刻。

我之所以会对它印象深刻，是因为我也是一名"搬运工"，套用那句广告词："我不生产知识，我只是知识的搬运工。"

这个定位和我的职业是匹配的。我是一名教师，传道授业解惑，本就是在传播价值、传递知识，而这些价值和知识大多数都不是教师自己创造和生成的。

然而，要想做一名有趣的知识搬运工也是不容易的。因为先把知识搞明白，再把知识给他人讲明白，并尽量有趣，也需要做时间的朋友——这些经验都需要通过大量的时间来慢慢积累。

如果只是搬运简单的知识，自然不足挂齿。但问题是，如果我们搬运的知识是当前领域的前沿知识呢？这就很具有挑战性了，它需要你走出已有知识的舒适区，挑战未知。

深度学习和图神经网络是人工智能研究的前沿，作为一名相关领域的终身学习者，不掌握岂不可惜？但如何能快速掌握图神经网络的基础理论呢？我想到了费曼学习法。

费曼学习法告诉我们：只有你给别人讲清楚了，你才能理解得更透彻（If you can't explain it simply, you don't understand it well enough.）[①]。

很早以前我就领略过费曼学习法的精妙所在——输出倒逼输入，为了更好地输出，学习者就会强迫自己认真地去学。这个方法论让我受益颇多，前些年我撰写过不少颇受好评的图书，如《品味大数据》《深度学习之美：AI 时代的数据处理与最佳实践》《Python 极简讲义：一本书入门数据分析与机器学习》《人工智

---

① 事实上，"费曼学习法"更适合学习者，而不适合研究者。读者应对该学习法有一定的客观认知。

能极简入门》等，事实上它们都是这个方法论麾下的产品。

这次也不例外。《从深度学习到图神经网络：模型与实践》就是一本"为知识传递而作"的图书，这就注定了它的风格——通俗易懂，循序渐进。对于初学者来说，你会读出亲切感、舒适感——这便是我这名"知识搬运工"刻意营造的氛围，希望对你有益，也希望你喜欢。

本书内容

本书主要介绍图神经网络的基础知识和前沿技术。全书共分 9 章，每章的内容简介如下。

第 1 章为图上的深度学习。

本章会对深度学习和图神经网络做系统性梳理，以期给读者带来宏观认知。本章首先简要介绍人工智能与深度学习，然后介绍图神经网络时代，分析图数据处理面临的挑战和图神经网络的应用，并简要总结图神经网络的发展史，以及图神经网络的模块与分类。

第 2 章为图神经网络的数学基础。

本章主要讨论矩阵论、图论及谱图论等基础数学知识。这些基础数学知识将为我们进一步理解神经网络与图神经网络提供必要的理论支撑。图是研究图神经网络的基础工具，很多图神经网络算法就是通过分析图的拉普拉斯矩阵的特征值及特征向量，来研究图性质的。

第 3 章为神经网络学习与算法优化。

本章主要讨论神经网络的基础知识，内容包括前馈神经网络、多层感知机、激活函数、损失函数等。本章首先回顾神经网络的第一性原理，然后探讨增强神经网络表达能力的激活函数，最后讨论神经网络的训练和优化算法的分类。

第 4 章为深度学习基础。

本章主要介绍深度学习中的经典模型——卷积神经网络（CNN）。卷积的本质就是对数据进行特征提取。对于 CNN，我们首先讲解卷积的含义，然后讨论卷积神经网络的网络结构层次（卷积层、汇聚层和全连接层），这里的各种"层"都是对数据实施某种变换或加工的，都是为最后的分类或回归任务服务的。

第 5 章为神经网络中的表示学习。

本章以由浅入深的方式介绍神经网络中可能用到的表示学习方法，内容包括离散表示与独热编码、分布式表示与神经网络、自编码器中的表示学习、嵌入表示与 Word2vec，以及一个通俗易懂的词嵌入实战案例。

第 6 章为面向图数据的嵌入表示。

图的嵌入表示是将图中节点映射为低维空间向量的一种表示学习方法，它是图神经网络的重要基础，很多图相关的任务都是基于图的嵌入表示而展开的。本章主要介绍经典的图嵌入表示方法，包括 DeepWalk、LINE、Node2vec 及 Metapath2vec。

第 7 章为初代图神经网络。

本章主要介绍初代图神经网络的理论基础，是它拉开了图神经网络研究的序幕。本章首先介绍 GNN 中的数据聚合、初代 GNN 的工作原理（包括不动点理论、压缩映射实现的条件等），然后介绍初代图神经网络的局限性，以及为改善这种局限性而产生的各种算法。

第 8 章为空域图卷积神经网络。

本章首先介绍图卷积神经网络，然后介绍 MPNN 模型，讨论 GCN 与 CNN 的关联，并对图卷积节点分类进行编程实践，讨论 GraphSAGE 的工作原理，最后基于 GraphSAGE 进行编程实践，以提升读者对空域图卷积神经网络的感性认识。

第 9 章为谱域图卷积神经网络。

本章首先讨论傅里叶变换与图傅里叶变换的基础知识，然后介绍谱域视角下的图卷积、基于谱域 GCN 的演进，最后用一个分类实践提升读者对谱域图卷积神经网络的感性认识。

阅读准备

阅读本书，读者需要具备一定的 Python 和 PyTorch 编程基础。要想正确运行本书中的示例代码，需要提前安装如下系统及软件。

- 操作系统：Windows、macOS、Linux 均可。
- Python：建议使用 Anaconda 安装 Python 3.6 及以上版本。
- NumPy：建议使用 Anaconda 安装 NumPy 1.18 及以上版本。
- Pandas：建议使用 Anaconda 安装 Pandas 1.3.0 及以上版本。
- PyTorch：建议使用 Anaconda 安装 PyTorch 1.7.0 及以上版本。
- sklearn：建议使用 Anaconda 安装 sklearn 0.22.1 及以上版本。

联系作者

本书从构思大纲、查阅资料、撰写内容、绘制图片，到出版成书，得到了多方面的帮助和支持，它是多人相互协助的结果，其中，河南工业大学张玉宏博士撰写了图书的第 1~2 章和第 5~9 章，河南工业大学杨铁军教授撰写了第 3~4 章，并统筹全书的审校工作。

深度学习与图神经网络是一个前沿且广袤的研究领域，作者自认水平有限，同时限于时间与篇幅，书中难免出现理解偏差和疏漏之处。若读者朋友在阅读本书的过程中发现问题，希望能及时通过邮件与我们联系，我们将在第一时间修正。邮件地址为：zhangyuhong001@gmail.com。

读者也可以关注知乎用户"玉来愈宏"，在"从深度学习到图神经网络：模型与实践"专栏里，你能找到与本书相关的勘误与补充材料。

致谢

在信息获取上，作者在各种参考资料中学习并吸纳了很多精华知识，书中也尽可能给出了文献出处，如有疏漏，望来信告知。在这里，作者对这些高价值资料的提供者、生产者，致以深深的敬意和感谢。

在本书写作时，作者得到了河南省教育厅自然科学项目（项目号：22A520025）、2021年郑州市数字人才"订单式"培养教材出版基金、河南工业大学校级规划教材项目（项目号：26400522）、河南省高等教育教学改革研究与实践项目（项目号：2021SJGLX393、2021SJGLX135、2021SJGLX401）的部分资金支持，在此表示感谢。

另外，还有很多人在本书的出版过程中扮演了重要角色——电子工业出版社博文视点的孙奇俏老师在选题策划和文字编辑方面，陈伟楷、刘国震和钟克针等同学在文字校稿方面都付出了辛勤的劳动，在此对他们一并表示感谢。

符号表

符号	含义
a、$\boldsymbol{a}$、$\boldsymbol{A}$	标量、向量和矩阵
$\boldsymbol{A}^{\mathrm{T}}$	矩阵的转置
$\boldsymbol{I}_N$	N 维单位矩阵
$\mathbb{R}$	实数集合
$\mathbb{R}^m$	m 维的欧几里得空间
G、V、E	图、节点集合、边集合
v_i、v_j	图中节点编号为 i 和 j 的节点
$N(v_i)$	v_i 节点的邻居节点集合
N, N^v	图中节点的个数
N^e	图中边的条数
$\boldsymbol{a}_v^t$	节点 v 在时间步 t 时的向量 $\boldsymbol{a}$
$\boldsymbol{h}_v$	节点 v 的隐向量 $\boldsymbol{h}$
$\boldsymbol{h}_v^t$	节点 v 在时间步 t 时的隐向量 $\boldsymbol{h}$
$A \in R^{n \times n}$	邻接矩阵
$\tilde{\boldsymbol{A}}$	加上自循环的邻接矩阵 $\tilde{\boldsymbol{A}} = \boldsymbol{A} + \boldsymbol{I}$
$\boldsymbol{D}$	度数矩阵
$d(v)$	节点 v 的度
$\boldsymbol{L}$	拉普拉斯矩阵，$\boldsymbol{L} = \boldsymbol{D} - \boldsymbol{A}$
$\boldsymbol{U}$	特征向量矩阵
$\boldsymbol{u}_i$	第 i 个特征向量
$\boldsymbol{\varLambda}$	特征值 λ 的矩阵（对角矩阵）
λ_i	$\boldsymbol{u}_i$ 对应的特征值
$\boldsymbol{L} = \boldsymbol{U}\boldsymbol{\varLambda}\boldsymbol{U}^{\mathrm{T}}$	拉普拉斯矩阵的特征分解
$\boldsymbol{H}^{(l)}$	图中第 l 层的节点隐含态矩阵

符号	含义
X	节点的特征矩阵
X_i	第 i 个节点的特征矩阵
x	特征向量
f	图信号，f_i 表示节点 i 在信号 f 上的取值
σ	激活函数 Sigmoid
o_v^t	节点 v 在时间步 t 时的输出
e_{vw}	从节点 v 到节点 w 的边特征向量
$\odot$	按位（Element-Wise）乘法
$\parallel$	向量的拼接（Concatenation）
$g_w * x$	g_w 与 x 的卷积

目　录

第 1 章　图上的深度学习 1

1.1　人工智能与深度学习 2

1.1.1　深度学习的发展 2

1.1.2　人工智能的底层逻辑 4

1.2　图神经网络时代的来临 6

1.2.1　图与图像大不同 6

1.2.2　图神经网络的本质 8

1.3　图数据处理面临的挑战 9

1.3.1　欧氏空间难表示图 9

1.3.2　图表达无固定格式 10

1.3.3　图可视化难理解 11

1.3.4　图数据不符合独立同分布 11

1.4　图神经网络的应用层面 12

1.4.1　节点预测 12

1.4.2　边预测 13

1.4.3　图预测 14

1.5　图神经网络的发展简史 15

1.5.1　早期的图神经网络 15

1.5.2　图卷积神经网络的提出 16

1.5.3　图表示学习 18

1.5.4　图卷积的简化 19

1.6　图神经网络的模块与分类 20

　　1.6.1　图神经网络的常见模块 20

　　1.6.2　图神经网络的分类 22

1.7　本章小结 23

参考资料 24

第 2 章　图神经网络的数学基础　27

2.1　矩阵论基础 28

　　2.1.1　标量与向量 28

　　2.1.2　向量范数 30

　　2.1.3　向量的夹角与余弦相似度 32

　　2.1.4　矩阵与张量 33

　　2.1.5　矩阵的本质 34

　　2.1.6　矩阵乘法的三种视角 34

　　2.1.7　逆矩阵与行列式 37

　　2.1.8　特征值与特征向量 38

　　2.1.9　矩阵的平方分解 39

　　2.1.10　特征分解 40

　　2.1.11　正定矩阵和半正定矩阵 42

2.2　图论基础 43

　　2.2.1　图的表示 44

　　2.2.2　无向图与有向图 45

　　2.2.3　权值图 45

　　2.2.4　邻接矩阵与关联矩阵 46

　　2.2.5　邻域和度 47

　　2.2.6　度数矩阵 49

　　2.2.7　二分图 50

　　2.2.8　符号图 51

　　2.2.9　图的遍历 52

　　2.2.10　图的同构与异构 53

　　2.2.11　图的途径、迹与路 54

　　2.2.12　图的连通性 55

　　2.2.13　节点的中心性 57

2.3　谱图论基础 65

　　2.3.1　拉普拉斯矩阵的来源 65

    2.3.2   拉普拉斯矩阵的性质 72

    2.3.3   拉普拉斯矩阵的谱分解 74

    2.3.4   拉普拉斯矩阵的归一化 77

  2.4 本章小结 80

  参考资料 80

第 3 章   神经网络学习与算法优化 82

  3.1 人工神经网络的缘起 83

  3.2 神经网络的第一性原理 84

    3.2.1   通用近似定理 85

    3.2.2   通用近似定理的应用 86

  3.3 感知机模型与前馈神经网络 87

    3.3.1   人工神经元的本质 88

    3.3.2   历久弥新的感知机 88

    3.3.3   备受启发的支持向量机 90

  3.4 更强表征能力的多层感知机 91

  3.5 不可或缺的激活函数 93

    3.5.1   Sigmoid 函数 94

    3.5.2   Tanh 函数 95

    3.5.3   ReLU 函数 96

    3.5.4   Softmax 函数 98

  3.6 损失函数 100

    3.6.1   普通的损失函数 101

    3.6.2   交叉熵损失函数 103

  3.7 神经网络的训练 105

    3.7.1   优化算法的意义 106

    3.7.2   基于梯度的优化流程 106

  3.8 优化算法的分类 109

    3.8.1   优化算法的派系 109

    3.8.2   优化算法面临的挑战 111

  3.9 本章小结 112

  参考资料 113

第 4 章　深度学习基础 115

4.1　深度学习时代的兴起 116

4.2　卷积神经网络 118

4.2.1　卷积神经网络的整体结构 118

4.2.2　神经网络中"层"的本质 119

4.3　可圈可点的卷积层 120

4.3.1　卷积核 120

4.3.2　卷积核的工作机理 122

4.3.3　多通道卷积 123

4.3.4　用 PyTorch 实现特定卷积 125

4.3.5　卷积层的 4 个核心参数 127

4.4　降维减负的汇聚层 131

4.4.1　汇聚层原理 131

4.4.2　汇聚层实例 133

4.5　不可或缺的全连接层 135

4.6　防止过拟合 136

4.6.1　批归一化处理 137

4.6.2　丢弃法 141

4.7　本章小结 143

参考资料 143

第 5 章　神经网络中的表示学习 145

5.1　表示学习的背景 146

5.1.1　符号表示与向量表示 146

5.1.2　为何需要表示学习 147

5.2　离散表示与独热编码 148

5.3　分布式表示与神经网络 150

5.3.1　神经网络是一种分布式表示 150

5.3.2　深度学习中的"End-to-End"表示学习 152

5.4　自编码器中的表示学习 153

5.4.1　自编码器的工作原理 154

5.4.2　从信息瓶颈看自编码器的原理 155

5.4.3　欠完备自编码器 156

5.4.4　正则化自编码器 157

5.4.5　降噪自编码器 159

5.4.6　变分自编码器 159

5.5　嵌入表示与 Word2vec 161

5.5.1　词嵌入 161

5.5.2　Word2vec 的核心思想 164

5.5.3　跳元模型 165

5.6　词嵌入实战 171

5.6.1　读取数据集 171

5.6.2　数据预处理 172

5.6.3　模型构建与训练 174

5.6.4　相似性度量 175

5.6.5　词向量可视化：t-SNE 177

5.7　本章小结 179

参考资料 180

第 6 章　面向图数据的嵌入表示 182

6.1　图嵌入概述 183

6.2　DeepWalk 的原理 184

6.2.1　DeepWalk 的基本思想 184

6.2.2　随机游走阶段 185

6.2.3　跳元模型训练阶段 187

6.2.4　负采样 193

6.2.5　分层 Softmax 195

6.3　基于 DeepWalk 的维基百科相似网页检测 198

6.3.1　数据准备 198

6.3.2　图的构建 201

6.3.3　构建随机游走节点序列 201

6.3.4　利用 Word2vec 实现 DeepWalk 203

6.3.5　模型的保存与加载 206

6.3.6　DeepWalk 的应用领域 207

6.4　LINE 模型 208

6.4.1　LINE 模型的发展背景 208

6.4.2　一阶相似度 208

6.4.3　二阶相似度 209

6.5　Node2vec 211

6.5.1　Node2vec 的由来 211

6.5.2　同质性与结构性 212

6.5.3　Node2vec 的工作原理 213

6.6　Metapath2vec 215

6.6.1　异构图的定义与问题 216

6.6.2　基于 Meta-path 的随机游走 216

6.7　本章小结 218

参考资料 219

第 7 章　初代图神经网络 221

7.1　初代图神经网络的诞生 222

7.2　GNN 中的数据聚合 222

7.2.1　GNN 的本质 223

7.2.2　图中的消息传递 223

7.3　初代 GNN 的工作原理 225

7.3.1　图中节点的信息更新 226

7.3.2　不动点理论 229

7.3.3　压缩映射实现的条件 232

7.3.4　图神经网络模型的训练 234

7.4　初代图神经网络的局限性 235

7.5　本章小结 235

参考资料 236

第 8 章　空域图卷积神经网络 238

8.1　图卷积神经网络概述 239

8.1.1　图卷积神经网络的诞生 239

8.1.2　图卷积神经网络的框架 241

8.2　MPNN 模型 244

8.3　GCN 与 CNN 的关联 245

8.3.1　局部连接性 246

8.3.2 层次化表达 247

8.4 图卷积节点分类实践 248

8.4.1 图数据的生成 248

8.4.2 传递规则的实现 250

8.4.3 考虑权值影响的信息聚合 260

8.4.4 添加激活函数 261

8.4.5 模拟一个分类输出 262

8.5 GraphSAGE 263

8.5.1 归纳式学习与直推式学习 263

8.5.2 GraphSAGE 所为何来 266

8.5.3 GraphSAGE 的框架 267

8.5.4 邻居节点采样 268

8.5.5 特征信息聚合 269

8.5.6 权值参数训练 271

8.6 基于 GraphSAGE 的实践 273

8.6.1 Cora 数据探索 273

8.6.2 构造正负样本 276

8.6.3 定义模型 277

8.6.4 训练参数配置 278

8.6.5 训练模型 279

8.6.6 嵌入表示的可视化 281

8.7 本章小结 283

参考资料 284

第 9 章 谱域图卷积神经网络 286

9.1 傅里叶变换 287

9.1.1 傅里叶变换背后的方法论 287

9.1.2 感性认识傅里叶变换 288

9.1.3 向量分解与信号过滤 288

9.2 图傅里叶变换 290

9.2.1 什么是图信号 290

9.2.2 图傅里叶变换简介 290

9.2.3 特征值与图信号频率之间的关系 293

9.3 谱域视角下的图卷积 296

    9.3.1 图卷积理论 296

    9.3.2 谱域图卷积 297

    9.3.3 基于谱的图滤波器设计 299

9.4 基于谱域 GCN 的演进 300

    9.4.1 频率响应参数化的 GCN 300

    9.4.2 多项式参数化的 GCN 302

    9.4.3 基于切比雪夫网络截断的多项式参数化的 GCN 304

    9.4.4 基于一阶切比雪夫网络的 GCN 306

9.5 Karate Club 图卷积分类实践 308

    9.5.1 Karate Club 数据集 308

    9.5.2 数据导入与探索 309

    9.5.3 邻接矩阵与坐标格式 312

    9.5.4 绘图 NetworkX 图 315

    9.5.5 半监督的节点分类 315

    9.5.6 模型预测 321

9.6 本章小结 323

参考资料 323

第 1 章
图上的深度学习

近年来，作为人工智能领域的前沿技术，深度学习和图神经网络在相关领域取得了令人瞩目的成就，也得到了越来越多学术界和工业界人士的认可。本章会对深度学习和图神经网络做一个系统性梳理，以期给读者带来宏观认知。

在正式讨论图神经网络之前，我们有必要简单探讨一下深度学习的发展和人工智能的底层逻辑。一方面，这可以帮助我们用更为宏大的视角来审视图神经网络的学术地位。另一方面，我们会发现，图神经网络与这些理论基础之间存在着千丝万缕的联系。

1.1　人工智能与深度学习

近年来，人工智能的发展获得了里程碑式的突破，其中的典型表现就是深度学习（Deep Learning）在很多领域开枝散叶，呈现百花齐放之态。深度学习是人工智能的一个研究分支。目前看来，它属于人工智能十分重要的分支之一。

1.1.1　深度学习的发展

人工智能取得的进展得益于大脑逆向工程[1]。深度学习的概念源于对人工神经网络的研究。分层神经网络模型的学习算法受到了神经元之间交流方式的启发，并依据经验（训练数据）进行改进。深度学习在诸多领域都有惊人的表现，例如，它在棋类博弈、计算机视觉、语音识别及自动驾驶等领域都有非常好的表现。早在 2013 年，深度学习就被《麻省理工科技评论》（MIT Technology Review）评为世界十大突破性技术之一。

除此之外，更具有划时代意义的案例是，2016 年 3 月世界顶级围棋棋手李世石 1：4 不敌谷歌公司研发的阿尔法围棋（AlphaGo①），这标志着人工智能在围棋领域已经开始赶超人类。2016 年年末至 2017 年年初，AlphaGo 的升级版 Master（大师）又在围棋快棋对决中连胜 60 场，一时震惊世人。而深度学习便是支撑 AlphaGo 的"股肱之臣"[2]。

深度学习之所以备受瞩目，是因为在一定程度上改变了机器学习的学习范式（Paradigm）②。在传统的机器学习任务中，性能的好坏很大程度上取决于特征工程。工程师能成功提取有用特征的前提条件通常是其已经在特定领域摸爬滚打多年，对领域知识有非常深入的理解。举例来说，对于一条海葵鱼的识别，需要先对"边界""纹理""颜色"等特征进行提取，然后经过"分割"和"部件"组合，最后构建出一个分类器。传统机器学习的特征提取如图 1-1 所示。

① "Go"为日文"碁"字发音转写，是围棋的西方名称。

② 范式是一种哲学概念，最早由科学哲学家托马斯·库恩（Thomas Kuhn）在一本名为《科学革命的结构》的书里提出。简单来说，范式就是科学家共同接受的一套假说、理论、方法和信念的总和。

图 1-1　传统机器学习的特征提取

相比传统的机器学习算法，深度学习避免了复杂的前期预处理（特征提取）。它能够直接从原始数据出发，只经过非常少的预处理，就从原始数据中找出视觉规律，进而完成识别分类任务，其实这就是在深度学习中经常提及的"端到端（End-to-End）"概念。

这里的"端到端"说的是，输入的是原始数据（始端），输出的直接就是最终目标（末端）。整个学习流程并不进行人为的子问题划分，而是完全交给深度学习模型，使其直接学习从原始输入到期望输出的映射。例如，"端到端"的自动驾驶系统，输入的是前置摄像头的视频信号（也就是像素），而直接输出的就是控制车辆行驶的指令（方向盘的旋转角度）。这个例子中"端到端"的映射就是信号→指令。"端到端"的设计范式实际上体现了深度学习作为复杂系统的整体性特征。

再拿海葵鱼分类的例子来说，深度学习的"端到端"学习范式如图 1-2 所示。在卷积神经网络中，输入层是构成海葵鱼图片的各个像素，它们充当输入神经元，经过若干隐含层神经元的加工处理后，在输出层直接输出海葵鱼的分类信息。在此期间，整个神经元网络的大量权值在巨大算力的驱动下自动调整，而无须人工参与显式特征提取。

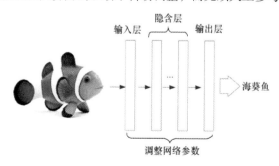

图 1-2　深度学习的"端到端"学习范式

"端到端"的深度学习能够"让数据说话"。然而，其有利就有弊，这种"混沌"的特征提取方式，即使成功输出了海葵鱼的分类信息，这些权值的意义和可解释性也是不足的。相比传统方法的每一个模块都有较为明确的输出，端到端的深度学习更像是一个神秘的黑箱。在训练模型时，人们往往不知道为何而调参。

人工智能浪潮的兴起可大致归因于以下三点。

（1）大数据。其类似推进火箭的燃料，大数据为人工智能（特别是深度学习）算法的训练提供"原动力"——大量可用的训练数据，而各种深度学习算法的性能提升高度依赖训练数据。

（2）大计算。其类似推进火箭前进的大功率发动机，训练海量的数据也需要各种高性能计算设备的支撑（如 GPU 或 TPU）[1]。

（3）大模型。传统意义上的小模型已经难以适应深度学习的场景。从 LeNet[2]、AlexNet[3]、ResNet[4]开始，模型参数量迅猛提升，随后 BERT 网络模型的提出[5]使得参数量首次达到上亿规模，而 GPT-3 模型[3]参数量更是超过百亿。

其实深度学习模型之所以能有效，其中还有一个非常重要的潜在因素，那就是这些模型能够有效地从欧氏空间数据中提取潜在特征（也可以理解为机器能识别的"知识"）。这既是深度学习成功的原因，也是它难以胜任图数据处理任务的理由，因为图数据属于典型的非欧氏空间数据，这在后面会详细讨论。

1.1.2 人工智能的底层逻辑

众所周知，人工智能（Artificial Intelligence，AI）的研究大致有三个派别：符号主义、联结主义[4]和行为主义。简单来说，符号主义主要是用公理和逻辑体系搭建一套人工智能系统。联结主义主张模仿人类的神经元联结机制来实现人工智能。行为主义认为，智能取决于感知和行动，环境的反馈有助于智能的提升。

不同的研究视角派生出不同的学术流派。然而，这些看似泾渭分明的主义，如果站在更高的抽象视角来审视，它们其实具有共同的特征——都是在研究事物间的关系（Relation）。

自 2012 年之后，以深度学习为代表的联结主义可谓风生水起，在计算机视觉、自然语言处理等领域均有广泛应用。如前所述，深度学习在很多领域取得的效果固然很好，但因为它属于典型的"端到端"黑盒模型，因此存在阿喀琉斯之踵（Achilles's Heel）——无法对预测的结果给出合理的解释。在探寻真理的路上，人们是不被允许在"知其然，不知其所以然"的非理性繁荣中徜徉太久的。要知道，追求因果，可能是人类保持心神安定的重要慰藉。

"天下无不散之筵席"，目前深度学习的技术红利收割已趋饱和，盛宴已过，诸神黄昏，需要纳入新的理论来突破 AI 的天花板。很多奋斗在科研第一线的科研人员很敏锐

① GPU 全称是 Graphics Processing Unit，即图像处理器。常见的 GPU 品牌有 AMD、NVIDIA。其中，NVIDIA 提供的 GPU 是很多深度学习框架的加速后台。TPU 的全称是 Tensor Processing Unit，即张量处理器，它是由谷歌设计开发的专门用于加速机器学习算法的芯片。

② LeNet 是 LeCun 等人在 1998 年提出的一种卷积神经网络结构。

③ GPT-3 模型是由旧金山的人工智能公司 OpenAI 训练与开发的，其模型设计基于谷歌开发的 Transformer 语言模型。GPT-3 模型的神经网络包含 1 750 亿个神经元。

④ 很多文献混用"连接主义"和"联结主义"，其实二者有着微妙的区别。在中文语境里，"连接"强调的是物理的勾连，而"联结"显然不是简单的"连接"，而是在共同目标下利用数据驱动的方式达成的有机勾连。因此，使用"联结主义"更能体现神经网络的"内涵"，故本书统一采用"联结主义"。

地意识到了这一点。2019 年 11 月，在著名学术会议 NeurIPS（Conference on Neural Information Processing Systems，神经信息处理系统大会）的主旨演讲上，图灵奖得主约书亚·本吉奥（Yoshua Bengio）借鉴著名心理学家卡尼曼提出的"系统 1"（快速、直觉、无意识）和"系统 2"（慢速、逻辑、有意识）的理念[6]，指出深度学习的未来应走向"系统 2"。深度学习从"系统 1"过渡到"系统 2"如图 1-3 所示。

系统 1：快速、直觉、无意识　　　　　　　　　　　　系统 2：慢速、逻辑、有意识

当前的深度学习　　　　　　　　　　　　　　　　未来的深度学习

图 1-3　深度学习从"系统 1"过渡到"系统 2"

以深度学习为代表的人工智能已在"听、说、看"等感知智能领域达到或超越了人类水准，但在需要外部知识、逻辑推理或领域迁移的认知智能领域还处于初级阶段。也就是说，深度学习的研究应从以感知智能为主，逐步向基于认知的逻辑推理方向演进。

显然，逻辑推理明显属于符号主义的研究范畴。被"慢待已久"的符号主义，似乎正酝酿着"冬天到了，春天还会远吗"的情绪表达。但怎样表达逻辑推理呢？除了传统的符号，图（Graph）也是一个颇有潜力的表达方式。

无独有偶，2020 年，清华大学张钹院士在《中国科学》第 9 期撰文提议：我们应"迈向第三代人工智能"[7]。他认为，第三代人工智能发展的思路是：把第一代的知识驱动（符号智能）和第二代的数据驱动（感知智能）结合起来，通过协同利用知识、数据、算法和算力四要素，构造更强大的第三代 AI（知识智能）。

清华大学唐杰教授在《人工智能下一个十年》主题报告中[8]给出了一个实现认知智能的探索路径：认知图谱=知识图谱+认知推理+逻辑表达。显然，图谱需要用图来表达。

英雄所见略同，2020 年 9 月，在中国郑州召开的"第十六届全国高性能计算学术年会"上，陈左宁院士做了题为《人工智能进展对算力需求分析》的主题报告。在该报告中，陈左宁院士也认为，人工智能三大流派日趋融合，协同发展。她总结道："人工智能的核心特征就是对'关系'的研究。""关系"的表现形式有三种：一是联结关系，比如，神经网络中神经元间的联结、反向传播算法中的梯度传播和进化算法中的变异；二是逻辑关系，如 RNN（循环神经网络）中的循环连接及知识图谱中的推理关系；三是因果关系，如贝叶斯、决策树及强化学习中的控制连接。

我们常说"有人的世界，就有江湖"。与此类似，有"关系"的地方，就有图。万物之间皆有联系。如果说人工智能的核心特征之一就是"关系"，那么描述"关系"的首选工具会是谁呢？当然就是图！图作为一种通用的数据结构，可以很好地描述实体与实体之间的关系。

虽然深度学习的技术红利有"日薄西山"之势，但并不会"戛然而止"。按照科技哲学家凯文·凯利（Kevin Kelly）的观点来看，技术是另外一种"生命"，它拥有自己的"技因（Teme）"，为保持生命力，它会不断演化，从而达到技术自身的"适者生存"[9]。深度学习作为一项 AI 前沿技术，亦会如此[10]。

神经网络技术与图理论结合就塑造出了本书的主角之一——图神经网络（Graph Neural Networks，GNN），这是技术发展趋势的理性宣泄。我们可以认为，GNN 是图在深度学习领域的"生根发芽"，也可以理解为，GNN 是深度学习在图数据领域的"开疆拓土"。如此这般，便能大致勾勒出图神经网络的模样。

1.2　图神经网络时代的来临

"图"数据是图神经网络处理的对象，在中文语境中，"图"和"图像"感觉类似，实则不然，下面我们先来梳理这两者的区别。

1.2.1　图与图像大不同

在英文中，图像是 Image，图是 Graph，二者大相径庭，很容易区分。但在中文语境中二者常被混淆。图像与图的可视化区别如图 1-4 所示。如图 1-4（a）所示，在数据表达上，图像是基于点阵的，点阵是一种基于格子（Grid）的数据，其表达依赖于像素（Pixel）。而图则不同，它是一种由若干个节点（Node）及连接节点的边（Edge）所构成的，用于表达不同实体间的关系，如图 1-4（b）所示。描述这些实体关系的数据，就是图数据①。

① 除非特别指明，本书中所提到的图，均指图论中的图（Graph）。

（a）由像素构成的图像

（b）由节点和边构成的图

图 1-4 图像与图的可视化区别

图作为一种高效描述实体间关系的数据结构，在数据分析中扮演着越来越重要的角色。很多涉及关系的计算问题，都可以转化为一个面向图的计算问题[11]。比如，在社交网络分析、推荐网络分析、疾病传播探究、基因表达网络分析、细胞相似性分析等领域，图都有着广泛应用。

举例来说，分子式就可以视作一张图。分子中所有的粒子都在相互作用，但当一对原子彼此之间保持稳定的距离时，我们说它们共享一个共价键。不同的原子和化学键（Chemical Bond）有不同的距离。分子内的 3D 拓扑结构便可以用图描述，其中节点为原子，边为共价键。分子的 3D 表示和分子的图表示如图 1-5 所示[12]。

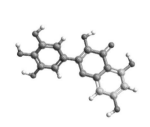
分子的 3D 表示

分子的图表示

图 1-5 分子的 3D 表示和分子的图表示

再例如，社交网络（Social Networks）关系也可以表示为一张图。社交网络是研究人类、机构和组织的集体行为模式的工具。我们可以通过将个体建模为节点，将他们的关系建模为边，来构建一个表示人群的图。

随着移动互联网、物联网及社交网络等技术的发展，众多新兴应用正以前所未有的方式和速度产生并积累着大量图数据（见图1-6），如何对这些数据进行分析并使用，已成为许多领域面临的机遇与挑战。

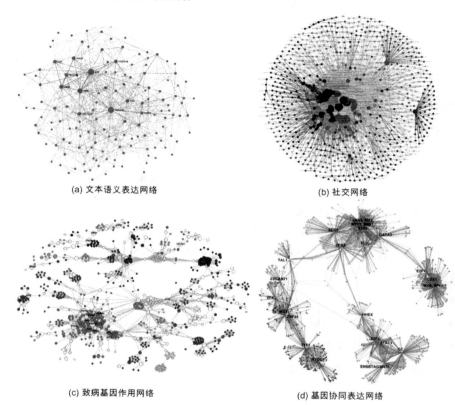

(a) 文本语义表达网络　　　　　　　　　　(b) 社交网络

(c) 致病基因作用网络　　　　　　　　　　(d) 基因协同表达网络

图 1-6　各式各样的图

1.2.2　图神经网络的本质

接下来，我们将在宏观层面探讨图神经网络的本质。图神经网络是机器学习的一种特定方式，是神经网络在图数据应用上的一个自然延伸。我们知道，所谓机器学习，在形式上，可近似等同于通过统计或推理的方法寻找一个有关特定输入和预期输出的功能函数 f。通常，我们把输入变量（特征）空间记作大写的 X，而把输出变量空间记为大写的 Y。于是，机器学习在形式上就近似于寻找一个好用的函数：

$$Y \approx f(X)$$

再具体到图神经网络学习，其本质也脱离不了上述范畴。在本质上，它完成的任务也是构建一个函数映射，针对特定的图数据 X，经过数据预处理、数据转换，然后按照某种学习得到的规则，给出一个输出 Y（如分类信息或回归值）。图神经网络的本质如图 1-7 所示。问题在于，如何找到这样的映射关系？于是，各类图神经网络算法应运而生，八仙过海，各显神通。

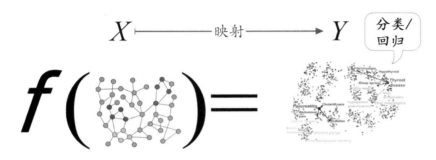

图 1-7　图神经网络的本质

图神经网络是一种将图数据处理和深度学习网络相互结合的技术。它先借助图来表达"错综复杂"的关系①，当节点以某种方式局部聚合其他节点信息后，再做数据的"深加工"，可将其用于分类、回归或聚类等任务中。

① 图最典型的特征就是局部连接。

1.3　图数据处理面临的挑战

如前所述，图的确有着广泛的应用场景，但相比传统的栅格数据，图的表示更加复杂，对它的处理难度也更高，面临着诸多挑战。

1.3.1　欧氏空间难表示图

传统的深度学习模型非常擅长处理简单而有序的序列数据或栅格数据，如常见的图像、音频、语音和文本等。这些数据都属于定义在欧氏空间（Euclidean Space）的规则化数据，这些高维的规则化数据也被称为张量（Tensor）数据。目前，基于张量的计算是成熟且高效的[13]。

张量是现代机器学习的基础。其本质是一个数据容器。多数情况下，它包含数字，因此可以把它想象成一个数字的水桶。我们可以认为：标量是零阶张量，矢量是一阶张量，矩阵是二阶张量，而三阶张量则好比立体矩阵，更高阶的张量用图形无法表达②。

② 张量是矩阵在任意维度上的推广，张量在某个维度延伸的方向称为轴（Axis）。

图 1-8 为图像、语音及文本类型的数据。文本数据和语音数据具有一定的时序性，属于 1D 栅格数据，这种序列结构与循环神经网络（Recurrent Neural Network，RNN）

的"品性"非常契合，因此 RNN 及其变体——长短期记忆网络（Long Short-Term Memory，LSTM）①在具备时序特征的 1D 栅格数据处理上具有天然优势。

① 长短期记忆网络是 RNN 的一种变体，RNN 由于梯度弥散等原因只能拥有短期记忆，而 LSTM 通过精妙的门控制将短期记忆与长期记忆结合起来，并且在一定程度上解决了梯度弥散的问题。

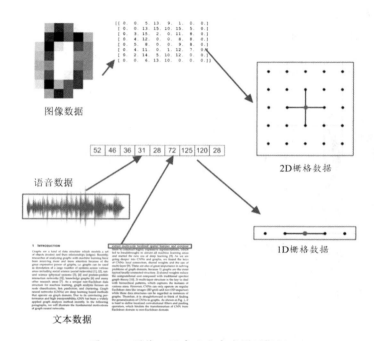

图像数据

语音数据

文本数据

2D栅格数据

1D栅格数据

图 1-8　图像、语音及文本类型的数据

　　静态的图像属于 2D 栅格数据，动态的视频属于 3D 栅格数据（或者说是具有时序特征的 2D 栅格数据），它们非常适配于卷积神经网络（Convolutional Neural Network，CNN）模型，因此 CNN 在图像数据的处理上是高效的。这些栅格数据的相似度（距离感）都可以在欧氏空间中刻画和表达。

　　相比规则性很强的栅格数据，图的表示要复杂得多。图之间的相似性也很难在欧氏空间中衡量。因此，人们不得不寻求在非欧氏空间中来定义图。然而，在非欧氏空间中，图数据仅仅具备局部平稳（Locally Stationary）性，且具有明显的层次结构。

　　传统计算框架处理大规模的图数据存在巨大的挑战。因此，如何设计一种与深度学习兼容的数据表达方式，对于图数据的表示（Representation）而言，并不是一件很直观的事情。人们需要探索出一套通用且支持可导的图计算模型。

1.3.2　图表达无固定格式

　　图数据的确容易描述实体之间关系。然而，由于图中的关系并没有固定的表达方式，这就导致很多完全等价的图同构（Graph Isomorphism）难以被发现。

同构的图无论是在形式上，还是在外观上，看起来都迥然不同，但实际上，它们却是同构的，即二者具有等价关系。如果我们难以判定图的同构（等价）关系，那么分析它们的性质也就相对困难了。尤其当图的节点数比较多时，图同构的判断更是难上加难。

1.3.3　图可视化难理解

人是具有视觉青睐的。通常说，一图胜千言。然而，对于比较复杂的图，特别是涉及成千上万个节点的巨型图，由于图的维数非常高，节点分布密集，即使可视化呈现出来，其复杂程度也会让人们费解不已，进而只能望"图"兴叹。

举例来说，图 1-9 所示的电路网图是对集成电路中的逻辑门进行建模的图，从图中可以看出，对于这类可视化图，它们会给人们带来些许视觉震撼，但更多的是空留感叹。倘若人们对可视化呈现的图都难以理解，那么对于更深层次的图性质的理解，将难上加难。因此，面向大规模图数据的解析任务极具挑战性。

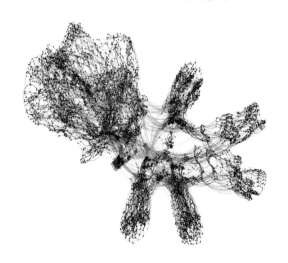

图 1-9　电路网图[14]

1.3.4　图数据不符合独立同分布

此外，传统的机器学习所用的数据样本，通常符合独立同分布（Independent and Identically Distributed，IID）假设，不同样本之间并无关系。一朵鸢尾花不同于另一朵鸢尾花，一张猫或狗的图片不同于另一张猫或狗的图片。它们彼此不知道也不需要知道对方的存在。

独立同分布是机器学习领域很重要的假设。这个假设意味着，如果假设训练数据和测试数据是满足相同分布的，那么通过训练数据获得的模型（比如，拟合一个决策平面）能够在测试集上获得很好的预测效果。

而基于图的机器学习，样本数据之间存在连接边的关系，也就是样本之间不是独立同分布的。因此，传统机器学习和图机器学习有显著不同。这带来的挑战就是，研究人员在传统机器学习领域积淀的经验可能无法用于图数据的处理。

1.4　图神经网络的应用层面

近年来，图神经网络逐渐成为学术界的研究热点之一。图神经网络在电商搜索、协同推荐、在线广告、金融风控等领域都有诸多的落地应用，并带来了显著收益。机器学习算法的核心价值，体现在对新样本的预测上，图神经网络也不例外。针对图数据，图神经网络的预测主要体现在三个层面：节点层面（Node-level）、边层面（Edge-level）、图层面（Graph-level）。下面，我们就基于这三个层面简要介绍图神经网络的应用领域[13]。

1.4.1　节点预测

在节点层面的预测任务主要包括分类任务和回归任务。分类任务和回归任务本质一样，类似于定性和定量的区别。基于分类任务的模型就是一种定性模型，输出是离散化结果（如树之高矮、人之美丑）。相比而言，基于回归任务的模型就是一种定量模型，可视为分类模型的输出连续化（如树高 2.32 米）。

在图神经网络中，需要"知己知彼"，方能"百战不殆"。"知己知彼"实际上就是聚合邻居节点的信息，并和自身节点信息进行融合。对应的方法有很多，如利用图卷积神经网络来获取邻居信息，GraphSAGE 则通过采样来有选择地获取邻居信息[15]。

当邻居信息汇集到本地节点后，就可以利用传统的方法（如深度学习）来做节点的分类或回归（见图 1-10）。节点层面的预测有很多应用场景，如在社交网络中预测某个用户的标签（该用户是否对价格敏感），恶意账号检测（某个用户是否为虚假账号）。再比如，在蛋白质相互作用网中，对某个蛋白质的功能进行分类预测等。

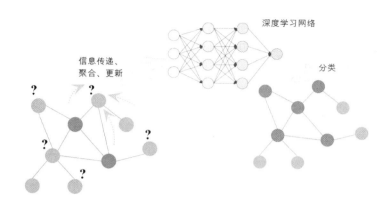

图 1-10 图神经网络中的节点预测

从广义层面来看，基于图神经网络的分类或回归任务，多属于半监督学习。简单来说，半监督学习就是基于部分"已知认知（标签化的分类信息）"减少"未知领域（通过聚类思想将未知事物归类为已知事物）"。事实上，带动图神经网络研究"风起云涌"的经典论文，就是半监督学习领域的典范之作[16]。

1.4.2 边预测

除了能做节点层面的预测任务，图神经网络还能做它更本质的工作——对描述关系的"边"进行预测。在边层面，它的预测是指对边的某些性质进行预测，判断某两个节点之间是否形成边（见图 1-11）。

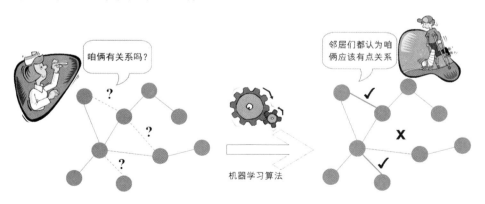

图 1-11 图神经网络中的边预测

图神经网络的"边预测"应用场景通常出现在推荐系统中。例如，在社交网络中，如果将用户当作节点，用户之间的关注（Follow）①关系当作"边"，那么这里的边预测就是根据其他用户的关注情况，给当前用户推荐值得关注的用户。

① 在社交网络产品中的人际关系上有如下几种常见的关注机制：Follow 是单向关系，用户想知道某人动态，这种关系更注重兴趣图谱（如在微博上粉丝与明星之间的关系）；Add 是双向关系，通常是彼此是互相认识（如微信在添加好友之后，可以看到对方的朋友圈），这种关系更注重社交图谱；Encounter 是指偶遇关系。这种关系更注重位置图谱（基于共同位置而达成的关系），在这种关系中，用户甚至可能不认识彼此，但"同是天涯沦落人"，也能构建一种人际关系。

举例来说，优步外卖（Uber Eats）就使用了图神经网络来提升它们的推荐准确率。优步外卖是服务全球 36 个国家、500 多个城市，拥有超过 32 万家餐厅合作伙伴的门户应用（App）。为了让用户更易于使用和导航，这个 App 会提前向用户展示他们可能喜欢的菜肴、菜系和餐厅。为此，该公司利用 GraphSAGE 模型[15]向用户推荐[17]，使用这种方法，App 上推荐的食物和餐厅质量的相关性大幅提升。

另一个关于边预测的应用案例是药物研发。药物研发是一个代价高昂且周期漫长的过程，它需要测试数以千计的化合物，才能有机会找到安全有效的药物。借助图神经网络，研究人员可以方便地研究药物-靶标相互作用、蛋白质-蛋白质相互作用和药物-药物相互作用，这些作用都属于边预测的范畴。与传统方法相比，图神经网络的引入，为药物研发提供了更准确的化合物候选项[18]。

1.4.3　图预测

在图层面（Graph-level），图神经网络的目标是预测整个图的属性[12]。例如，根据社区连接图的规律来做社区发现（Community Detection）。对于一个用图表示的分子，我们可能想要预测这个分子是否对人体有害。再例如，根据脑部神经网络的整体连接图特征来判断病人是否患病，如阿尔茨海默病（Alzheimer's Disease，AD）[19]（见图 1-12）。图层面的预测，有点似于 MNIST 和 CIFAR 中的图像分类问题，我们希望将标签（Label）与整个图像关联起来。

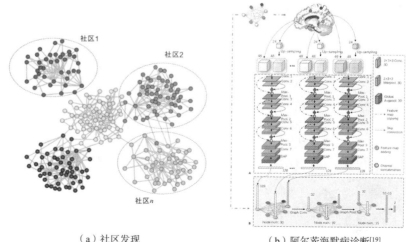

（a）社区发现　　　　　　　　　　（b）阿尔茨海默病诊断[19]

图 1-12　图层面的预测

1.5　图神经网络的发展简史

在前面，我们讨论到，面向图数据处理的挑战，山高水远，困难重重。然而办法总比困难多，科学研究无疑是人类文化的重要组成部分，它注定是一场"无限的游戏（Infinite Games）"[20]。"无限的游戏"是著名哲学家詹姆斯·卡斯（James P. Carse）提出的概念。它指的是那些以延续为目标的游戏，它的目标不是赢，而是一直玩下去。这类游戏连统一的规则都没有，更不必谈边界，又或者说它一直在开拓着它的边界。

图神经网络的发展亦是如此。它有启蒙期、发展期，亦有挫折期，但总的趋势保持着螺旋上升之态。下面我们简要回顾图神经网络研究的历史脉络，读者可以从中体会"无限的游戏"的内涵。有关图神经网络的更多细节，在后续的章节我们会进行更为详尽的讨论。

1.5.1　早期的图神经网络

早期，人们多使用传统机器学习算法来处理图结构数据。为了方便处理，必须对图数据做一些预处理工作。比如说，研究人员会首先将图结构数据"映射"为更简单的表示[21]。例如，用边列表法、邻接列表法等方式先将图结构数据"压缩"为一组实数向量。传统的图表示方式如图 1-13 所示。

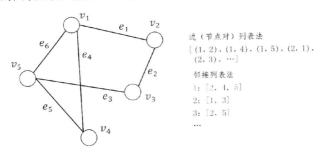

图 1-13　传统的图表示方式

然后，人们再利用特定算法加以处理，这类传统的算法包括但不限于：搜索算法（广度优先搜索 BFS、深度优先搜索 DFS）、最短路径算法（迪杰斯特拉算法①、最近邻算法）、生成树算法（如 Prim 算法）及聚类方法（如 K-means 算法）。

上述图结构数据处理算法的弊端在于：一方面，它可能丢失了图的结构信息，如节点间的拓扑关系；另一方面，上述算法得以有效运用的前提是，我们要先获得一定置信水平的关于图的先验知识，也就是说，如果想确保传统图算法的运行，就需要"额外"的有关图结构数据作为支撑。这里就存在一个悖论，我们研究图的目的是获得图本身

① 迪杰斯特拉算法（Dijkstra）是由荷兰计算机科学家迪杰斯特拉于 1959 年提出的，它是从一个节点到其余各节点的最短路径算法，解决的是有权图中的最短路径问题。

的信息，而现在要确保图算法运行，却需要提供关于图的先验知识。

图神经网络提出的动机之一就是更好地利用图的结构信息，如此便能更好地服务于研究图本身的特性。2008 年，意大利锡耶纳大学（University of Siena）的 Scarselli 等人首次提出了图神经网络（GNN）的概念[22]。顾名思义，图神经网络是一种可以直接应用于图的神经网络。它扩展了现有神经网络应用领域，可以用来处理图域中的数据。

图数据的来源有很多，它可以从原始数据源转换而来。例如，原始数据源可以是一个化合物分子式，如图 1-14（a）所示。在用途方面，人们可以利用图挖掘技术来评估这类化合物对人体有害的概率。再比如，在图 1-14（b）中，原始数据源是一张图像（Image），它同样可以抽取出图（Graph）的结构信息，可以把城堡的不同部分（如阁楼、墙体、窗户、大门等）用黑节点表达，非城堡的部分（如草地、山脉、天空等）用空白节点表示，这时图运算的结果可用于预测某个节点是否属于城堡。

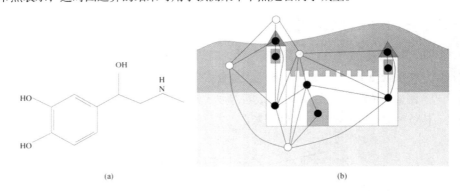

(a)　　　　　　　　　　　　　　　　(b)

图 1-14　图的应用案例[22]

① 不动点理论是，一个结果表示函数 F 在某种特定情况下，至少有一个不动点存在，即至少有一个点 x 能令函数 $F(x)=x$ 成立。在数学中有很多定理能保证函数在一定的条件下必定有一个或多个不动点。

Scarselli 等人所研究的图神经网络属于第一代图神经网络。这类图神经网络构建的理论基础是不动点理论（Fixed-Point Theorem）①。为获取不动点，模型以迭代的方式，通过循环神经单元传播邻近信息，从而来学习监督节点的特征表示，直到达到稳定（平衡态）。这种图神经网络模型的缺点在于计算量非常大，因此一些研究人员正在研究如何改进上述方法以降低计算量。

1.5.2　图卷积神经网络的提出

2012 年前后，卷积神经网络开始在计算机视觉和图像处理领域"乘风破浪"，取得了很多令人瞩目的成就。CNN 的显著特点在于，它能够通过"卷积"操作，提取多尺度局部空间特征，并将其组合，构建具有高度表达性的表示形式[13]。

CNN 的成功源于它的三大特性：局部连接、权值共享和多层处理[23]。于是，研究人员就在设想，能否把这些特性迁移到图数据的处理上呢？这种设想并非天马行空，而是有理论基础的，具体有以下几点。

（1）图天然具备局部连通性质。

（2）与传统的谱图理论（Spectral Graph Theory）相比，权值共享能大幅降低训练成本。

（3）图本身具有层次属性，多层结构能够捕捉不同抽象级别的特征。

于是，人们很自然地就会想，能不能把 CNN 的理念迁移到图神经网络中？理念虽好，实施起来却不易。如前所述，经典的 CNN 模型只适用于文本（1D 栅格）、图像（2D 栅格）等欧氏空间下的数据，而图通常被认为是非欧氏空间下的数据。因此，CNN 中的常见操作，如卷积①和汇聚②，在图数据中难以定义，这在一定程度上阻碍了 CNN 从欧氏空间向非欧氏空间的自然过渡。

2013 年，纽约大学的 Bruna 等人首次将卷积的理念成功引入图神经网络[24]。值得注意的一个细节是，Bruna 等人发表的论文的作者之一就是杨立昆(Yann LeCun)③，而他本人正是 CNN 模型的开创性人物。由 CNN 的开创者将卷积理论拓展到图数据上，一切看起来都是那么自然与和谐。

言归正传。在文献[24]中，Bruna 等人提出了面向图数据的基于谱域（Spectral-Based）的卷积神经网络，称为图卷积神经网络（Graph Convolutional Neural Network，GCN）模型。实际上，这里的"谱"是拉普拉斯矩阵特征值的另一种称呼。拉普拉斯矩阵可视为图结构数据的一种表达方式。通过对拉普拉斯算子做特征分解，然后只取低阶的向量，可达到"低通滤波"的效果。这么做的原因在于，矩阵的谱（特征值）通常具有长尾效应，即前几个大特征值就能大致涵盖图结构的绝大部分信息。

大道至简。社会学领域中有帕累托法则（Pareto Principle，也被称为关键少数法则），它说的是 20% 的变因就可以操纵 80% 的局面。事实上，拉普拉斯算子分解、奇异值分解（Singular Value Decomposition，SVD）、主成分分析（Principal Component Analysis，PCA）中都有帕累托法则的影子。

简单来说，卷积本质就是局部特征的提取。在 CNN 中，图像中的每个像素都被视为一个节点，参见图 1-15（a）。二维卷积（2D-Conv）是将中心节点的像素值与其相邻节点的像素值进行加权平均。这些加权值构成的矩阵，就是卷积核。在 CNN 的卷积操作中，中心节点的邻居是"井然有序"的，且邻居个数是固定的。

对比而言，图卷积就比较难处理。为得到中心节点的表示，图卷积运算的一个极简版操作就是取中心节点及其邻居节点的特征平均值④。与图像数据不同的是，图数据中

① 卷积是通过两个函数生成第三个函数的一种数学运算。卷积运算中要用到卷积核，卷积核又称过滤器，它是提取原始数据特征的模板，通常以 3×3 或 5×5 这样的矩阵形式存在。

② 汇聚又称池化（Pooling），它是汇聚邻居节点信息的一种手段，常见的汇聚方式有均值汇聚、最大值汇聚等。

③ 由于在 CNN 研究上的杰出贡献，杨立昆于 2019 年获得了计算机领域最高荣誉——图灵奖。

④ 取平均值其实也是一种卷积操作!只不过其中卷积核的权值都是 $1/n$，n 为中心节点的邻居个数。

心节点的邻居是无序的，且邻居的个数是可变的，如图 1-15（b）所示。

之后，不断有研究人员提出、改进、拓展这种谱域图卷积模型。然而，基于频域的卷积，在计算时，需要在处理整个图数据的同时承担矩阵分解时的极高计算复杂度，当图数据的规模较大时，这种策略难以奏效。

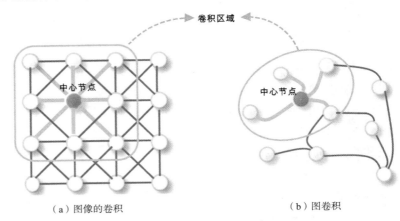

（a）图像的卷积　　　　　　　　　（b）图卷积

图 1-15　图像的卷积与图卷积对比[25]

1.5.3　图表示学习

图神经网络除了在模型拓扑结构上不断更迭创新，它在图表征学习领域的蓬勃发展也大大激发了人们对图神经网络的研究。

机器学习中的一个重要环节是特征表示，一个好的特征表示直接关系到模型的有效性。图表示学习旨在学习通过低维向量表征图的节点、边、子图。在图分析领域中，传统的机器学习方法往往依赖于手工设计的特征，这些方法灵活度较低且计算开销较大。

于是，图嵌入（Graph Embedding）表示应运而生。图嵌入将图中的节点以低维稠密向量的形式进行表达，要求原始图中相似的节点在低维表达空间中也是接近的。得到的低维表达向量可以用来完成下游任务，如节点分类、链接预测或重构原始图等。

2014 年，纽约州立大学石溪分校的 Perozzi 等人提出 DeepWalk 算法[26]，该算法是第一个基于表示学习的图嵌入方法，它借鉴了表示学习的思想和词嵌入技术的成功之处，将 SkipGram 模型应用于生成的随机游走（Random Walk）上。所谓随机游走，就是在网络上不断重复地随机选择游走路径，最终形成一条贯穿网络的路径（见图 1-16）。每条随机的路径都好比自然语言处理中的句子。其核心思想就是，在相似场景下共现（Co-occurrence）的节点应有类似的嵌入表示。

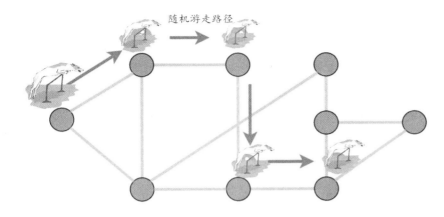

图 1-16 随机游走路径

虽然 DeepWalk 算法通过随机游走的方式，将图结构数据转化为自然语言处理任务来完成。但是，图结构中节点的关系可能比单词上下文关系更加复杂。比如说，通常部分图结构中的边具有权重，使用 Word2vec 方法则无法很好地处理这个问题。此外，在现实世界中，图数据的规模往往过于庞大，以至于存下所有随机游走路径所需的容量将十分惊人。为了解决这个问题，2015 年，微软亚洲研究院（MSRA）的唐建等人提出了 LINE 方法[27]。LINE 方法不再采用随机游走方式，相反，它在图上定义了两种相似度——一阶相似度与二阶相似度。当考虑到一阶相似度之后，即考虑到边的权重因素后，LINE 方法的表现效果要略好于 DeepWalk 算法。

2016 年，斯坦福大学的 Grover 等人提出了 Node2vec 方法[28]。Node2vec 方法认为，现有的随机游走方法无法很好地保留网络图的结构信息，网络图中可能存在着各种各样的社区，而在社区中扮演着相似角色的节点，它们理应有类似的嵌入表示。

Node2vec 方法依然采用随机游走的方式获取节点的近邻序列，与 DeepWalk 算法不同的是，Node2vec 方法采用的是一种有偏（Bias）的随机游走，它可以看作 DeepWalk 算法的一种扩展，通过 DFS（深度优先搜索）和 BFS（广度优先搜索）策略，Node2vec 方法能更好地发现图的结构（社区）信息，从而获得优于 DeepWalk 算法的性能。

1.5.4 图卷积的简化

近年来，很多图卷积变体和工具先后被提出。这一系列的进展都归功于图数据在表达能力、模型灵活性和训练算法方面的进步。概括来说，这些方法都可以统称为图神经网络（GNN）。

2016 年，阿姆斯特丹大学的 Kipf 等人提出了一种可扩展的对图结构数据进行半监督学习的方法[16]，该方法对谱域图卷积的定义做了简化，通过谱域图卷积的切比雪夫多项式一阶近似，来选择卷积结构，使得图卷积的谱域操作近似等价于空域操作，这极大提升了图卷积模型的计算效率。

2017 年，斯坦福大学的 Hamilton 等人提出了 GraphSAGE 方法[15]。简单来说，GraphSAGE 方法是一种面向节点表示的学习方法，即通过从一个节点的局部邻居进行采样并聚合节点特征，而不是为每个节点训练单独的嵌入式（Embedding）表征。这些方法为图数据处理提供了强大而实用的技术支撑。

1.6　图神经网络的模块与分类

虽然图神经网络模型的各种变种众多，但我们还是可以抽象出它们的大致模块和不同分类。下面我们讨论这两个主题。

1.6.1　图神经网络的常见模块

大多数图神经网络模型通常由如下几个计算模块构成[13]：

（1）传播模块（Propagation Module）。传播模块用于在节点之间传播信息，以便聚合邻居节点的特征信息和拓扑信息。在传播模块中，卷积算子和递归算子通常用于融合来自邻居的信息。在传播模块中，可采用跳跃连接（Skip Connection）结构，跳跃连接也称为"短路连接"，在残差网络（ResNet）中得到广泛应用。跳跃连接能从前向节点中直接抽取历史数据，从而防止信息在传播过程中过度衰减。

（2）采样模块（Sampling Module）。GNN 通常会聚合前一层节点的邻域信息，从而生成当前节点的表征。如果我们的汇聚操作涉及若干 GNN 层，那么计算牵涉的邻居节点数将会随着深度的增加而呈指数级增长。因此，人们通过采样技术来解决这种"邻居爆炸"的问题[13]。当图比较大时，由于计算负载和存储的限制，也需要用采样模块对图的规模进行缩减。采样模块通常与传播模块配合使用。

（3）汇聚模块（Pooling Module）。所谓汇聚（亦称池化），可形象地将其理解为"群众代表"，它用局部区间的代表性统计信息（比如最大值、最小值或平均值）来代替整个局部区间，从而减少待处理的数据量。

汇聚等操作可使当前节点"浓缩"前一层区域节点的信息精华。因此，通过层层汇聚，经过 K 轮消息传递，当前节点能够提取更为全局的信息[29]。举例来说，在图 1-17 所示的 DIFFPOOL 模型中的分级池化中，通过信息汇聚，每个节点簇（Cluster）都会"坍缩"，作为下一个层次图的节点，直至整张图都浓缩为一个节点，这样就能在图的层面进行分类。

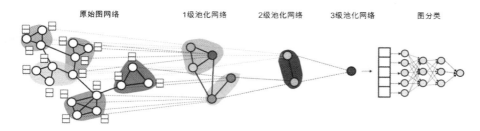

图 1-17　DIFFPOOL 模型中的分级池化[29]

　　将上述计算模块结合起来就可以构建一个典型的 GNN 模型。图 1-18 所示为 GNN模型的通用设计流程。首先我们在输入层获取图的结构，然后确定图的类型和规模（如图 1-18 中的❶和❷），接着根据问题来确定整个网络的损失函数（如❸），最后根据所要解决问题的性质来确定 GNN 传播层的内部（隐含层）结构（如❹）。在每一个隐含层，我们都可以使用卷积/循环算子、采样算子和池化算子，或者添加若干汇聚模块用以减少数据量和提取更为高层的抽象信息。为了获得更好的性能，GNN 层通常会堆叠多个隐含层。

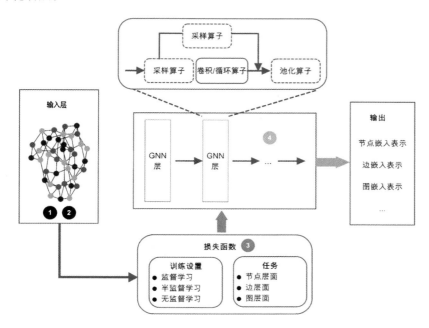

图 1-18　GNN 模型的通用设计流程

1.6.2　图神经网络的分类

当前，图神经网络发展非常迅速，各种模型和算法层出不穷。根据不同的标准，GNN 有多种不同的分类方式，下面我们简单罗列，以给读者带来宏观的认知。需要说明的是，任何图神经网络的分类都是不完美的，因为看似泾渭分明的分类，实际上它们背后都有千丝万缕的交叉互联。

根据所处理的图类型的不同来分，GNN 分为面向有向图、异构图（Heterogeneous Graphs）[①]、带边信息的图（Edge-Informative Graph）[②]及动态图（Dynamic Graphs）[③]。根据训练过程中采取的局部数据处理方式的不同，GNN 也有不同的变体，这些 GNN 变体具体的不同体现在邻居节点采样、感受野（Receptive Field）[④]控制（如控制变量法）、数据增强（Data Augmentation）[⑤]及非监督训练方式（如利用不同的 Boosting 方法[⑥]）等方面。

此外，还可以基于信息传播（Propagation）[⑦]方式不同进行分类。传播过程在 GNN 模型中获取邻居节点（或边）的隐状态是非常重要的。在信息传播阶段有三大类主要的传播模型，即卷积算子、循环算子和跳跃连接（见图 1-19），而在输出阶段，人们通常使用简单的前向传播的神经网络。

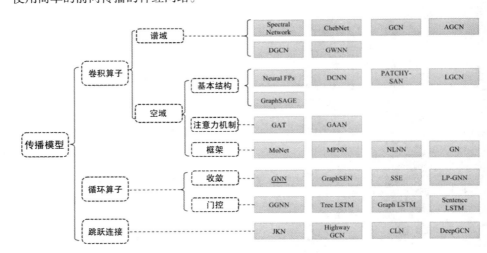

图 1-19　基于信息传播方式不同而进行图神经网络分类[13]

各种类型的 GNN 模型层出不穷，无疑大大提高了模型对各类图数据的适应性。某种程度上，GNN 可视为符号主义和联结主义的交叉融合，它通过图节点之间的消息传递来捕获图的依赖性，这种依赖性可以用来传递因果关系、逻辑推理等（这是符号主义的体现）。汇聚信息之后，对于处理信息的方式，中心节点完全可以用普通的神经网络

---

① 异构图含有多种不同的节点类型。对比而言，同构图中只有一种类型的节点和边。

② 图中每一个边都带有额外的信息，比如权重和边的类型。

③ 动态图是指随着时间的变化，在不同节点之间，连接可能出现或消失，以及节点属性会发生变化的图。

④ 感受野指的是神经网络中神经元"看"到的输入区域。在卷积神经网络中，在进行特征图谱计算时，某个元素的计算结果受输入图像上某个区域的影响，那么这个区域就是该元素的感受野。

⑤ 数据增强是一种利用算法来扩展训练数据的技术。数据增强包括但不限于以下方法：（1）几何变换，如翻转、旋转、缩放、裁剪、平移等；（2）颜色变换，如对比度调节、颜色反转、直方图均衡、色彩平衡等。

⑥ Boosting 是一种将多个弱分类器通过某种方式结合起来，提升为一个性能大大改善的强分类器的分类方法。

⑦ 传播指的是从邻居节点和连接的边汇集信息，从而对当前节点进行状态更新。

来进行处理（这是联结主义的体现）。

虽然原始的 GNN 计算量大，训练难度大，但近年来，网络架构、优化技术和并行计算等技术的发展推动了 GNN 的研究进程。特别是基于图神经网络的变体，如图卷积网络（GCN）、图注意网络（GAT）[30]、门控图神经网络（GGNN[31]）的提出，让 GNN 在许多任务上都取得了令人瞩目的成就。GNN 的出现，部分实现了图数据"端到端"的处理方式，为图数据在诸多应用场景下的任务达成提供了一种强有力的解决方案[32]。

近年来，在机器学习和深度学习技术的推动下，人工智能在感知计算层面取得了显著成果，但是如何提升人工智能的可解释性，得到健壮性强的、有意识的、能决策的新一代人工智能还面临很大挑战。考虑到图神经网络在数据建模、信息传播、关系归纳偏置等任务上的卓越性能，充分利用它则有望在一定程度上提升人工智能技术的可解释性和可信性[33]。

1.7　本章小结

在本章中，我们首先简要回顾了人工智能的三大学派：符号主义、联结主义和行为主义。这三个学派有一个共同的特征，即针对不同"关系"进行研究。而表征"关系"的经典表现形式就是"图"。因此，图数据在推动人工智能的研究进程中被寄予厚望。比如说，借用"图"可以表达因果关系和逻辑推理关系，进而提升人工智能的可解释性。

随后，我们总结了图神经网络的本质。图神经网络是机器学习的一个分支。机器学习的本质就是在数据对象中通过统计或推理的方法，寻找一个有关特定输入和预期输出功能的函数。图神经网络亦是如此，不过是输入的对象从普通的数据变成了图数据。

接着我们分析了图数据处理面临的挑战：图难以在欧氏空间中表示、图的表达没有固定格式、复杂图的可视化难以理解，以及图数据不符合独立同分布。即使面临着巨大挑战，在物理系统建模、社交网络推荐、蛋白质结构预测等特定领域，图数据在表达"关系"方面仍具有突出优势，这也让图神经网络的研究如火如荼。

最后，我们简要地总结了 GNN 研究的发展史，对已有的图神经网络模型的核心思想进行了简要回顾，对其应用的层次进行了分类总结。

俗话说："根基不牢，地动山摇。"数学是一切技术的底层基础，图神经网络亦不例外。在下一章中，我们将简要介绍图神经网络用到的数学基础知识。

参考资料

[1] 特伦斯·谢诺夫斯基. 深度学习：智能时代的核心驱动力量[M]. 姜悦兵，译. 北京：中信出版社，2019.

[2] 张玉宏. 深度学习与 TensorFlow 实践[M]. 北京：电子工业出版社，2021.

[3] KRIZHEVSKY A, SUTSKEVER I, HINTON G E. ImageNet classification with deep convolutional neural networks[J]. Communications of the ACM, 2017, 60(6): 84-90.

[4] HE K, ZHANG X, REN S, et al. Deep residual learning for image recognition[C]. Proceedings of the IEEE conference on computer vision and pattern recognition. Las Vegas, NV, USA: IEEE, 2016: 770-778.

[5] DEVLIN J, CHANG M-W, LEE K, et al. BERT: pre-training of deep bidirectional transformers for language understanding[C]//Proceedings of 2019 Conference of the North American Chapter of the Association for Computational Linguistics: Human Language Technologies. Minneapolis, MN, USA, 2019:4171-4186.

[6] KAHNEMAN D. Thinking, fast and slow[M]. London, United Kingdom: Macmillan, 2011.

[7] 张钹，朱军，苏航. 迈向第三代人工智能[J]. 中国科学：信息科学，2020,50(9): 7-28.

[8] 唐杰. 浅谈人工智能的下一个十年[J]. 智能系统学报，2020, 15(1): 187-192.

[9] 凯文·凯利. 科技想要什么[M]. 严丽娟，译. 北京：电子工业出版社，2018.

[10] ZHANG Y, NAUMAN U. Deep learning trends driven by temes: a philosophical perspective[J]. IEEE Access, 2020 (8): 196587-196599.

[11] 张宇，刘燕兵，熊刚，等. 图数据表示与压缩技术综述[J].软件学报，2014, 25(9): 1937-1952.

[12] SANCHEZ-LENGELING B, REIF E, PEARCE A, et al. A gentle introduction to graph neural networks[J]. Distill, 2021, 6(9): e33.

[13] ZHOU J, CUI G, ZHANG Z, et al. Graph neural networks: A review of methods and applications[J]. AI Open, 2020, 2020(1): 57-81.

[14] BAEHR J, BERNARDINI A, SIGL G, et al. Machine learning and structural characteristics for reverse engineering[J]. Integration, 2020, 72: 1-12.

[15] HAMILTON W L, YING R, LESKOVEC J. Inductive representation learning on large graphs[J]. Advances in neural information processing systems, 2017, 30(1):1-11.

[16] KIPF T N, WELLING M. Semi-supervised classification with graph convolutional networks[J]. arXiv preprint arXiv:1609.02907, 2017.

[17] JAIN A, LIU I, SARDA A, et al. Food discovery with uber eats: Using graph learning to power recommendations[EB/OL].(2019-12-4)[2023-5-11]. https://www.uber.com/blog/ uber-eats-graph-learning/.

[18] SUN M, ZHAO S, GILVARY C, et al. Graph convolutional networks for computational drug development and discovery[J]. Briefings in bioinformatics, 2020, 21(3): 919-935.

[19] 李青峰，邢潇丹，冯前进. 基于耦合的卷积-图卷积神经网络的阿尔茨海默病的磁共振诊断方法[J]. 南方医科大学学报，2020, 40(4): 531-537.

[20] CARSE J. Finite and infinite games[M]. New York, USA: Simon and Schuster, 2011.

[21] GORI M, MONFARDINI G, SCARSELLI F. A new model for learning in graph domains[C]//Proceedings. 2005 IEEE International Joint Conference on Neural Networks, 2005.

[22] SCARSELLI F, GORI M, TSOI A C, et al. The graph neural network model[J]. IEEE transactions on neural networks, 2008, 20(1): 61–80.

[23] LECUN Y, BENGIO Y, HINTON G. Deep learning[J]. Nature, 2015, 521(7553): 436– 444.

[24] BRUNA J, ZAREMBA W, SZLAM A, et al. Spectral networks and locally connected networks on graphs[J]. arXiv preprint arXiv:1312.6203, 2014.

[25] WU Z, PAN S, CHEN F, et al. A comprehensive survey on graph neural networks[J]. IEEE Transactions on Neural Networks and Learning Systems, 2020, 32(1): 4-24.

[26] PEROZZI B, AL-RFOU R, SKIENA S. DeepWalk: online learning of social representations [C]//Proceedings of the 20th ACM SIGKDD international conference on Knowledge discovery and data mining. New York, USA: Association for Computing Machinery, 2014: 701-710.

[27] TANG J, QU M, WANG M, et al. Line: large-scale information network embedding[C]//Proceedings of the 24th international conference on world wide web. New York, USA: Association for Computing Machinery, 2015:1067-1077.

[28] GROVER A, LESKOVEC J. Node2vec: scalable feature learning for networks[C]//Proceedings of the 22nd ACM SIGKDD international conference on

Knowledge discovery and data mining, New York, USA: Association for Computing Machinery, 2016: 855-864.

[29] YING R, YOU J, MORRIS C, et al. Hierarchical graph representation learning with differentiable pooling[J]. arXiv preprint arXiv:1806.08804, 2019.

[30] VELIČKOVIĆ P, CUCURULL G, CASANOVA A, et al. Graph attention networks[J]. arXiv preprint arXiv:1710.10903, 2017.

[31] LI Y, TARLOW D, BROCKSCHMIDT M, et al. Gated graph sequence neural networks[J]. arXiv preprint arXiv:1511.05493, 2015.

[32] 刘忠雨，李彦霖，周洋. 深入浅出图神经网络：GNN 原理解析[M]. 北京：机械工业出版社，2020.

[33] AMiner. 人工智能之认知图谱[R]. 北京：清华大学人工智能研究院，2020.

第 2 章
图神经网络的数学基础

　　数学是百科之母。深度学习及图神经网络的发展自然离不开数学理论的支撑。本章主要讨论矩阵论、图论及谱图论等基础数学知识。这些基础数学知识将为我们进一步理解神经网络与图神经网络提供必要的理论依据。

机器学习算法通常"以数据为食"，而分析数据和理解数据需要数学理论的支持。本章主要介绍矩阵论、图论及谱图论的概念，这些内容对读者理解本书的其余部分至关重要。

2.1　矩阵论基础

数据通常以矩阵（含高维张量）为表征形式。如果想从"纷纷扰扰"的数据中看透数据的本质，就离不开矩阵论这个好帮手的协助。在数学意义上，神经网络中的计算就是一堆基于向量、矩阵的数学运算。下面，让我们先来重温与矩阵论相关的数学知识。

2.1.1　标量与向量

只有数值、没有方向的量就是标量（Scalar）。在数学意义上，标量就是一个单独的数，如"7""1.2"等，它不同于线性代数中研究的其他大部分对象（常是多个数的数组）。通常用小写斜体字母表示标量，如 a, k 等。当我们介绍标量时，会明确它们是哪种类型的标量。比如，在定义实数标量时，可以说"令 $k \in \mathbb{R}$ 表示一条线的斜率"。

通常，向量（Vector）用来表示一个既有幅度（Magnitude）又有方向（Direction）的物理量。但在机器学习领域，向量的内涵被泛化，它是指高维空间中的一个点。刻画高维空间的一个点需要一列数[①]。这些数是有序排列的。通过次序中的索引，我们可以确定每个单独的数。一个 n 维向量有两种表达方式：元素纵向排列的，被称为列向量；元素横向排列的，被称为行向量。n 维行向量可以记作：

$$\boldsymbol{x} = (7, 9, 3, 6, 5) \text{ 或 } \boldsymbol{x} = (7\ 9\ 3\ 6\ 5)$$

前者用逗号隔开，区分度高，后者用空格隔开，更加简洁[②]。一般我们提到向量，都默认为列向量。如果将这些元素写成列向量，则可以表示为：

$$\boldsymbol{x} = \begin{bmatrix} 7 \\ 9 \\ 3 \\ 6 \\ 5 \end{bmatrix}$$

① 在机器学习领域，向量依然可以视作既有幅度又有方向的，其幅度就是在各个维度的值，其方向就是在多维空间中从原点到该点的指向。
② 超过三维的向量无几何意义，但数学意义上的向量，维度可以趋于无限。

我们可以把向量看作高维空间中的点，每个元素是不同坐标轴上的坐标。把这个列向量进行转置（Transpose，T），就得到一个行向量 $\boldsymbol{x}^{\mathrm{T}}$。有时为了方便，在说明是行向量的情况下，向量上的"T"也省略了。例如，两个向量（如权值矩阵 $\boldsymbol{w}$ 和特征向量 $\boldsymbol{x}$）将对应的分量相乘并求和，有专门的名称，叫内积（Inner Product），可以表达为：

$$\boldsymbol{w} \cdot \boldsymbol{x} = \sum_{i=1}^{n} x_i w_i$$

内积有时也被称为点积（Dot Product）或标量积（Scalar Product）。为了描述方便，在没有歧义的场景下，内积符号"·"也会被省略，简记为 $\boldsymbol{wx}$。向量内积的运算规则是，对于两个形状相同的向量，将对应位置的元素一一相乘，然后求和。

根据内积的定义，向量与自身的内积是其所有分量的平方和，即：

$$\boldsymbol{x}^{\mathrm{T}} \boldsymbol{x} = \sum_{i=1}^{n} x_i^2 \tag{2.1}$$

很显然，$\boldsymbol{x}^{\mathrm{T}} \boldsymbol{x} \geqslant 0$，这一结论在很多场合会用到。

如果两个向量的内积为 0，则称它们是正交（Orthogonal）[①]的。在二维或三维的欧氏空间中，正交的几何意义是向量间的夹角为 90°。可以看出，正交是几何中垂直这一概念在高维空间上的推广。

下面是两个彼此正交的三维向量。有些起初不正交的向量，可以通过旋转坐标系达成正交目的。著名的降维算法主成分分析（Principal Component Analysis，PCA[②]）就利用了这个概念。如下所示的三维空间中的两个向量彼此正交，它们的方向就是两个坐标轴的方向。

$$\begin{pmatrix} 1 \\ 0 \\ 0 \end{pmatrix}^{\mathrm{T}} \begin{pmatrix} 0 \\ 1 \\ 0 \end{pmatrix} = 0$$

有一个与内积类似的计算方式，叫作阿达玛乘积（Hadamard Product）：对于两个相同维度的向量 $\boldsymbol{x}$ 和 $\boldsymbol{y}$，将对应的分量相乘（但并不求和），所得结果为相同维度的向量，记作 $\boldsymbol{x} \odot \boldsymbol{y}$。这种乘法也被称为按元素乘法（Element-Wise Multiplication）。下面是一个阿达玛乘积的例子（见图 2-1）。

$$(1,2,3) \odot (4,5,8) = (1 \times 4, 2 \times 5, 3 \times 8) = (4,10,24)$$

① 正交是几何中垂直概念的推广。
② PCA 是一种使用非常广泛的数据降维算法。其主要思想是将 n 维特征映射到 k 维上，这 k 维是全新的正交特征，也被称为主成分，是在原有 n 维特征的基础上重新构造出来的特征。

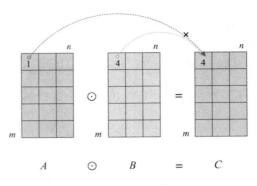

图 2-1　阿达玛乘积

① 反向传播是对多层人工
神经网络进行梯度下降
的算法，也就是用链式法
则以网络每层的权重为
变数计算损失函数的梯
度，以更新权重来最小化
损失函数。

在一些场合下，阿达玛乘积也可以用来简化问题的描述。例如，在反向传播（Backpropagation，BP）算法[①]、各类基于梯度下降的算法中，阿达玛乘积经常被使用到。

2.1.2　向量范数

在几何空间，标量就是空间中的一个点，而向量就是 n 维空间中一个有大小、有方向的量，这里的 n 是指向量的元素个数。如果我们想衡量一个向量在张量空间中的长度该怎么办呢？

这里就需要引入一个概念，向量范数（Norm）——向量的模（Norm 的音译）是长度的泛化称呼。常用 $\|x\|_p$ 表示向量的模，这里的 x 表示某个向量，p 表示范数的类别。

最常用的范数是 L_1 和 L_2。L_1 范数就是向量的所有分量的绝对值之和，即：

$$\|x\|_1 = \sum_{i=1}^{n}|x_i| \tag{2.2}$$

对于向量

$$x = (3, -4, 5)$$

其对应的 L_1 范数为：

$$\|x\|_1 = |3| + |-4| + |5| = 12$$

L_2 范数的定义为：

$$\|x\|_2 = \sqrt{\sum_{i=1}^{n}x_i^2} \tag{2.3}$$

L_2 范数也被称为欧几里得范数（Euclidean Norm）。这是因为在欧氏空间里 L_2 范数就是向量的长度。例如，某向量 P 的坐标为 (x_1, x_2, x_3)，则向量 P 的 L_2 范数为（见图 2-2）：

$$\| \boldsymbol{P} \|_2 = \sqrt{x_1{}^2 + x_2{}^2 + x_3{}^2}$$

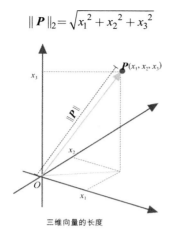

三维向量的长度

图 2-2　欧式空间中的距离

直观上看，$\| \boldsymbol{P} \|_2$ 就是分别以 x_1、x_2、x_3 为边长的长方体对角线的长度。

L_1 范数和 L_2 范数常被用作构建机器学习算法的正则项（Regularization）[①]。根据范数的定义，显然有：

$$\boldsymbol{x}^{\mathrm{T}}\boldsymbol{x} = \| \boldsymbol{x} \|_2^2 \tag{2.4}$$

对于非 0 向量，通过除以向量的模，可以将向量单位化（亦称标准化），即使其长度为 1：

$$\frac{\boldsymbol{x}}{\| \boldsymbol{x} \|} \tag{2.5}$$

比如，对于向量 $\boldsymbol{x} = (3, -4, 5)$，经过单位化之后，其就变成了 $\left(\dfrac{3}{\sqrt{50}}, \dfrac{-4}{\sqrt{50}}, \dfrac{5}{\sqrt{50}} \right)$。

当范数超过 3，范数的几何意义就不明显了，但其数学意义可以任意扩展，定义为：

$$\| \boldsymbol{x} \|_p = \left(\sum_{i=1}^{n} | \boldsymbol{x}_i | \right)^{1/p} \tag{2.6}$$

当 $p \to \infty$ 时，称为 L_∞ 范数，可以在理论上证明[②]：

$$\| \boldsymbol{x} \|_\infty = \max | \boldsymbol{x}_i | \tag{2.7}$$

即向量中元素绝对值中的极大值为 L_∞ 范数。因此，向量 $\boldsymbol{x} = (3, -4, 5)$ 的 L_∞ 范数为：

$$\| \boldsymbol{x} \|_\infty = \max \left(| 3 |, | -4 |, | 5 | \right) = 5$$

① 通常是为解决适用性问题或缓解过拟合而加入的额外信息。

② 对于有关理论证明，读者可以参考雷明所著的《机器学习的数学》（人民邮电出版社，2021），理论涉及高等数学中极限的相关计算。

① 事实上,在数值优化中还
会用到 L_0 范数,用于计
算矩阵中的非 0 元素个
数,但由于其非凸性,通
常会松弛到 L_1 范数进行
优化计算求解。

如果没有特殊说明，通常所说的范数默认指 L_2 范数①，包括式(2.5)。

2.1.3　向量的夹角与余弦相似度

宽泛来讲，世界上的一切事物，在数字空间中都可以抽象为由若干个特征维度构建成的向量。这样一来，世界万物将统一于向量。那么该如何衡量向量与向量之间的关联呢？这就需要借助向量之间的夹角来表达了。

任何两个向量（设为 x 和 y）的内积、范数及它们之间的夹角 θ 之间的关系可以表示为：

$$x \cdot y = \| x \| \cdot \| y \| \cdot \cos\theta \qquad (2.8)$$

其中 θ 的取值范围为 $[0, \pi]$。将式(2.8)变形可以得到向量夹角的计算公式：

$$\cos\theta = \frac{x \cdot y}{\| x \| \cdot \| y \|} \qquad (2.9)$$

这个向量夹角是非常有用的。它的大小可以说明两个向量的"匹配程度"（见图 2-3）。对于两个定长的向量，如果它们的夹角为 0（即同向而行，不要求彼此重合），它们的内积有最大值，此时 $\cos\theta = 1$，说明这两个向量最相似。

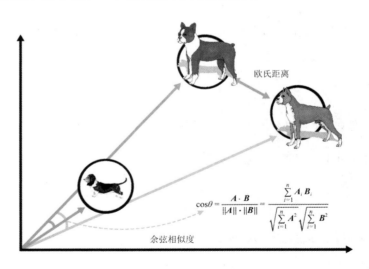

$$\cos\theta = \frac{A \cdot B}{\| A \| \cdot \| B \|} = \frac{\sum_{i=1}^{n} A_i B_i}{\sqrt{\sum_{i=1}^{n} A_i^2} \sqrt{\sum_{i=1}^{n} B_i^2}}$$

图 2-3　余弦相似度与欧氏距离

当两个向量之间的夹角大于 $\pi / 2$ 时，它们的向量内积为负值。当它们的夹角为 π 时（说明两者正好是反向的），它们的内积有最小值，此时有 $\cos\theta = -1$，说明这两个向量完全呈负相关，不严谨地说，就是"背道而驰"。这一结论，在基于梯度下降的优化算法中经常被使用[1]。

举例来说，对于向量 $\boldsymbol{x}=(1,1,0)$ 和 $\boldsymbol{y}=(0,1,1)$，它们的夹角余弦为：

$$\cos\theta = \frac{\boldsymbol{x}\cdot\boldsymbol{y}}{\|\boldsymbol{x}\|\cdot\|\boldsymbol{y}\|} = \frac{1\times0+1\times1+0\times1}{\sqrt{1^2+1^2+0^2}\times\sqrt{0^2+1^2+1^2}} = \frac{1}{2}$$

很容易求得，这两个向量的夹角 θ 为 $\pi/3$。

再例如，对于向量 $\boldsymbol{x}=(1,0,0)$ 和 $\boldsymbol{y}=(0,1,0)$，它们的夹角余弦为：

$$\cos\theta = \frac{\boldsymbol{x}\cdot\boldsymbol{y}}{\|\boldsymbol{x}\|\cdot\|\boldsymbol{y}\|} = \frac{1\times0+0\times1+0\times0}{\sqrt{1^2+0^2+0^2}\times\sqrt{0^2+1^2+0^2}} = 0$$

容易求得，这两个向量的夹角为 $\pi/2$，即它们是垂直的，彼此之间没有关系，相互独立，或者说它们是正交的。显然，在前面的例子中，向量 $\boldsymbol{x}=(1,0,0)$ 位于 x 轴方向，而向量 $\boldsymbol{y}=(0,1,0)$ 位于 y 轴方向，二者是彼此垂直的，这是符合我们直观感受的。从上面的分析可知，$\theta\in[0,\pi]$，对应的 $\cos\theta$ 的取值范围为 $[-1,1]$，两个向量的余弦相似度值越大（夹角越小），说明两个向量的关系越密切。

由于 $\cos\theta$ 可以用来衡量向量之间的相似性，因此在机器学习任务中，它得到广泛应用。比如凭借各种不同类型的嵌入（Embedding）技术，如自然语言处理中使用的词嵌入（Word2vec[2]）或图神经网络中使用的节点嵌入（Node2vec[3]），人们可将原本难以比较的高维且稀疏的向量，映射到某个低维向量空间中，然后计算低维向量间的余弦相似度，进而做分类或回归等任务。

由于欧氏距离是基于多维度平方求和计算的，求和就会带来一个潜在问题，即在处理高维数据时，即使向量间很相似，但因为不能免除维度高带来的累计求和效应，也会拉大彼此的欧氏距离。因此，在比较向量相似度时，相比欧氏距离，余弦相似度适用性更广。

2.1.4 矩阵与张量

将一系列类似的向量汇集在一起，就构成了矩阵（Matrix）①。矩阵是一个二维数组，其中的每一个元素被两个索引（Index）所确定。我们通常会赋予矩阵大写黑斜体的变量名称，比如 $\boldsymbol{A}$。如果一个实数矩阵高度为 m，宽度为 n，那么矩阵通常记为 $\boldsymbol{A}\in\mathbb{R}^{m\times n}$。向量可以看作只有一列的矩阵。

在表示矩阵中的元素时，通常用行和列的索引交叉定位元素。比如 $\boldsymbol{A}_{1,1}$ 表示矩阵第 1 行第 1 列上的元素。通常用 ":" 表示某个维度上的元素都要取到。比如，$\boldsymbol{A}_{i,:}$ 表示矩阵 $\boldsymbol{A}$ 中第 i 行的所有元素。类似地，$\boldsymbol{A}_{:,i}$ 表示矩阵 $\boldsymbol{A}$ 中第 i 列的所有元素。这在 NumPy、

① 矩阵是向量的扩展，是不同维度向量的组合，是批量处理量级问题的有效工具。

TensorFlow 等计算框架中被称为切片（Slice）。

张量（Tensor）①是矩阵在任意维度上的推广。一个三维张量 A 中坐标为 (i, j, k) 的元素记作 $A_{i,j,k}$。

2.1.5 矩阵的本质

在本质上，矩阵描述的是一种线性变换（Linear Transformation）。线性变换把一个向量空间里的向量映射为另一个向量空间里的另一个向量，因此我们可以把线性变换理解成输入一个向量，然后输出一个向量的特殊函数。

矩阵可视作一种线性映射。

给定一组基（Basis）②，矩阵对应的线性变换的形式又有哪些呢？具体如下。

（1）投影：矩阵对向量所处空间的变换。投影指的是线性变换之后向量的维度发生了变化，空间维度发生了变化，也就是从一个空间映射到了另外一个空间③。

（2）旋转：矩阵只对向量有旋转的影响。旋转可以通过不同的坐标系来实现。

（3）缩放：矩阵只对向量大小进行变换。

其中，旋转和缩放是矩阵最重要的两种线性变换。为何要做线性变换呢？维持矩阵本色不好吗？如果维持矩阵的原始模样，研究人员就可能被矩阵中的大量原始数据所"遮蔽"，看不清数据背后隐藏的信息。而数据的线性变换，能够给研究人员提供一个不同的视角来审视数据，有时候可以得到"一针见血"的洞察。数学之美就体现在它能提供一个新的角度，让你重新审视数字之美[5]。

矩阵运算在深度学习算法中应用非常广泛。不论是 LSTM、CNN、还是 Transformer[6]，不论是前向传播还是后向传播，矩阵运算几乎无处不在。

2.1.6 矩阵乘法的三种视角

在图神经网络中会用到大量的矩阵乘法操作。为了便于读者理解其中的公式推导，有必要介绍一下矩阵乘法的三种视角[7]。

设有两个矩阵 $A \in \mathbb{R}^{m \times p}$，$B \in \mathbb{R}^{p \times n}$，对于 $C = AB$，有以下三种计算视角。

1．内积视角

从上面的实践可以看出，矩阵乘法的核心是点积。将 A 视作一个行向量矩阵，将 B 视作一个列向量矩阵，则有矩阵 C 第 i 行第 j 列处的计算结果是矩阵 A 的第 i 行和矩阵 B 第 j 列的内积（见图 2-4）：

① 计算框架 TensorFlow 中的"Tensor"就取之于此。TensorFlow 的本意就是"张量流动"，它表示数据流图中的数据变换和抽取。

② 在线性代数中，基（也称为基底）是描述、刻画向量空间的基本工具。

③ 在线性代数和泛函分析中，投影是从向量空间映射到自身的一种线性变换，同现实中阳光将事物投影到地面上一样，投影变换将整个向量空间映射到它的某一个子空间。

$$C_{ij} = \sum_{i=1}^{p} A_{ip} \cdot B_{pj} \qquad (2.10)$$

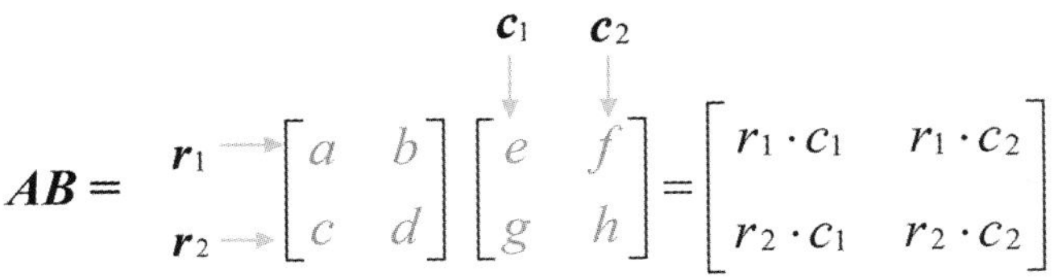

$$AB = \begin{array}{c} r_1 \\ r_2 \end{array} \rightarrow \begin{bmatrix} a & b \\ c & d \end{bmatrix} \begin{bmatrix} e & f \\ g & h \end{bmatrix} = \begin{bmatrix} r_1 \cdot c_1 & r_1 \cdot c_2 \\ r_2 \cdot c_1 & r_2 \cdot c_2 \end{bmatrix}$$

图 2-4　内积视角下的矩阵乘法

式(2.10)有时候也被简记为：

$$C_{i,j} = A_{i,:} B_{:,j} \qquad (2.11)$$

这种冒号 ":" 的用法非常类似 TensorFlow 或 PyTorch 等深度学习框架中的用法，用以表明这个维度上的所有数据都要取到。

举例来说，设 $A = \begin{bmatrix} 1 & 2 & 3 \\ 4 & 5 & 6 \\ 7 & 8 & 9 \end{bmatrix}$，$B = \begin{bmatrix} 1 & 2 & 1 \\ 2 & 4 & 6 \\ 7 & 2 & 5 \end{bmatrix}$，使用我们熟悉的内积视角，可算得

$C = \begin{bmatrix} 26 & 15 & 28 \\ 56 & 40 & 64 \\ 86 & 64 & 100 \end{bmatrix}$。其中，$C_{11} = 26$，其计算过程如图 2-5 矩阵乘法的过程所示。

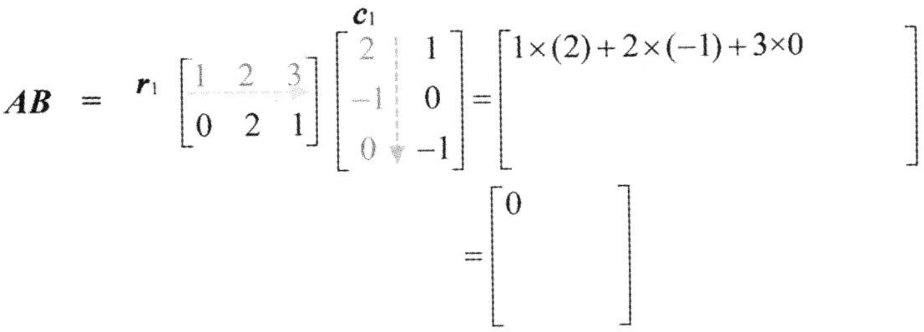

$$AB = \begin{array}{c} r_1 \end{array} \begin{bmatrix} 1 & 2 & 3 \\ 0 & 2 & 1 \end{bmatrix} \begin{bmatrix} 2 & 1 \\ -1 & 0 \\ 0 & -1 \end{bmatrix} = \begin{bmatrix} 1 \times (2) + 2 \times (-1) + 3 \times 0 \end{bmatrix}$$

$$= \begin{bmatrix} 0 \end{bmatrix}$$

图 2-5　矩阵乘法的过程

对于矩阵的乘法操作，需要满足一个条件：第一个矩阵的列数必须等于第二个矩阵的行数。

2．行向量视角

事实上，我们还可以将矩阵 B 视作一个行向量矩阵，将 A 视作系数矩阵，于是有：

$$C = AB = \begin{bmatrix} a_{11} & a_{12} & \cdots & a_{1n} \\ a_{21} & a_{22} & \cdots & a_{2n} \\ \vdots & \vdots & \cdots & \vdots \\ a_{m1} & a_{m2} & \cdots & a_{mn} \end{bmatrix} \begin{bmatrix} \boldsymbol{B}_1 \\ \boldsymbol{B}_2 \\ \vdots \\ \boldsymbol{B}_n \end{bmatrix} \qquad (2.12)$$

于是，矩阵 $\boldsymbol{C}$ 中的一行计算过程可以简化为：

$$\boldsymbol{C}_{i,:} = \sum_{k=1}^{n} \boldsymbol{A}_{ik} \boldsymbol{B}_{k,:} \qquad (2.13)$$

还是图 2-5 中提到的矩阵 $\boldsymbol{A}$ 和 $\boldsymbol{B}$ 为数据源，让我们看看矩阵乘法的结果矩阵 $\boldsymbol{C}$ 的第一行是如何计算得到的。行向量视角下的矩阵乘法如图 2-6 所示。

$$[0 \quad -2] = [1 \quad 2 \quad 3] \begin{bmatrix} 2 & 1 \\ -1 & 0 \\ 0 & -1 \end{bmatrix} \quad \text{行向量的系数}$$

$$= 1 \times [2 \quad 1] + 2 \times [-1 \quad 0] + 3 \times [0 \quad -1]$$

$$= [2 \quad 1] + [-2 \quad 0] + [0 \quad -3]$$

$$= [0 \quad -2]$$

图 2-6 行向量视角下的矩阵乘法

上述结果的解读是这样的：矩阵 $\boldsymbol{B}$ 的第 1 行的行向量 $[2 \quad 1] \times 1$，加上矩阵 $\boldsymbol{B}$ 的第 2 行的行向量 $[-1 \quad 0] \times 2$，再加上矩阵 $\boldsymbol{B}$ 的第 3 行的行向量 $[0 \quad -1] \times 3$，得到对应的行向量。行向量视角下的矩阵乘法是将矩阵 $\boldsymbol{B}$ 的各行进行线性组合。

3. 列向量角度

如果从列的角度来看，将矩阵 $\boldsymbol{A}$ 看作列向量矩阵，将矩阵 $\boldsymbol{B}$ 视作系数矩阵。

$$C = AB = [\text{col}_1, \text{col}_2, \cdots, \text{col}_n] \boldsymbol{B} \qquad (2.14)$$

以矩阵 $\boldsymbol{C}$ 的一列为例，它可以表达为：

$$\boldsymbol{C}_{:,j} = \sum_{k=1}^{n} \boldsymbol{A}_{:,k} \boldsymbol{B}_{k,j} \qquad (2.15)$$

下面以结果矩阵 $\boldsymbol{C}$ 的第一列为例，以说明矩阵乘法的列视角计算过程。

$$\begin{bmatrix} 0 \\ -2 \end{bmatrix} = \begin{bmatrix} 1 & 2 & 3 \\ 0 & 2 & 1 \end{bmatrix} \begin{bmatrix} 2 \\ -1 \\ 0 \end{bmatrix}$$

$$= 2 \times \begin{bmatrix} 1 \\ 0 \end{bmatrix} + (-1) \times \begin{bmatrix} 2 \\ 2 \end{bmatrix} + 0 \times \begin{bmatrix} 3 \\ 1 \end{bmatrix}$$

$$= \begin{bmatrix} 2 \\ 0 \end{bmatrix} + \begin{bmatrix} -2 \\ -2 \end{bmatrix} + \begin{bmatrix} 0 \\ 0 \end{bmatrix}$$

$$= \begin{bmatrix} 0 \\ -2 \end{bmatrix}$$

上述乘法过程是这样的：矩阵 A 第 1 列的列向量 $\begin{bmatrix} 1 \\ 0 \end{bmatrix} \times 2$，加上矩阵 A 第 2 列的列

向量 $\begin{bmatrix} 2 \\ 2 \end{bmatrix} \times -1$，再加上矩阵 A 第 3 列的列向量 $\begin{bmatrix} 3 \\ 1 \end{bmatrix} \times 0$，就得到最后的列向量。实质上，

这种视角下的矩阵乘法是对矩阵 A 的各个列向量进行线性组合的过程。

内积视角是线性代数中常规的视角，但是行向量视角和列向量视角对理解图神经网络的公式推导大有益处，这会在后续的章节中有所体现。

2.1.7　逆矩阵与行列式

如果矩阵 A 是方阵，即行数等于列数，则矩阵 A 的逆矩阵（记为 A^{-1}）满足：

$$AA^{-1} = I \tag{2.16}$$

其中 I 为 $n \times n$ 的单位矩阵（对角线元素为 1，其余元素为 0）。A^{-1} 存在，当且仅当 $|A| \neq 0$[①]。

$|A|$ 为矩阵的行列式（Determinant），常记作 $\det(A)$。一个 n 阶方阵 A 的行列式可直观定义如下：

$$\det(A) = \begin{vmatrix} a_{11} & a_{12} & \cdots & a_{1n} \\ a_{21} & a_{22} & \cdots & a_{2n} \\ \vdots & \vdots & \cdots & \vdots \\ a_{n1} & a_{n2} & \cdots & a_{nn} \end{vmatrix} = \sum_{j_1 j_2 \cdots j_n \in S_n} (-1)^{\tau(j_1 j_2 \cdots j_n)} \prod_{i=1}^{n} a_{i,j_i} \tag{2.17}$$

其中，$j_1 j_2 \cdots j_n$ 为正整数 $1, 2, \cdots, n$ 的一个排列，S_n 为这 n 个正整数所有排列构成的集合，显然共有 $n!$ 种排列。$\tau(j_1 j_2 \cdots j_n)$ 为排列 $j_1 j_2 \cdots j_n$ 的逆序数。在低维空间，行列式有着明显的几何意义，它表示线性变换的缩放因子。

矩阵 A 可逆的充分必要条件就是 $|A| \neq 0$。当有多个矩阵时，逆矩阵亦遵循"脱穿规则"：

$$(ABCD)^{-1} = D^{-1} C^{-1} B^{-1} A^{-1} \tag{2.18}$$

① 如果一个矩阵的行列式为 0，则意味着它的行或列是相关的。提纯版本的"最大线性无关组"相当于这个矩阵空间降维了。逆矩阵存在的前提条件是矩阵的行列式不为 0，也就是说矩阵的行或列向量是线性无关的，即满秩。

对于矩阵而言，"可逆"是一个好的品质，不可逆的矩阵就称为奇异（Singular）矩阵。"奇异"一词用来形容破坏了某种优良性质的数学对象。

2.1.8　特征值与特征向量

前面我们也提到，所谓向量就是有大小、有方向的量。而所谓矩阵，可以理解为向量的集合。因此，在某种程度上，矩阵也应是有大小、有方向的。然而，矩阵中包含如此纷繁的数据，如何才能"抽丝剥茧"，使其更直观地体现出哪部分是"大小"，哪部分是"方向"呢？

先来说结论，它们分别是本节所要讨论的特征值与特征向量。这里有两个类比：

（1）特征值就好比运动的速度大小；

（2）特征向量就好比运动的方向。

有了速度大小和方向，运动最重要的两方面都被描述清楚了。与此类似，掌握了特征值、特征向量，矩阵的核心特征就能了然于胸。

特征值（Eigenvalue）[①]与特征向量（Eigenvector）[②]决定了矩阵（确切说是方阵）的很多性质。eigen 一词通常翻译为"自身的"或"特定于……的"，这强调了特征值对于定义特定变换是很重要的[③]。

下面给出特征值和特征向量的数学定义。设 A 是一个 $n \times n$ 的方阵，x 是一个 n 维非零列向量，若存在标量 λ，使得

$$Ax = \lambda x \tag{2.19}$$

则称 λ 为矩阵 A 的特征值，x 为特征值 λ 对应的特征向量：

$$\begin{pmatrix} a_{11} & a_{12} & \cdots & a_{1n} \\ a_{21} & a_{22} & \cdots & a_{2n} \\ \vdots & \vdots & \cdots & \vdots \\ a_{n1} & a_{n2} & \cdots & a_{nn} \end{pmatrix} \begin{pmatrix} x_1 \\ x_2 \\ \vdots \\ x_n \end{pmatrix} = \lambda \begin{pmatrix} x_1 \\ x_2 \\ \vdots \\ x_n \end{pmatrix} = \begin{pmatrix} \lambda x_1 \\ \lambda x_2 \\ \vdots \\ \lambda x_n \end{pmatrix} \tag{2.20}$$

我们知道，在几何意义上，矩阵可以被理解为一套线性变换体系。矩阵与特征值如图 2-7 所示。例如，在图 2-7（a）中，向量 v 是在标准正交基 $i = \begin{pmatrix} 1 \\ 0 \end{pmatrix}$ 和 $j = \begin{pmatrix} 0 \\ 1 \end{pmatrix}$ 线性表达下的特征向量。在矩阵 A 的变换下，v 变成了 Av 这般模样。然而，这里的"变换"有点特殊，可以观察到，调整后的 Av 和 v 在同一条直线上，只不过 v 的长度相比原来的长度变长了而已。

数学家们发现，针对某个特定向量 v，乘上一个矩阵 A 达到的线性变换，和简单乘

[①] 特征值亦称本征值、固有值。需要说明的是，在机器学习中，数据样本的特征（Feature）不同于矩阵的特征。前者强调数据样本的外在属性，一个样本可能有很多属性。而矩阵的特征强调的是矩阵的内在属性，是更为本质的数据特性。

[②] 特征向量亦称本征向量、固有向量。

[③] "特征"一词译自德语的 eigen，由希尔伯特在 1904 年首先使用。

上一个标量 λ，达成的效果可以是一样的。这就很有意思了！这个标量（λ）一定体现了这个矩阵最本质的东西。是的，λ 就是矩阵 A 的特征值，v 就是这个特征值对应的特征向量。

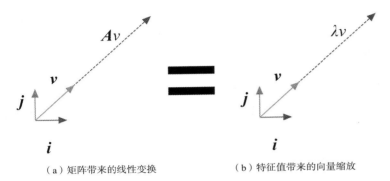

（a）矩阵带来的线性变换　　　　　　　（b）特征值带来的向量缩放

图 2-7　矩阵与特征值

可以这样理解，特征值就是特征向量在该坐标系下的拉伸强度。如果特征值为正，则表示特征向量在经过线性变换后，方向不变；如果特征值为负，说明特征向量的方向会反转；如果特征值为 0，则表示特征向量缩回零点。

在机器学习[如主成分分析（PCA）、线性判别器（LDA）、流形学习（Manifold Learning）[①]、图神经网络中的图谱分析]中，特征值和特征向量被广泛应用。

① 流形学习的主要思想是将高维数据映射为低维数据，使该低维数据能够反映原高维数据的某些本质结构特征。

2.1.9　矩阵的平方分解

在线性代数中，矩阵的平方根是算术中平方根概念的推广。对于一个矩阵 A，如果矩阵 B 满足

$$BB = A \tag{2.21}$$

那么矩阵 B 就是矩阵 A 的一个平方根，记作 $B = A^{\frac{1}{2}}$。

依照矩阵平方根的概念及矩阵乘法的定义，只有方阵才有平方根。对于一个对角矩阵，其平方根是很容易求得的。只需要将对角线上的每一个元素都换成它的平方根就可以了。

在这种情况之下，如果矩阵 D 的形式是：

$$D = \begin{bmatrix} d_1 & & \\ & \ddots & \\ & & d_n \end{bmatrix}$$

那么，$\boldsymbol{D}^{\frac{1}{2}}$ 的形式为：

$$\boldsymbol{D}^{\frac{1}{2}} = \begin{bmatrix} \sqrt{d_1} & & \\ & \ddots & \\ & & \sqrt{d_n} \end{bmatrix}$$

2.1.10 特征分解

在线性代数中，矩阵的特征分解（Eigen Decomposition）又称谱分解（Spectral Decomposition），它是将矩阵分解为由其特征值和特征向量表示的矩阵之积的方法。需要注意，只有对可对角化矩阵才可以施以特征分解。

式(2.19)通过变形，容易得到：

$$(\boldsymbol{A} - \lambda \boldsymbol{I})\boldsymbol{x} = 0 \tag{2.22}$$

$\boldsymbol{A} - \lambda \boldsymbol{I}$ 称为特征矩阵。按照线性方程组的理论，倘若式(2.20)所示的齐次方程有非 0 解（特征向量 $\boldsymbol{x}$ 不能是 0 向量），那么行列式 $|\boldsymbol{A} - \lambda \boldsymbol{I}|$ 需等于 0，即

$$|\boldsymbol{A} - \lambda \boldsymbol{I}| = 0 \tag{2.23}$$

其特征方程为

$$|\boldsymbol{A} - \lambda \boldsymbol{I}| = \begin{vmatrix} a_{11} - \lambda & a_{12} & \cdots & a_{1n} \\ a_{21} & a_{22} - \lambda & \cdots & a_{2n} \\ \vdots & \vdots & \ddots & \vdots \\ a_{n1} & a_{n2} & \cdots & a_{nn} - \lambda \end{vmatrix} = 0 \tag{2.24}$$

式(2.24)的行列式展开后是 λ 的 n 次多项式，称为矩阵的特征多项式（Characteristic Polynomial）或特征方程，如式(2.25)所示。

$$f(\lambda) = c_n \lambda^n + c_{n-1} \lambda^{n-1} + c_{n-2} \lambda^{n-2} + \cdots + c_1 \lambda + c_0 \tag{2.25}$$

根据多项式分解定理，特征方程可以写成：

$$(\lambda - \lambda_1)^{n_1} (\lambda - \lambda_2)^{n_2} \cdots (\lambda - \lambda_k)^{n_k} = 0 \tag{2.26}$$

其中，n_i 称为特征值 λ_i 的代数重数。根据代数理论，有

$$\sum_{i=1}^{k} n_i = n \tag{2.27}$$

特征多项式是关于未知数 λ 的 n 次多项式。由代数基本定理可知，特征方程有 n 个解。这些解的集合也就是特征值的集合，有时也被称为矩阵的谱（Spectrum）。矩阵的谱半径（Spectral Radius）为所有特征值绝对值的最大值，即

$$\rho(A) = \max\left\{|\lambda_1|, |\lambda_2|, \cdots, |\lambda_k|\right\} \tag{2.28}$$

大海航行靠舵手，认识矩阵要靠"谱"。这里的"谱"当然是指特征值。我们不禁要问，求出特征值和特征向量，到底有何用处？其中一个好处就是，它可以对矩阵实施特征分解。如果我们求出了矩阵 A 的 n 个特征值 $\lambda_1 \geqslant \lambda_2 \cdots \geqslant \lambda_n$，以及这 n 个特征值所对应的特征向量 $w_1, w_2, \ldots, w_n$，那么矩阵 A 就可以用特征分解表示为如下形式：

$$A = W \Sigma W^{-1} \tag{2.29}$$

其中，Σ 为以这 n 个特征值为主对角线的 $n \times n$ 维矩阵，即：

$$\Sigma = \begin{pmatrix} \lambda_1 & & \\ & \ddots & \\ & & \lambda_n \end{pmatrix}_{n \times n} \tag{2.30}$$

W 是这 n 个特征向量所组成的 $n \times n$ 维矩阵，它的列为矩阵 A 的特征向量，这些特征向量与对角矩阵中的特征值的排列次序是相同的。

$$W = (w_1, w_2, \cdots, w_n) \tag{2.31}$$

一般我们会把 W 的这 n 个特征向量标准化，即满足 $\|w_i\|_2 = 1$，或者 $w_i^{\mathrm{T}} w_i = 1$，此时 W 的 n 个特征向量为标准正交基，满足 $W^{\mathrm{T}} W = I$（单位矩阵），即

$$W^{\mathrm{T}} = W^{-1} \tag{2.32}$$

也就是说 W 为酉矩阵（Unitary Matrix）[①]。

数学的概念通常都是抽象的，下面举个具体的例子来说明，我们对一个简单的矩阵 A 进行特征值分解，如下所示。

$$A = \begin{pmatrix} 2 & -1 \\ -1 & 2 \end{pmatrix} = \begin{pmatrix} -\dfrac{\sqrt{2}}{2} & \dfrac{\sqrt{2}}{2} \\ \dfrac{\sqrt{2}}{2} & \dfrac{\sqrt{2}}{2} \end{pmatrix} \begin{pmatrix} 3 & 0 \\ 0 & 1 \end{pmatrix} \begin{pmatrix} -\dfrac{\sqrt{2}}{2} & \dfrac{\sqrt{2}}{2} \\ \dfrac{\sqrt{2}}{2} & \dfrac{\sqrt{2}}{2} \end{pmatrix}$$

在上面的分解中，$\begin{pmatrix} 3 & 0 \\ 0 & 1 \end{pmatrix}$ 是对角矩阵，对角线上的值就是特征值。特征值矩阵的前后都是酉矩阵，列向量是单位向量且正交。

如前面所言，矩阵描述的是一种线性变换，线性变换通常包括三类：投影[②]、旋转和伸缩。对于方阵而言，通常它没有投影变换，因此它所代表的矩阵只能在旋转、伸缩这两种线性变换上做点文章了。矩阵在没有分解前，旋转、伸缩"混为一体"，分解后，二者"泾渭分明"，一目了然。特征值分解的几何意义如图 2-8 所示。

将两种线性变换分解开，自然就能更清楚地认识并利用矩阵的特性。在图 2-8 中，

---

① 酉矩阵中的"酉"其实就是"unitary（单一的）"首部发音的音译，这样翻译多少有点违背"信达雅"的原则，徒增了理解上的困难。

② 举例来说，把一束光打在一个正方体上，在桌面上形成一个影子，那么影子与正方体之间就相当于存在一个线性变换——一个从三维到二维的线性变换。事实上，前面提到的 cosine 相似度就是求一个向量在另外一个向量上的投影。投影变换常用于降维操作。

特征向量指明了旋转方向（正交矩阵对应的变换，就是旋转变换），特征值指定了拉伸的幅度（大小）。特征值和对应的特征向量不止一个，那么伸缩就是多个特征向量方向的合成，类似于向量的加法。

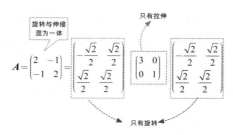

图 2-8　特征值分解的几何意义

如前面所言，倘若要求特征值分解，前提条件是矩阵 A 必须为方阵，且可以被对角化。这个条件有点苛刻，如果矩阵 A 不是方阵，即行数和列数不相等时，我们还可以对矩阵进行分解吗？答案当然是可以的，这就需要借助奇异值分解（Singular Value Decomposition，SVD），感兴趣的读者可查阅相关资料。

2.1.11　正定矩阵和半正定矩阵

在一些数学证明中，我们常会使用一些技巧，将一个二次函数配方成完全平方的模样，然后据此推导出某些结论。例如，对于下面的方程：

$$\left(x_1-3\right)^2+\left(x_2+7\right)^2+\left(x_3-4\right)^2$$

我们很容易得知上式的值是非负的(≥ 0)，且 x_1、x_2、x_3 分别在(3、-7、4)处，该函数能取得极小值（0）。我们不禁要问，矩阵有没有类似的性质呢？由此我们就引入了正定矩阵（Positive Definite Matrix）的概念。

根据 2.1.8 节的内容可知，特征值 λ 是对一个矩阵 A（矩阵即变换）伸缩特性的表达：

$$Ax = \lambda x \tag{2.33}$$

对式(2.33)进行一些数学恒等变换，等号两边同时乘上 x^T，得到：

$$x^\mathrm{T}Ax = \lambda x^\mathrm{T}x \tag{2.34}$$

下面我们给出正定矩阵的定义。如果一个二次型对于所有的非 0 向量 x 都满足：

$$x^\mathrm{T}Ax > 0 \tag{2.35}$$

则称该二次型为正定的（Positive Definite）。

观察式(2.34)可以发现，若想保证 $\boldsymbol{x}^{\mathrm{T}}\boldsymbol{A}\boldsymbol{x}>0$ ，就要保证 $\lambda\boldsymbol{x}^{\mathrm{T}}\boldsymbol{x}>0$ ，根据式(2.4)，$\boldsymbol{x}^{\mathrm{T}}\boldsymbol{x}$ 的计算结果实际上是 L_2 范数，它确定是大于 0 的[①]。因此，想要保证式(2.35)成立，就得保证特征值 $\lambda>0$ 。因此，我们可以得出一个简单的结论，即正定矩阵的特征值都大于 0。

下面我们从另外一个角度审视正定矩阵的内涵。通过前面的学习我们知道，矩阵本身就是一种线性变换。对于一个向量 $\boldsymbol{x}$，$\boldsymbol{A}\boldsymbol{x}$ 代表的物理意义就是对向量 $\boldsymbol{x}$ 实施某种线性变换，我们把变换后的向量记作 $\boldsymbol{y}$，即：

$$\boldsymbol{y} = \boldsymbol{A}\boldsymbol{x} \tag{2.36}$$

把式(2.36)代入式(2.35)得：

$$\boldsymbol{x}^{\mathrm{T}}\boldsymbol{y} > 0 \tag{2.37}$$

式(2.37)中的 $\boldsymbol{x}^{\mathrm{T}}\boldsymbol{y}$ 实际上描绘的就是两个向量的内积，根据式(2.8)可得：

$$\cos\theta = \frac{\|\boldsymbol{x}\|\cdot\|\boldsymbol{y}\|}{\boldsymbol{x}^{\mathrm{T}}\boldsymbol{y}} \tag{2.38}$$

如果 $\boldsymbol{x}^{\mathrm{T}}\boldsymbol{y}>0$，就意味着 $\cos\theta>0$，也就是向量 $\boldsymbol{x}$ 和 $\boldsymbol{y}$ 之间的夹角小于 90°，简单来说，这意味着这两个向量具有一定的相似性。

综上所述，如果说一个矩阵正定，那么就意味着，一个向量经过此矩阵变换后与原始向量之间的夹角小于 90°，即二者还有一定的相似性，不至于"面目全非"。

如果将式(2.35)的不等式变为大于等于 0，即：

$$\boldsymbol{x}^{\mathrm{T}}\boldsymbol{A}\boldsymbol{x}\geqslant 0 \tag{2.39}$$

则认为 $\boldsymbol{A}$ 为半正定矩阵（Positive Semi-Definite Matrix）。

根据上面的思路，可以得出结论：半正定矩阵允许矩阵特征值为 0，即 $\lambda\geqslant 0$，它在一定程度上意味着经过 $\boldsymbol{A}$ 变换的前后两个向量有一定的相似性，也可能不相似（$\lambda=0$），但至少性质不会相反（λ 不会取负值）。

在英文中，definite 表示"明确的、确定的"，但在矩阵这种特定场景下，被翻译成"正定"也是有一定道理的。这里的"正"就是说明特征值为"正数"，"定"表明如果矩阵的特征值大于 0，向量经过这样的矩阵变换后，和原始向量相比，还保留部分相似性，性质"确定"，如此而已。

2.2　图论基础

图是研究图神经网络（GNN）的基础工具。图论是建立和处理离散数据模型的一

[①] L_2 范数的实际效果是计算每个元素的平方和。此处暂不考虑复数构成的矩阵。

种重要工具。因此，要全面了解 GNN，就需要基本的图论知识。下面我们简单介绍图论的基本知识。

2.2.1 图的表示

定义 1（图，Graph） 一个图 G 可以表示为一个有序二元组 $G=(V,E)$。其中，节点集合 $V=\{v_1,v_2,\cdots,v_n\}$ 是一个非空的有限集合；边集合 $E=\{e_1,e_2,\cdots,e_m\}$ 可以为空。

节点（Vertex，简记为 V，也可表示为 Node），通常代表研究的重要实体（Entity）。边（Edge，简记为 E）则表示两个节点之间的特定关系（Relation）。图 G 的构成如图 2-9 所示。在图中，边的长度和节点的位置是无关紧要的。图 G 的大小被定义为图的节点数量 $|V|$。

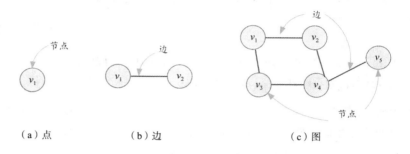

（a）点 （b）边 （c）图

图 2-9 图 G 的构成

如果节点 v_i 和节点 v_j 之间有连接，就组成了图中的一条边 $(v_i,v_j)\in\mathcal{E}$，亦记作 e_{ij}。例如，在社交网络中，朋友关系就可以视为社交网中的一条边。化合物中的"化学键"也可以视作分子间的一条边。有时我们也用 $\mathbf{U}$ 表示整个图，它主要用来判断整个图具有什么属性（如特定社区发现、化学分子性质等）。

具有 n 个节点和 m 条边的图，就构成 (n,m) 图。只有 n 个节点而没有边的图，即 $(n,0)$ 图，也称为零图（Null Graph）。特别地，如果图 G 是一个只有一个节点而无边的图，即 $(1,0)$ 图，我们将其称为平凡图（Trivial Graph）。零图与平凡图如图 2-10 所示。

（a）有节点而无边的零图 （b）只有一个节点而无边的平凡图

图 2-10 零图与平凡图

2.2.2 无向图与有向图

定义 2 （**无向图，Undirected Graph**） 如果图中的边是无向的，则称这样的图为无向图。

定义 3 （**有向图，Directed Graph**） 如果图中的边存在方向，那么就称这样的图为有向图。

无向图与有向图如图 2-11 所示。在有向图中，设某个边为 $e_{ij}=(v_i,v_j)$，其中 v_i 表示这条边的起点，v_j 则表示这条边的终点。事实上，我们也可以把无向图认为是双向有向图，对于任意一条边有：$e_{ij}=(v_i,v_j)=(v_j,v_i)=e_{ji}$。

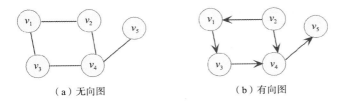

（a）无向图 （b）有向图

图 2-11 无向图与有向图

在现实生活中，"人往高处走，水往低处流"，这描绘的其实就是一种有向图；对交通道路而言，如果是双向通行的，可视为无向图；如果是单行道，就是有向图。在没有特别指明的情况下，本书讨论的均为无向图。

2.2.3 权值图

定义 4 （**权值图，Weighted Graph**） 如果图中的每条边都有一个实数权值与之对应，并且这个实数权值代表着这条边的重要程度，那么这样的图称为权值图。

图 2-12 所示为权值图。在实际应用场景中，权值有具体的物理意义，如两地间的距离、交通成本或神经元的连接强度等。我们也可以把非权值图理解为各边权值均相等的权值图。

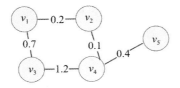

图 2-12 权值图

2.2.4　邻接矩阵与关联矩阵

如前所述，图是一种表达关系的数据结构。但我们看到的是点线相连的"花哨"可视化图，此类图计算机是无法感知的。因此，我们必须用计算机能理解的语言和它沟通。这就涉及代数表达方式，它通常借助矩阵表达。不同的节点，不同的连接，堆叠起来之后就变成了矩阵。常见的图表达方式有很多，有邻接矩阵（Adjacency Matrix）、关联矩阵（Incidence Matrix），下面分别给予简介。

定义 5　（邻接矩阵） 设 $G = (V, E)$，其对应的邻接矩阵可以表示为 $A \in \{0,1\}^{N \times N}$。邻接矩阵 A 的第 i 行第 j 列的元素记作 $A_{i,j}$，表示节点 v_i 和节点 v_j 之间的连接关系。如果 v_i 和 v_j 相邻，则 $A_{i,j} = 1$，否则为 0。

$$A_{i,j} = \begin{cases} 1 & \text{if}(v_i, v_j) \in E \\ 0 & \text{if}(v_i, v_j) \notin E \end{cases} \tag{2.40}$$

图 G 与其邻接矩阵如图 2-13 所示。

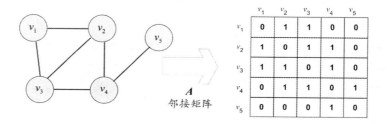

图 2-13　图 G 与其邻接矩阵

邻接矩阵是表示节点之间相邻关系的二维数组。无向图的邻接矩阵具备如下性质：

（1）邻接矩阵 A 为对称矩阵，即 $A_{i,j} = A_{j,i}$。

（2）若 G 为无环图，则邻接矩阵 A 中第 i 行（或列）的元素之和等于节点 v_i 的度。

借助邻接矩阵，可以很方便地将图以数组的形式存储起来。邻接矩阵刻画了不同节点间"非黑（连接为 1）即白（非连接为 0）"的连接关系。事实上，从更宽泛的角度来看，我们可以用加权度来刻画节点之间的连接强度（也称为邻接权值）。例如，在图 2-14 所示的权值图与加权邻接矩阵中，v_1 和 v_3 之间的连接强度为 3，v_3 和 v_2 之间的连接强度是 2，诸如此类。

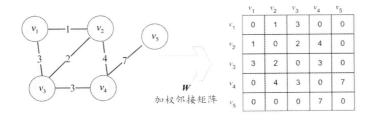

图 2-14 权值图与加权邻接矩阵

除了邻接矩阵，也可以用关联矩阵来描述节点和边之间的关系。

定义 6 （关联矩阵） 对于一个无向图 G，关联矩阵 $\boldsymbol{B}$ 的第 i 行第 j 列的元素记作 $\boldsymbol{B}_{i,j}$，表示节点 v_i 和边 e_j 之间的连接关系。若节点 v_i 和边 e_j 是相连的，则 $\boldsymbol{B}_{i,j}=1$，反之，则 $\boldsymbol{B}_{i,j}=0$。

$$\boldsymbol{B}_{i,j} = \begin{cases} 1 & v_i \text{与} e_j \text{相连} \\ 0 & v_i \text{与} e_j \text{不相连} \end{cases} \quad (2.41)$$

在图 2-15 所示的图 G 与其关联矩阵中，左图对应的关联矩阵如右图所示。在关联矩阵中，每一行值的总和为该节点的度。对于有向图，若 $\boldsymbol{B}_{i,j}=1$，表示边 e_j 离开节点 v_i；若 $\boldsymbol{B}_{i,j}=-1$，表示边 e_j 进入节点 v_i；若 $\boldsymbol{B}_{i,j}=0$，表示边 e_j 和节点 v_i 不相关联。

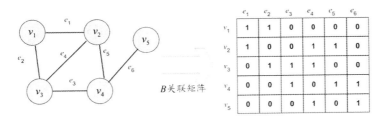

图 2-15 图 G 与其关联矩阵

2.2.5 邻域和度

对于无向图而言，假设节点 v 和节点 w 之间存在一条边，则称节点 v 和节点 w 互为邻接点。

定义 7 （邻域，Neighborhood） 将与 v_i 节点相连的节点集合记作 $N(v_i)$：

$$N(v_i) = \{v_j \mid \exists e_{ij} \in \mathcal{E} \text{或} e_{ji} \in \mathcal{E}\} \quad (2.42)$$

节点的邻域节点如图 2-16 所示。

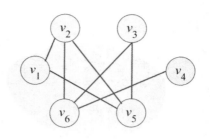

图 2-16　节点的邻域节点

在图 2-16 中，节点 v_2 的邻域节点可表达为 $N(v_2)=\{v_1,v_5,v_6\}$。

定义 8（度，Degree） 与节点 v_i 关联的边的个数称为 v_i 的度，记为 $\deg(v_i)$，也可简记为 $d(v_i)$：

$$\deg(v_i)=\left|\mathcal{N}(v_i)\right| \tag{2.43}$$

在如图 2-17（a）所示的无向图中，节点 v_2 的邻接点有 v_1、v_5 和 v_6，其度为 3，记为 $\deg(v_2)=3$。

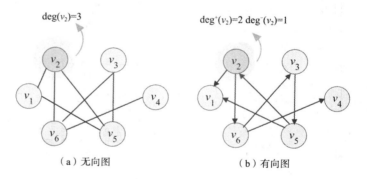

（a）无向图　　　　　　　　（b）有向图

图 2-17　图的邻接点和度

对于如图 2-17（b）所示的有向图，由于边有方向性，于是有出度（Out Degree）和入度（In Degree）之分。节点的出度是以节点 v_i 为起点的边的数目，记为 $\deg^+(v_i)$。节点的入度是以节点 v_i 为终点的边的数目，记为 $\deg^-(v_i)$。对于节点 v_2 而言，它的出度 $\deg^+(v_2)=2$，而入度 $\deg^-(v_2)=1$。很显然，在有向图中，节点的度数等于入度和出度之和：$\deg(v_i)=\deg^+(v_i)+\deg^-(v_i)$。

对于无向图，由于每条边都关联着两个节点，导致它们各自的度加 1，因此在图 G 中，所有节点的度数之和应是边数之和的 2 倍。若图 G 是具有节点集合 $\{v_1,v_2,\cdots,v_n\}$ 的 (n,m) 图，那么此时存在一个"握手定理"：

$$\sum_{i=1}^{n} \deg(v_i) = 2m \tag{2.44}$$

对于有向图，有出就有进，因此节点的出度之和等于入度之和，也都等于边的数量。

$$|E| = \sum_{v \in V} \deg^-(v) = \sum_{v \in V} \deg^+(v) \tag{2.45}$$

读者可以用图 2-17 所示的两个子图来分别验证上述两个结论。

2.2.6　度数矩阵

图 G 的度数矩阵（Degree Matrix）D 是一个 $n \times n$ 的对角矩阵，其对角线上的每个值都代表该节点的度。给定一个图 $G = (V, E)$ 与 $|V| = n$，度数矩阵 D 中元素的定义如下：

$$d_{ij} = \begin{cases} \deg(v_i) & \text{如果}\, i = j \\ 0 & \text{其他} \end{cases} \tag{2.46}$$

在图 2-18 所示的度数矩阵中，图 2-18（a）为原图 G，图 2-18（b）为邻接矩阵，将邻居矩阵每行求和，得到度数放置于对角线上，就得到了如图 2-18（c）所示的度数矩阵。

（a）原图 G　　　　　　　　（b）邻接矩阵　　　　　　　　（c）度数矩阵

图 2-18　度数矩阵

图中的边不仅可以表示连接关系，事实上还可以表示具有连接强弱的权重，那么邻接矩阵就可以拓展为加权度数矩阵，对应的图称为权重图（Weighted Graph）。

在加权度数矩阵 W 中，连接关系不再单纯用 0 或 1 表达（0 表示非连接、1 表示连接），而可以用任意实数表达，记作 $W_{i,j} \in \mathbb{R}$，由于非邻接边的权重为 0，所以加权度数矩阵的对角线元素的值是节点 v_i 的所有相邻边的权值之和：

$$d(v_i) = \sum_{v_j \in N(v_i)} W_{i,j} \tag{2.47}$$

加权度数矩阵如图 2-19 所示。

（a）原图 G 　　　　（b）加权邻接矩阵 　　　　（c）加权度数矩阵

图 2-19　加权度数矩阵

例如，在图 2-19 中 v_2 对应的加权度为：

$$1+2+4=7$$

加权度数矩阵 $\boldsymbol{W}$ 的主对角线元素为每个节点的加权度，其他位置的元素值为 0，如图 2-19（c）所示。加权度数矩阵对角线的值，实际上就是邻接矩阵每行或列的求和值。加权度数矩阵和邻接矩阵可以一起用来构造图的拉普拉斯算子矩阵（在后面的章节，我们会详细讨论）。

2.2.7　二分图

定义 9 （二分图，Bipartite Graph）　设 $G=(V,E)$ 是一个无向图，如果全部节点可分割为两个互不相交的子集 (A,B)，并且图中的每条边 (i, j) 所关联的两个节点 v_i 和 v_j 分别属于这两个不同的节点集，即 $v_i \in A, v_j \in B$ 或 $v_i \in B, v_j \in A$，则称图 G 为一个二分图。二分图又被称为二部图或偶图。

在二分图中，边是两大节点集团的"联姻"：一边出一个节点，彼此相连，但每个子集内的任意节点之间没有边相连接。二分图如图 2-20 所示。二分图是一种十分常见的图数据对象，它描述了两类不同对象之间的交互关系，如用户与商家之间的关系、作者与论文之间的关系、基因与疾病之间的关系等。概括来说，凡能构成映射的关系，都可用二分图来表达。

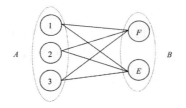

图 2-20　二分图

在人工神经网络中，二分图也有很多应用。比如说，受限玻尔兹曼机（Restricted Boltzmann Machine，RBM）是一种可通过输入数据集学习概率分布的随机生成神经网络①，其网络结构就是一个二分图[1]。在 RBM 中，神经元分为可见的和隐含的两大类。在可见层中，可见变量就是神经网络中的输入数据，如图像等。在隐含层中，隐含变量可视为从输入数据提取的特征。

2.2.8 符号图

随着在线社交网络不断深入我们的工作和生活，包含正边和负边的符号图（Signed Graphs）变得越来越普及[8]。比如，在社交网络中，很多用户之间的关系可以表示为符号图。在这些社交关系中，用户可以关注或屏蔽其他用户，"关注（Follow，记作+1）"行为可以看作用户之间的正关系，而"屏蔽（Block，记作-1）"行为可以看作用户之间的负关系，暂时未有过交互的记为 0。符号图示例如图 2-21 所示。

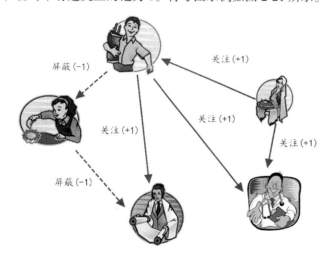

图 2-21 符号图示例

定义 10 （符号图） 令 $G = \{V, E^+, E^-\}$ 表示一个符号图，其中 $V = \{v_1, v_2, \cdots, v_N\}$ 是一个包含 N 个节点的集合，而 $E^+ \subset V \times V$ 和 $E^- \subset V \times V$ 分别表示正边和负边集合。在符号图中，正边和负边互斥，即 $E^+ \cap E^- = \varnothing$。在其对应的邻接矩阵 $\boldsymbol{A}$ 中，当且仅当 v_i 和 v_j 之间存在一条正边时 $\boldsymbol{A}_{i,j} = 1$，当且仅当 v_i 和 v_j 之间存在一条负边时 $\boldsymbol{A}_{i,j} = -1$，如果 v_i 和 v_j 之间没有边，则有 $\boldsymbol{A}_{i,j} = 0$。

① RBM 最初是由发明者斯模棱斯基（Smolensky）于 1986 年提出的，但直到杰弗里·辛顿及其合作者在 2006 年左右发明快速学习算法后，RBM 才慢慢变得知名。RBM 在降维、分类、协同过滤、特征学习和主题建模中已经得到了广泛应用。

2.2.9　图的遍历

图的遍历（Graph Traversal）是指从图中的某一节点出发，按照一定的策略访问图中的每一个节点。在遍历过程中，所有节点只能被访问一次。在图的遍历策略中，深度优先搜索（Depth First Search，DFS）和广度优先搜索（Breadth First Search，BFS）是最为常用的两种遍历方式。图的遍历是一种重要的图检索手段，DFS 和 BFS 为图遍历提供了算法基础[7]。

深度优先搜索（也称深度优先遍历）会尽可能沿着节点的深度方向遍历。节点的深度方向是指它的邻接点方向。深度优先搜索是一种递归算法，在该算法中若深度方向走不通，则会回溯。具体方法是这样的：从图中的某个节点 v_i 开始，访问它的任意一个邻接点 w_1；然后从节点 w_1 出发，访问其众多邻居中尚未访问过的邻接点 w_2；然后访问节点 w_2 未曾访问过的邻接点。以此类推，一条路走到黑，撞到南墙再回头。

当某个节点不再有未访问的邻接点时，则回退一步，回溯看上一次访问的节点是否还有其他未被访问的邻接点，如果有，则选择其中一个邻接点作为源节点，再从该邻接点出发，实施和前面类似的访问操作。不断重复上述操作，直到图中所有节点都被访问过，遍历操作终止。以图 2-22（a）为例，从节点 v_1 出发，它的深度优先搜索顺序为 $v_1 \rightarrow v_2 \rightarrow v_4 \rightarrow v_5 \rightarrow v_3 \rightarrow v_6$。

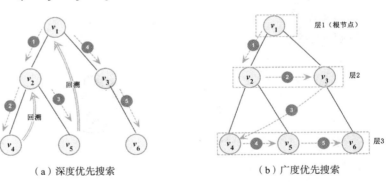

（a）深度优先搜索　　　　　　　（b）广度优先搜索

图 2-22　深度优先搜索与广度优先搜索

广度优先搜索（也称广度优先遍历）的规则是，先访问当前节点的所有邻接点（从中可以体会横向的内涵），之后才能进入下一层节点的访问。这种层层递进的遍历关系，就是广度优先搜索。从上面的描述可以看出，广度优先搜索是一种分层搜索策略，它没有回溯过程。

以图 2-22（b）为例，从节点 v_1 出发，可以得到它的广度优先搜索顺序为 $v_1 \rightarrow v_2 \rightarrow v_3 \rightarrow v_4 \rightarrow v_5 \rightarrow v_6$。在这个例子中，"广度"体现在访问节点 v_1 之后，要先

访问节点 v_1 的所有邻接点 v_2 和 v_3（同一层节点，排名不分先后），然后才能访问下一层节点 v_4、v_5 和 v_6。

2.2.10 图的同构与异构

定义 11（**图同构，Graph Isomorphism**）图 $G = (V, E)$ 和图 $G' = (V', E')$ 是同构的，当且仅当存在一个从 G 到 G' 的映射 σ，使得 G 中任意两个节点 u 和 v 相连接，即 $(u, e) \in E$，当且仅当 G' 中对应的两个节点 $\sigma(u)$ 和 $\sigma(v)$ 相连接，即 $(\sigma(u), \sigma(v)) \in E'$，同构可记作 $G \simeq G'$。

在图论中，图同构描述的是两个图之间的完全等价关系。在图 2-23 所示的同构图中，G_1、G_2 是同构的，但二者在外观上看起来迥然不同。具体来说，从图 G_1 到图 G_2 存在同构映射：$\sigma(a) = 1$，$\sigma(b) = 6$，$\sigma(c) = 8$，$\sigma(d) = 3$，$\sigma(g) = 5$，$\sigma(h) = 2$，$\sigma(i) = 4$，$\sigma(j) = 7$。举例来说，在图 G_1 中，节点 a 和节点 g、h 及 i 相连。而在图 G_2 中与之对应的是节点 1 和节点 5、2 及 4 相连，其他节点也有类似的一一对应关系。

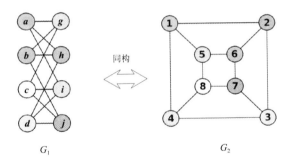

图 2-23 同构图

在图论视域下，两个同构图被当作同一个图来研究。在分析图神经网络的表达能力时，我们通常依赖图同构来分析[9]。

定义 12（**异构图，Heterogeneous Graph**）对于一个异构图 $G = (E, V, T)$，其中边集合 $E = \{e_1, e_2, \cdots, e_N\}$，节点集合 $V = \{v_1, v_2, \cdots, v_N\}$，$T = \{T_n, T_e\}$，$T_n$ 和 T_e 分别表示节点和边的类型，且满足 $|T_n| + |T_e| > 2$。一个异构图有两类映射函数，分别将每个节点映射为对应的节点类型的函数 $\phi_n : V \to T_n$，以及将每条边映射为对应边类型的函数 $\phi_e : E \to T_e$。

与同构图相反，异构图（又称异质图）是指图中的节点类型或关系类型多于一种。在实际应用场景中，我们通常研究的图数据对象是多类型的，对象之间的交互关系也是多样化的。因此，异构图通常更能贴近现实[7]，常见于知识图谱的场景。

在图 2-24 所示的学术网络中的异构图中，描述论文、作者及学术会议关系的学术网络就是一种典型的异构网络，它有三种不同类型的节点：T_n ={作者，论文，学术会议}。在该网络中，不同类型的边描述不同类型的关系，如论文之间的边描述的是"引用"关系，论文与作者之间的边描述的是"写作"关系，学术会议与论文之间的边描述的是"发表在"关系，作者与学术会议之间的边描述的是"参加"关系，即 T_e ={引用、写作、发表在、参加}。从某种角度上看，异构图也是一种超图（Hypergraph）。

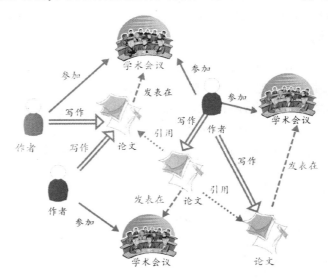

图 2-24　学术网络中的异构图

2.2.11　图的途径、迹与路

定义 13（途径，Walk）　在图 $G=(V,E)$ 中，从一个节点开始（如 u），到另一个节点结束（如 v），图的一个途径就是在途中经过的节点和边的交替序列，其中每条边和紧邻的节点相关联。

从节点 u 到节点 v 的途径称为途径 u-v。途中经历的边数称为途径的长度 $L(P_{uv}) = |P_{uv}|$。由于"条条大路通罗马"，途径 u-v 可能不是唯一的，自然途径的长度也不是唯一的。

定义 14（迹，Trail）　迹是边各不相同的途径。

定义 15（路，Path）　路是节点各不相同的途径。

在图 2-25 所示的一个有 5 个节点 6 条边的图中，从 v_1 出发到 v_2 结束，于是 $(v_1, e_4, v_4, e_5, v_5, e_6, v_1, e_1, v_2)$ 构成了 v_1-v_2 的一条长度为 4 的途径，但它是一条迹，而不是

一条路。这是因为这个途径中的边是不同的，但节点 v_1 重复出现了两次。相比而言，(v_1,e_1,v_2,e_2,v_3) 是 v_1-v_3 的途径，它是一条迹，也是一条路，因为途径中的点和边都不相同。

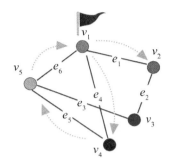

图 2-25　一个有 5 个节点 6 条边的图

第一个节点与最后一个节点相同的途径称为回路或环（Cycle）。除了第一个节点与最后一个节点，其余节点都不重复的回路，称为简单回路。

从节点 u 到达节点 v 的距离定义为：

$$d(u,v) = \min(|P_{uv}|) \tag{2.48}$$

也就是说，两个节点之间的距离由它们的最短途径长度来决定。若 $d(u,v)=k$，则称为 u 为 v 的 k 阶邻居。如果以某个节点 u 为起始点，距离节点 v 长度小于 k 的节点和边构成子图 $G_u^{(k)}$，则称它为节点 v_i 的 k 阶图或 k 跳图（k-Hop Graph）：

$$
\begin{aligned}
G_u^{(k)} &= (V',E') \\
V' &= \{v \,|\, \forall v, d(u,v) \leqslant k\} \\
E' &= \{e_{uv} \,|\, \forall v, d(u,v) \leqslant k\}
\end{aligned}
\tag{2.49}
$$

2.2.12　图的连通性

定义 16（连通图，Connected Graph）　如果图 $G = (V,E)$．只有一个连通分量，那么 G 是连通图。

连通性（Connectivity）是图中的重要性质。在一个无向图 G 中，若从节点 v_i 到节点 v_j 有边相连（自然从节点 v_j 到节点 v_i 也一定有途径的），则称节点 v_i 和节点 v_j 是连通的。如果图 G 中任意两个节点都是连通的，那么这个图称作连通图（Connected Graph）。反之，则称为非连通图（Disconnected Graph）。简单来说，非连通图就是存在"落单"孤立节点的图，如图 2-26 (a)所示。

无向图 G 的极大连通子图称为连通分量（Connected Component），连通分量的个

数记为 $W(G)$。例如，图 2-26 (b)所示的非连通图包含两个连通分量：节点 $\{v_1, v_3, v_4\}$. 构成一个连通分量，节点 $\{v_2, v_5\}$ 构成另外一个连通分量。

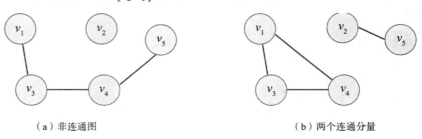

（a）非连通图   （b）两个连通分量

图 2-26　非连通图

如果将图的连通程度推到极致，要求图 G 中任意一对不同的节点间有且仅有一条边相连，则称这样的图称为完全图（Complete Graph）。节点的个数 k 记作 K_n，K_n 会有 $n(n-1)/2$ 条连接边。完全图及其边数如图 2-27 所示。

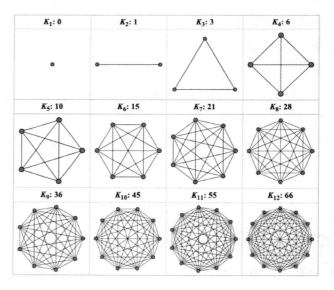

图 2-27　完全图及其边数（n=1~12）

定义 17（最短路，Shortest Path）　给定图 G 中的一对节点 $(v_s, v_t) \in V$，且 P_{st} 表示节点 v_s 到节点 v_t 的路集合。那么节点 v_s 到节点 v_t 的最短路定义为：

$$P_{st}^{sp} = \arg\min_{p \in P_{st}} |p| \qquad (2.50)$$

式中，p 表示的是 P_{st} 中一条长度为 $|p|$ 的路；P_{st}^{sp} 表示最短路。

需要注意的是，对于任意一对节点，它们之间的最短路可能不止一条。

一对节点之间的最短路描述了它们之间非常重要的信息，所以图中任意两个节点之间的最短路的集合可以刻画图的重要性质。具体来说，图的直径被定义为图中最长的最短路长度[8]，也就是说，在所有的最短路中，选出最长的一条即图的直径。

定义 18（直径，Diameter） 给定一个连通图 $G = (V, E)$，它的直径定义为

$$\text{diameter}(G) = \max_{v_s, v_t \in V} \min_{p \in P_{st}} |p| \tag{2.51}$$

上述定义说的是，不同节点之间都有自己的最短路，即 $\min_{p \in P_{st}} |p|$，然后把这些最短路汇集起来，求得它们中的最大值（$\max_{v_s, v_t \in V} (\bullet)$）当作整个连通图的直径。

举例来说，在图 2-28 中，从节点 v_2 到节点 v_4 之间的最短路 $(v_2, e_1, v_1, e_4, v_4)$ 的长度为 2，在该图中，在众多最短路中，最长的就是这条（或说其他路的长度不超过这条），因此该图的直径为 2。

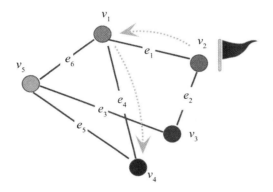

图 2-28 图的直径

2.2.13 节点的中心性

在一张图 G 中，节点的中心性（Centrality）主要用于衡量节点在图中的重要性。中心性的衡量方式有多种，我们简单介绍其中的三种，即度中心性、特征向量中心性和介数中心性。

1. 度中心性

度中心性（Degree Centrality）这一概念起源于社会网络研究。它表示一个节点在直接连接方面的丰富程度。一个节点的度越大，就意味着这个节点的度中心性越强，表明该节点在网络中越重要。

具体来说，对于节点 v_i，它的度中心性可以定义为：

$$c_d(v_i) = d(v_i) = \sum_{j=1}^{N} \boldsymbol{A}_{i,j} \tag{2.52}$$

式中，$\boldsymbol{A}$ 为邻接矩阵。

在图 2-29 中，节点 v_1 和节点 v_5 的度中心性均为 3，而节点 v_2、v_3 和 v_4 的度中心性均为 2。

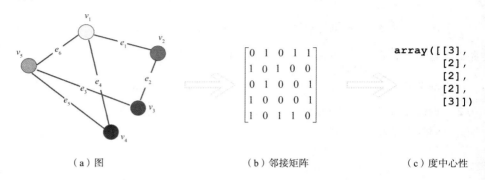

（a）图　　　　　　　　　（b）邻接矩阵　　　　　　　（c）度中心性

图 2-29　度中心性

度中心性反映的是某个实体和其他实体之间简单的关系数量。显然，随着图规模的扩大，度中心性会随之增大。为了比较不同规模的图的度中心性，我们会对度中心性进行归一化处理，每个节点的度中心性都会除以 $(|V|-1)$，这里 $|V|$ 表示图中节点的个数：

$$DC_{v_i} = \frac{d(v_i)}{|V|-1} \tag{2.53}$$

图 2-29 对应的度中心性与归一化后的度中心性如表 2-1 所示。

表 2-1　图 2-29 对应的度中心性与归一化后的度中心性

节点	度中心性	归一化后的度中心性
v_1	3	0.75(3/4)
v_2	2	0.5(2/4)
v_3	2	0.5(2/4)
v_4	2	0.5(2/4)
v_5	3	0.75(3/4)

简要说明上述输出的结果。举例来说，对于节点 v_1 而言，它的度中心性为 3，于是归一化后的度中心性计算如下：

$$DC_{v_1} = \frac{\deg(v_1)}{|V|-1} = \frac{3}{5-1} = 0.75$$

对其他节点也进行类似的计算，下面我们用代码来验证上述运算结果。

【范例 2-1】度中心性（degree_centrality.py）

```
01  import numpy as np
02  #构造邻接矩阵
03  A = np.array([[0, 1, 0, 1, 1],
04  [1, 0, 1, 0, 0],
05  [0, 1, 0, 0, 1],
06  [1, 0, 0, 0, 1],
07  [1, 0, 1, 1, 0]
08  ])
09
10  Degree_A = np.sum(A, axis = 1, keepdims = True)
11  print('度中心性: \n', Degree_A)
12  print('归一化后的度中心性: \n', Degree_A / (A.Shape[0] - 1))
```

【运行结果】

```
度中心性:
 [[3]
 [2]
 [2]
 [2]
 [3]]
归一化后的度中心性:
 [[0.75]
 [0.5 ]
 [0.5 ]
 [0.5 ]
 [0.75]]
```

2. 特征向量中心性

度中心性的缺点在于它有些"重量不重质"，即只考虑当前节点邻接点的数量，而没有对邻接点的重要性进行衡量。为了弥补这个不足，人们就提出了特征向量中心性（Eigenvector Centrality），这个指标既考虑与一个节点相连的邻接点数目，又考虑了邻接点的重要性。总体来说，它的核心思想就是"与你连接的人越重要，你就越重要"——自己的重要性是他人烘托出来的。

针对图 2-29 所示的情况，现在考虑一个 5×1 的向量 x，这个向量中元素的值对应图中每个节点的度中心性。矩阵 A 是一个 5×5 的邻接矩阵，邻接矩阵 A 乘以这个向量的结果是一个 5×1 的向量：

$$Ax = \begin{bmatrix} 0 & 1 & 0 & 1 & 1 \\ 1 & 0 & 1 & 0 & 0 \\ 0 & 1 & 0 & 0 & 1 \\ 1 & 0 & 0 & 0 & 1 \\ 1 & 0 & 1 & 1 & 0 \end{bmatrix} \begin{bmatrix} 3 \\ 2 \\ 2 \\ 2 \\ 3 \end{bmatrix} = \begin{bmatrix} 7 \\ 5 \\ 5 \\ 6 \\ 7 \end{bmatrix}$$

现在我们来看看结果向量的第一个元素"7"是怎么来的，它是用邻接矩阵 A 的第一行去"获取"每一个与第一个节点有连接的节点的值（连接数，度中心性），也就是第二个、第三个和第四个节点的值，然后将它们加起来，这也就是矩阵乘法：

$$0×3+1×2+0×2+1×2+1×3 = 7$$

对其他向量元素的值也进行类似计算。换句话说，邻接矩阵 A 做的事情是将邻接点的重要度汇聚（求和）起来重新赋值给当前节点。度中心性与特征向量中心性如图 2-30 所示。这样"汇聚"邻接点的度中心性的结果，就达到"你的朋友越多越重要，你就越重要"的目的。这个思想有些类似于 PageRank（网页排名）[①]算法的思想。

① PageRank 本质上是一种以网页之间的超链接个数和质量作为主要因素，粗略分析网页重要性的算法。

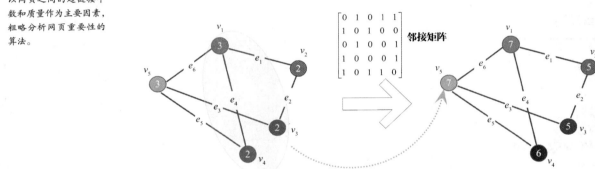

（a）度中心性   （b）特征向量中心性

图 2-30   度中心性与特征向量中心性

我们很容易用代码来验证上述运算结果。

【范例 2-2】特征向量中心性（new_centrality.py）

```
01    import numpy as np
02    #构造邻接矩阵
03    A = np.matrix([[0, 1, 0, 1, 1],
04                   [1, 0, 1, 0, 0],
05                   [0, 1, 0, 0, 1],
06                   [1, 0, 0, 0, 1],
07                   [1, 0, 1, 1, 0]
08                  ])
```

```
09   x = np.array([3, 2, 2, 2, 3])   #构造度中心性
10   new_vec = np.dot(A, x)
11
12   print("特征向量中心性为: ", new_vec)
```

【运行结果】

特征向量中心性为: [[7 5 5 6 7]]

在上面的计算中,我们简单地将邻接点的度中心性作为当前节点的重要性。事实上,这个指标有更一般的描述,对于某个特征向量 x,所有节点的特征向量中心性在邻接矩阵 A 的"汇聚"下,更一般的表达形式为:

$$Ax \tag{2.54}$$

我们知道,所谓矩阵运算,在本质上就是一种线性变换(包括投影、旋转和伸缩)。能不能把这种变换"浓缩"为某一个或几个参数来表达呢?当然是可以的,它就是邻接矩阵 A 的特征值 λ。

$$Ax = \lambda x \tag{2.55}$$

满足这一属性的向量就是邻接矩阵 A 的特征向量。特征向量中的元素就是图中每个点的特征向量中心性。

通常一个邻接矩阵 A 会存在多个特征值和对应的特征向量。中心性(度的重要程度)的值通常都是正数,所以在选择中心性时,需要考虑所有元素都为正数的特征向量。根据 Perron-Frobenius 定理[10],一个元素全为非负数的实方阵 A:

$$A = \left(a_{i,j}\right) \in \mathbb{R}^{n \times n}, \quad \min_{1 \leq i,j \leq n} a_{i,j} \geq 0 \tag{2.56}$$

具有唯一的最大特征值,它对应的特征向量中的元素全部为正数。因此,我们可以选择最大的特征值 λ,将它对应的特征向量作为中心性向量。

事实上,关于图论的操作有专门的 Python 工具包,应用最为广泛的莫过于 NetworkX[①]。合理地使用 NetworkX,不仅能让我们对抽象的图论有更为直观的认知,更重要的是,NetworkX 支持大多数的图模型,能大大方便我们对图模型的使用。

在使用 NetworkX 之前,需要先安装一个工具包,安装命令如下:

```
pip install networkx
```

请注意,作为工具包的名称,networkx 必须全部小写。

安装完成后,在模块的前面按如下语句导入包就可以使用了。

① NetworkX 是 Python 生态下的一个软件包,用于构建和操作复杂的图结构,提供分析图的算法。

```
import networkx as nx
```

下面我们通过 NetworkX 来求解图 2-30 中的图特征向量中心性，再用 NetworkX 结合 Matplotlib 库来画出可视化图（见图 2-31），以获得对图的感性认识①。

【范例 2-3】利用 NetworkX 求特征向量中心性（networkx-centrality.py）

```
01    import networkx as nx
02    import numpy as np
03    A = np.array([[0, 1, 0, 1, 1],
04                  [1, 0, 1, 0, 0],
05                  [0, 1, 0, 0, 1],
06                  [1, 0, 0, 0, 1],
07                  [1, 0, 1, 1, 0]
08                  ])
09    graph = nx.from_numpy_array(A)
10
11    import matplotlib.pyplot as plt
12    plt.figure(figsize=(8,6))
13    nx.draw_networkx(graph, with_labels = True,
14                  node_size = 600, node_color = 'y',
15                  labels = {0 : '$v_1$', 1 : '$v_2$',
16                            2 : '$v_3$', 3 : '$v_4$',
17                            4 : '$v_5$'}
18                  )
```

【运行结果】

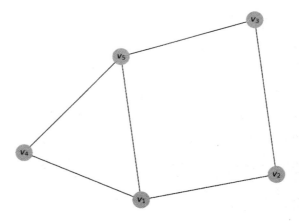

图 2-31　NetworkX 绘制的可视化图

图 2-31 和图 2-30 在外观上稍有不同，但二者是同构的，也就是说它们是等价的。

下面用 eigenvector_centrality 方法输出节点的特征向量中心性。

```
nx.eigenvector_centrality(graph)
```

【运行结果】

```
{0: 0.529898889076173,
 1: 0.35775191431708964,
 2: 0.35775191431708964,
 3: 0.4271316779596083,
 4: 0.5298988890761731}
```

输出结果是一个字典结构的数据集合。冒号之前的是节点编号（NetworkX 从 0 计数，节点 0 对应 v_1，节点 1 对应 v_2，以此类推），冒号之后是特征向量中心度。

类似地，我们还可以用 NetworkX 包下的 degree_centrality 方法验证前面提及的归一化后的度中心性。

```
nx.degree_centrality(graph)
```

【运行结果】

```
{0: 0.75, 1: 0.5, 2: 0.5, 3: 0.5, 4: 0.75}
```

3．介数中心性

前面提及的两种中心性都是通过外部环境（邻接点）来界定的。除此之外，还有一种度量节点重要性的方法，那就是检查节点在图中是否处于中心位置。介数中心性（Betweenness Centrality，BC）就是一种常用的度量节点中心性的方法。在社交媒体日益深入人们生活的背景下，它可以量化一个人在子群中参与交流的概率。对于计算机网络，介数中心性可以量化某节点失效后对整个计算机网络通信的负面影响[11]。

在正式讲解介数这个概念之前，我们先从生活中找到它的影子，以获取感性认识。在《水调歌头·游泳》中有一句名句："一桥飞架南北，天堑变通途。"这里的"一桥"指的是武汉长江大桥。在武汉，汉阳区有很多地点，武昌区亦有很多地点。如果要从汉阳区某处到达武昌区某处，很多最短路径都不得不经过武汉长江大桥，那就说明武汉长江大桥的地位是非常重要的。事实上，这种重要性的度量标准就是"介数"。

计算图中节点 v 的介数中心性的公式如下：

$$C_B(v) = \sum_{s \neq v \neq t} \frac{\sigma(s,t|v)}{\sigma(s,t)} \qquad (2.57)$$

式中，$\sigma(s,t)$ 表示从节点 s 到节点 t 的最短路的总数目（请注意，此处的节点 s 和

节点 t 泛指两个不同于节点 v 的节点）；$\sigma(s,t\,|\,v)$ 表示从节点 s 到节点 t 且经过节点 v 的最短路数目（显然，最短路经过节点 v 的次数越多，说明它越重要，因此其介数也就越大）。

从前面的讨论可以看出，为了计算介数中心性，我们不得不对所有可能的节点对进行求和。很自然地，随着图的规模增大，这个和会越来越大。为了使介数中心性具有可比性，我们需要对这个指标进行归一化处理。

通常的做法是将所有节点的介数中心性都除以最大值。由式(2.57)可知，当一对节点的最短路都通过节点 v_i 时，那么介数中心性达到最大值，即 $\dfrac{\sigma(s,t\,|\,v)}{\sigma(s,t)}=1$，在一个无向图中，两两组合，共有 $\dfrac{(n-1)(n-2)}{2}$ 个节点对（n 为节点个数），所以介数中心性的最大值为 $\dfrac{(n-1)(n-2)}{2}$。于是归一化的介数中心性就等于原始的介数中心性除以最大值 $\dfrac{(n-1)(n-2)}{2}$，具体公式如下：

$$C_B(v)=\frac{2\displaystyle\sum_{s\neq v\neq t}\frac{\sigma(s,t\,|\,v)}{\sigma(s,t)}}{(n-1)(n-2)} \tag{2.58}$$

下面我们以图 2-31 中的节点 v_1 为例来说明介数中心性和归一化介数中心性的求解过程（见表 2-2）。

表 2-2 节点 v_1 介数中心性求解过程

起止点	最短路	$\sigma(s,t)$	$\sigma(s,t\,|\,v_1)$	$\dfrac{\sigma(s,t\,|\,v_1)}{\sigma(s,t)}$
(v_2,v_3)	v_2,v_3	1	0	0
(v_2,v_4)	v_2,v_1,v_4	1	1	1
(v_2,v_5)	v_2,v_3,v_5 和 v_2,v_1,v_5	2	1	0.5
(v_3,v_4)	v_3,v_5,v_4	1	0	0
(v_3,v_5)	v_3,v_5	1	0	0
(v_4,v_5)	v_4,v_5	1	0	0
Σ（求和）				1.5

表 2-2 描述了节点 v_1 的求解过程。在求解过程中，请注意一个细节，根据式(2.57)的定义，节点 v_1 不能作为最短路的起点或终点，起点和终点亦不能相同。按照表 2-2 所示的过程，按照同样的方法，我们也可以求得其他节点，如节点 v_5 的介数中心性为 1.5，节点 v_2 和 v_3 的介数中心性为 0.5。节点 v_4 的介数中心性为 0。

由于图 2-31 所示的图节点总数 $n=5$，所以理论上最大介数中心性为 $\frac{(5-1)(5-2)}{2}=6$，因此将上述求得的介数中心性均除以 6，就可以得到各个节点对应的归一化介数中心性，从节点 v_1 到 v_5 的分布为 0.25、0.083、0.083、0.0 和 0.25。

从计算结果可以看出，节点 v_1 和 v_5 的归一化介数中心性最大为 0.25，从图 2-31 也可以直观看出这两个节点处于枢纽位置，介数中心性最高也是理所当然的。

在【范例 2-3】的基础上，我们还可以用 NetworkX 包下的 betweenness_centrality 方法验证图 2-31 中的各个节点的介数中心性。

```
nx.betweenness_centrality(graph,normalized=False)
```

【运行结果】

```
{0: 1.5, 1: 0.5, 2: 0.5, 3: 0.0, 4: 1.5}
```

对应的归一化介数中心性可以通过设置 normalized=True 求得。

```
nx.betweenness_centrality(graph,normalized=True)
```

【运行结果】

```
{0: 0.25, 1: 0.08333333333333333, 2: 0.08333333333333333, 3: 0.0, 4: 0.25}
```

从前面的分析可以看出，邻接矩阵是图拓扑结构的重要体现，而其对应的特征值更是具有重要作用。事实上，一个矩阵的特征值集合就是矩阵的谱。谱在图论中有着广泛应用，对应的理论称为谱图论，接下来我们来介绍它的基本概念。

2.3　谱图论基础

简单来说，谱图论（Spectral Graph Theory）就是通过分析图 G 的拉普拉斯矩阵的特征值及其特征向量，来研究图性质的理论。

2.3.1　拉普拉斯矩阵的来源

我们先来讨论什么是拉普拉斯矩阵（Laplacian Matrix）。在前面的章节中，我们学习了邻接矩阵。邻接矩阵中的元素值，在一定程度上的确能反映图的拓扑结构，也能借此获取某节点邻接点的信息。

能不能更进一步，利用图中不同节点之间的差异来更好地刻画图中的结构信息呢？在前面的章节中我们提到，矩阵可视为一种线性变换（运动），如此一来，邻接矩阵就可视为描述图拓扑结构的运动过程，而拉普拉斯矩阵描述的则是运动的变化量（位移的差值）。

拉普拉斯矩阵的定义来源于拉普拉斯算子（Laplace Operator）。在工程数学中，拉普拉斯算子是一种常用的微分变换。该算子刻画的就是中心点与周围点之间的梯度差之和。下面给出推导过程。

拉普拉斯算子是 n 维欧氏空间中的一个二阶微分算子，其为对函数 f 先进行梯度运算（∇f），再进行散度运算（$\nabla \cdot \nabla f$）的结果[①]。因此，如果函数 f 是二阶可微的实函数，那么函数 f 的拉普拉斯算子可以定义为：

$$\Delta f = \nabla^2 f = \nabla \cdot \nabla f \tag{2.59}$$

函数 f 的拉普拉斯算子也是笛卡儿坐标系 x_i 中的所有非混合二阶偏导数：

$$\Delta f = \sum_{i=1}^{n} \frac{\partial^2 f}{\partial x_i^2} \tag{2.60}$$

如前面所言，拉普拉斯算子是梯度差之和。图是一种离散数据，因此对于拉普拉斯算子就需要对其进行离散化。于是，导数在离散函数中"退化"，从而成了差分。为了简化模型，这里我们只考虑一元变量（x），它的一阶差分公式如下：

$$\frac{\partial f}{\partial x} = f'(x) = \frac{f(x+1) - f(x)}{x+1-x} = f(x+1) - f(x) \tag{2.61}$$

对应地，一元变量的二阶差分可以表示为：

$$\frac{\partial^2 f}{\partial x^2} = f''(x) \approx f'(x) - f'(x-1) = f(x+1) + f(x-1) - 2f(x) \tag{2.62}$$

如果拉普拉斯算子作用在二元变量 $f(x,y)$ 上，就得到了离散函数的拉普拉斯算子：

$$\frac{\partial^2 f}{\partial x^2} = f(x+1,y) + f(x-1,y) - 2f(x,y) \tag{2.63}$$

$$\frac{\partial^2 f}{\partial y^2} = f(x,y+1) + f(x,y-1) - 2f(x,y) \tag{2.64}$$

将式(2.63)和式(2.64)的差分增益进行合并，就得到拉普拉斯算子的差分形式：

$$\Delta^2 f(x,y) = \frac{\partial^2 f(x,y)}{\partial x^2} + \frac{\partial^2 f(x,y)}{\partial y^2}$$
$$= f(x+1,y) + f(x-1,y) + f(x,y+1) + f(x,y-1) - 4f(x,y) \tag{2.65}$$

当 $f(x,y)$ 受到扰动[②]之后，它可能变为相邻的节点 $f(x+1,y)$、$f(x-1,y)$、$f(x,y+1)$、$f(x,y-1)$ 中的任意一个单元，拉普拉斯算子刻画的就是对该节点进行微小扰动后可能获得的总的增益（或总变化之和），如图 2-32（a）所示。

① 梯度是一次偏导的矢量和，代表函数的变化方向与大小，常用 ∇ 表示。散度是二次偏导的代数和，代表函数梯度矢量场的发散强度，常用 Δ 表示。$\Delta = \nabla \cdot \nabla$。

② 为计算方便，设扰动为单位 1。

将拉普拉斯算子离散化并"局限"于二维空间，把它应用于图像领域，它就变成了常见的边缘检测算子[1]。边缘检测就是寻找图像的轮廓边界，也就是图像变化最快的位置。这个变化是相对中心像素而言的。边缘检测描述了中心像素周围上、下、左、右四个邻居像素的变化情况，衡量变化自然就少不了一阶导数和二阶差分。在某些情况下，如灰度均匀的图像，只利用一阶导数可能找不到边界，这时二阶差分能提供很有用的信息。二阶差分还可以说明灰度突变的类型。利用二阶差分信息的算法是基于过零检测的，因此得到的像素点比较少，有利于图像后续的处理和识别。拉普拉斯边缘检测算子属于典型的二阶边缘检测算子。

① 事实上，当拉普拉斯算子用于边缘检测时，只关心边缘的位置而不考虑其周围像素灰度差值才比较合适。工业界常用的边缘检测算子要么是原始拉普拉斯算子的变种，要么是其他的算子，如 Sobel 算子、Roberts 算子和 Prewitt 算子等。

为了方便处理，式(2.65)常被简化为如图 2-32（b）所示的计算模板。

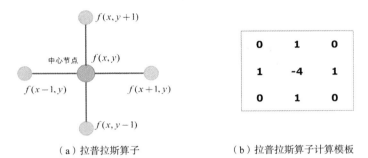

（a）拉普拉斯算子　　　　　　　　　（b）拉普拉斯算子计算模板

图 2-32　拉普拉斯算子与计算模板

下面我们用拉普拉斯算子来做图像的边缘检测（见图 2-33）。

【范例 2-4】拉普拉斯算子（laplacian-edge.py）

```
01    import matplotlib.pyplot as plt
02    import numpy as np
03    import cv2 as cv
04
05    image = cv.imread('bird-2.png', 0)              #读取原始图
06    kernel = np.array([                             #边缘检测核，即拉普拉斯算子
07        [1, 1, 1],
08        [1, -4, 1],
09        [1, 1, 1]])
10
11    new_image = cv.filter2D(image, -1, kernel)      #卷积核，提取特征图谱
12
13    fig, axes = plt.subplots(1,2, figsize = (10, 6))
14    axes[0].imshow(image, cmap = 'gray')            #绘制原始图
15    axes[0].axis('off')
```

```
16    axes[1].imshow(new_image, cmap = 'gray')  #绘制边缘检测图
17    axes[1].axis('off')
18    plt.show()
```

【运行结果】

图 2-33 原始图（左）与经过拉普拉斯算子加工的边缘检测图（右）

事实上，我们也可以用拉普拉斯算子来描述节点之间的扰动所带来的增益。假设有一个有 N 个节点的图 G，此时前面定义的函数 f 不再局限为二维，而是 N 维向量 $f = (f_1, f_2, \cdots, f_N)$，其中 f_i 为图中节点 v_i 处的函数值。对节点 i 进行扰动，它可能变为任意一个与它相邻的节点 $j \in N(v_i)$，其中 $N(v_i)$ 表示节点 i 的一阶邻域。

于是，图中某个节点 j 变迁到节点 i 所带来的增益 Δf_i（见图 2-34）可以表达为：

$$\Delta f_i = \sum_{j \in N_i} \left(f_i - f_j \right) \tag{2.66}$$

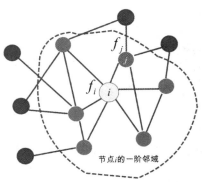

图 2-34 节点扰动后的增益

式(2.66)描述的情况是简化的模型，简单认为每条边的权值均相等（设定为 1）。如果边之间的权值不等，我们用 w_{ij} 表示节点 i 和节点 j 之间边的权值，则有：

$$\Delta f_i = \sum_{j \in N_i} w_{ij} \left(f_i - f_j \right) \qquad (2.67)$$

实际上，当节点 v_i 和节点 v_j 之间不相邻时，可认为 $w_{ij} = 0$。这样一来，式(2.67)的节点范围可以从邻接点"扩展"到整个图。

$$\Delta f_i = \sum_{j \in N} w_{ij} \left(f_i - f_j \right) \qquad (2.68)$$

于是，我们可以接着推导出如下结论：

$$\begin{aligned}
\Delta f_i &= \sum_{j \in N} w_{ij} \left(f_i - f_j \right) \\
&= \sum_{j \in N} w_{ij} f_i - \sum_{j \in N} w_{ij} f_j \\
&= d_i f_i - \boldsymbol{w}_{i,:} \boldsymbol{f}
\end{aligned} \qquad (2.69)$$

其中，d_i 表示的是节点 v_i 的（加权）度数：

$$d_i = \sum_{j \in N} w_{i,j} \qquad (2.70)$$

注意，在式(2.69)中，减号后并没有简单地替换成 $d_i f_j$，而是写成了 $\boldsymbol{w}_{i,:} \boldsymbol{f}$。$\boldsymbol{w}_{i,:}$ 是一种简记方式，它是一个行向量，表示第 i 行所有列（设为 N 列）的权值数据，即

$$\boldsymbol{w}_{i,:} = \left(w_{i1}, w_{i2}, \cdots, w_{iN} \right) \qquad (2.71)$$

如前所述，$\boldsymbol{f}$ 是一个 N 维的列向量，其表达式如下：

$$\boldsymbol{f} = \begin{pmatrix} f_1 \\ f_2 \\ \vdots \\ f_N \end{pmatrix} \qquad (2.72)$$

$\boldsymbol{w}_{i,:} \boldsymbol{f}$ 表示的是两个向量的内积。对于图中 N 个节点有：

$$\Delta \boldsymbol{f} = \begin{pmatrix} \Delta \boldsymbol{f}_1 \\ \Delta \boldsymbol{f}_2 \\ \vdots \\ \Delta \boldsymbol{f}_N \end{pmatrix}$$

$$= \begin{pmatrix} d_1 f_1 - w_{1,:} \boldsymbol{f} \\ d_2 f_2 - w_{2,:} \boldsymbol{f} \\ \vdots \\ d_N f_N - w_{N,:} \boldsymbol{f} \end{pmatrix}$$

$$= \begin{pmatrix} d_1 & \cdots & 0 \\ \vdots & d_2 & \vdots \\ \vdots & \vdots & \vdots \\ 0 & \cdots & d_N \end{pmatrix} \begin{pmatrix} f_1 \\ f_2 \\ \vdots \\ f_N \end{pmatrix} - \begin{pmatrix} w_{1,:} \\ w_{2,:} \\ \vdots \\ w_{N,:} \end{pmatrix} \boldsymbol{f} \tag{2.73}$$

$$= \begin{pmatrix} d_1 & \cdots & 0 \\ \vdots & d_2 & \vdots \\ \vdots & \vdots & \vdots \\ 0 & \cdots & d_N \end{pmatrix} \boldsymbol{f} - \begin{pmatrix} w_{1,:} \\ w_{2,:} \\ \vdots \\ w_{N,:} \end{pmatrix} \boldsymbol{f}$$

$$= \operatorname{diag}(d_i) \boldsymbol{f} - \boldsymbol{W} \boldsymbol{f}$$

$$= (\boldsymbol{D} - \boldsymbol{W}) \boldsymbol{f}$$

这里的 $(\boldsymbol{D} - \boldsymbol{W})$ 就是拉普拉斯矩阵（Laplacian Matrix）。$\boldsymbol{D}$ 为图 G 的度数矩阵，它是一个对角矩阵，其表达式如下：

$$\boldsymbol{D} = \operatorname{diag}\big[d(v_1), \cdots, d(v_N) \big] \tag{2.74}$$

主对角线上第 i 个元素表示第 i 个节点的度（对于权重图，则表示与第 i 个节点相连的所有边的权重之和），如式(2.70)所示。

$\boldsymbol{W}$ 是带有权值的邻接矩阵，即加权邻接矩阵。为了简便起见，我们常用邻接矩阵 $\boldsymbol{A}$ 来代替加权邻接矩阵 $\boldsymbol{W}$。$\boldsymbol{W}$ 与 $\boldsymbol{A}$ 的区别在于，$\boldsymbol{A}$ 可以可视化为 $\boldsymbol{W}$ 的特例，即两个节点连接时，权值为"1"，不连接时，权值为"0"。于是，给定一个有 n 个节点的无向图 $G = (V, E)$，拉普拉斯矩阵 $\boldsymbol{L}$ 被定义为：

$$\boldsymbol{L} = \boldsymbol{D} - \boldsymbol{A} \in \mathbb{R}^{n \times n} \tag{2.75}$$

对于任意两个节点 v_i 和 v_j，有：

$$\boldsymbol{L}_{ij} = \begin{cases} \deg(v_i) & i = j \\ -1 & (i, j) \in E, \text{且 } i \neq j \\ 0 & \text{其他} \end{cases} \tag{2.76}$$

式中，$\deg(v_i)$ 是节点 i 的度。

我们可以很容易在图 2-35 所示的拉普拉斯矩阵中验证式(2.76)给出的结论。很显然，拉普拉斯矩阵是一个实对称矩阵，且每一行、每一列元素之和都为 0[可在图 2-35（d）中得到验证]。

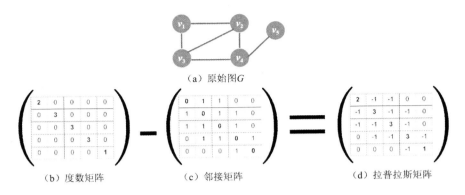

（a）原始图 *G*

$$\begin{pmatrix} 2 & 0 & 0 & 0 & 0 \\ 0 & 3 & 0 & 0 & 0 \\ 0 & 0 & 3 & 0 & 0 \\ 0 & 0 & 0 & 3 & 0 \\ 0 & 0 & 0 & 0 & 1 \end{pmatrix} - \begin{pmatrix} 0 & 1 & 1 & 0 & 0 \\ 1 & 0 & 1 & 1 & 0 \\ 1 & 1 & 0 & 1 & 0 \\ 0 & 1 & 1 & 0 & 1 \\ 0 & 0 & 0 & 1 & 0 \end{pmatrix} = \begin{pmatrix} 2 & -1 & -1 & 0 & 0 \\ -1 & 3 & -1 & -1 & 0 \\ -1 & -1 & 3 & -1 & 0 \\ 0 & -1 & -1 & 3 & -1 \\ 0 & 0 & 0 & -1 & 1 \end{pmatrix}$$

（b）度数矩阵　　　　　　　（c）邻接矩阵　　　　　　　（d）拉普拉斯矩阵

图 2-35　拉普拉斯矩阵

为了增强读者的感性认识，针对图 2-35，我们用 NumPy 实现上述求解过程。

【范例 2-5】度数矩阵与拉普拉斯矩阵（laplacian.py）

```
01  import numpy as np
02  #邻接矩阵
03  A = np.array([
04      [0, 1, 1, 0, 0],
05      [1, 0, 1, 1, 0],
06      [1, 1, 0, 1, 0],
07      [0, 1, 1, 0, 1],
08      [0, 0, 0, 1, 0]
09  ])
10  #度数矩阵
11  D = np.diag(A.sum(axis = 1))
12  print(D)
```

【运行结果】

```
[[2 0 0 0 0]
 [0 3 0 0 0]
 [0 0 3 0 0]
 [0 0 0 3 0]
 [0 0 0 0 1]]
```

在上述代码环境下，利用如下两条语句即可完成对拉普拉斯矩阵的求解。

```
13  L = D - A        #获取拉普拉斯矩阵
14  print(L)
```

【运行结果】

```
[[ 2 -1 -1  0  0]
 [-1  3 -1 -1  0]
 [-1 -1  3 -1  0]
 [ 0 -1 -1  3 -1]
 [ 0  0  0 -1  1]]
```

从上面的分析可知，拉普拉斯矩阵 $\boldsymbol{L}$ 实际上就是离散化的拉普拉斯算子。在图信号处理中，拉普拉斯矩阵可以用来描述中心节点及其邻接点之间的信号差异。如果我们用 $\boldsymbol{f}$ 来表示图信号向量的话，那么将 $\boldsymbol{L}$ 右乘图信号向量 $\boldsymbol{f}$，则得到一个新的向量：

$$\boldsymbol{L}\boldsymbol{f} = (\boldsymbol{D} - \boldsymbol{A})\boldsymbol{f} = \left[\cdots, \sum_{j \in N(v_i)} (f_i - f_j), \cdots\right] \tag{2.77}$$

对于连接加权图有：

$$\boldsymbol{L}\boldsymbol{f} = (\boldsymbol{D} - \boldsymbol{W})\boldsymbol{f} = \left[\cdots, \sum_{j \in N(v_i)} w_{ij}(f_i - f_j), \cdots\right] \tag{2.78}$$

在得到的新向量中，第 i 个向量的元素值仅仅取决于第 i 个节点及其一阶邻接点 $j \in N(v_i)$ 之间的信号差。如前所述，拉普拉斯矩阵是一个反映图信号局部平滑度的算子。换句话说，拉普拉斯矩阵其实反映的是当我们给图中的节点 v_i 施加一个势（信号的扰动）时，这个势在哪个方向，以及它能以多么顺畅的方式流向其他节点。

2.3.2　拉普拉斯矩阵的性质

在 2.3.1 节中我们讨论了拉普拉斯矩阵的来龙去脉。之所以讨论它，是因为它能够描述图的重要性质。假设拉普拉斯矩阵被形式化描述为 $\boldsymbol{L} \in \mathbb{R}^{N \times N}$，由于 $\boldsymbol{L}$ 是一个实对称矩阵，而所有实对称矩阵都可以被正交对角化，因此它有如下性质。

性质 1：对任意非零向量 $\boldsymbol{f} \in \mathbb{R}^n$，有二次型形式[①]：

$$\boldsymbol{f}^\top \boldsymbol{L} \boldsymbol{f} = \sum_{(i,j) \in E} w_{ij}(f_i - f_j)^2 \tag{2.79}$$

式中，w_{ij} 表示节点 i 和 j 之间边的权值。

下面我们给予式(2.79)的证明，根据拉普拉斯矩阵的定义有：

① 具体证明过程，读者可参考雷明所著的《机器学习的数学》（人民邮电出版社，2021）。

$$\boldsymbol{f}^{\mathrm{T}}\boldsymbol{L}\boldsymbol{f} = \boldsymbol{f}^{\mathrm{T}}\boldsymbol{D}\boldsymbol{f} - \boldsymbol{f}^{\mathrm{T}}\boldsymbol{A}\boldsymbol{f}$$

$$= \sum_{i=1}^{n} d_{ii}\boldsymbol{x}_i^2 - \sum_{i=1}^{n}\sum_{j=1}^{n} f_i f_j \boldsymbol{A}_{ij}$$

$$= \frac{1}{2}\left(2\sum_{i=1}^{n} d_{ii}\boldsymbol{f}_i^2 - 2\sum_{i=1}^{n}\sum_{j=1}^{n} f_i f_j \boldsymbol{A}_{ij}\right)$$

$$= \frac{1}{2}\left(\sum_{i=1}^{n} d_{ii}\boldsymbol{f}_i^2 - 2\sum_{i=1}^{n}\sum_{j=1}^{n} f_i f_j \boldsymbol{A}_{ij} + \sum_{j=1}^{n} d_{jj}\boldsymbol{f}_j^2\right) \qquad (2.80)$$

$$= \frac{1}{2}\left(\sum_{i=1}^{n}\sum_{j=1}^{n} \boldsymbol{A}_{ij}\boldsymbol{f}_i^2 - 2\sum_{i=1}^{n}\sum_{j=1}^{n} f_i f_j \boldsymbol{A}_{ij} + \sum_{j=1}^{n}\sum_{i=1}^{n} \boldsymbol{A}_{ji}\boldsymbol{f}_j^2\right)$$

$$= \frac{1}{2}\left(\sum_{i=1}^{n}\sum_{j=1}^{n} w_{ij}\left(f_i - f_j\right)^2\right)$$

$$= \sum_{(i,j)\in E}\left(f_i - f_j\right)^2 \geqslant 0$$

在上述推导过程中，比较难理解的可能是从 d_{ii} 到 $\boldsymbol{A}_{ij}$ 的转换。事实上，d_{ii} 是矩阵 $\boldsymbol{D}$ 中的对角元素，$d_{ii} = d(v_i) = \sum_{j=1}^{n} \boldsymbol{A}_{ij}$。由于邻接矩阵中的元素 $\boldsymbol{A}_{ij}$ 代表的是连接性的强弱，因此，对于普通的邻接矩阵，$\boldsymbol{A}_{ij}$ 的值非 0（非连接）即 1（连接）。读者可参考图 2-35 以获得更多感性认知。

$\boldsymbol{f}^{\mathrm{T}}\boldsymbol{L}\boldsymbol{f}$ 是相邻的节点之间信号量差值的平方，它度量的是相邻节点信号量的差异。从推导可以看出，对于任意一个实向量 $\boldsymbol{f}$，式(2.80)的值都是非负的，这证明拉普拉斯矩阵 $\boldsymbol{L}$ 是半正定的。由于对称性（$\boldsymbol{A}_{ij} = \boldsymbol{A}_{ji}$），所以上述公式最后一行前的 $\frac{1}{2}$ 是可以消除的。对于权值矩阵，用通用性更强的 w_{ij} 代替 $\boldsymbol{A}_{ij}$，并不会影响 $\boldsymbol{L}$ 是半正定的矩阵这一结论。式(2.79)被称为拉普拉斯二次型。实对称矩阵（Real Symmetric Matrix）是半正定矩阵。而半正定矩阵的特征值是大于等于 0 的。

性质 2：性质 1 意味着拉普拉斯矩阵为半正定矩阵[①]。

性质 3：性质 2 意味着它的所有特征值都是非负的，即 $\lambda_i \geqslant 0$。

下面给予简要证明：假设拉普拉斯矩阵 $\boldsymbol{L}$ 的特征值为 λ，其对应的归一化特征向量为 $\boldsymbol{u}$，由于 $\boldsymbol{u}$ 是单位非零向量，故有 $\boldsymbol{u}^{\mathrm{T}}\boldsymbol{u} = 1$，那么可得：

$$\lambda = \lambda \boldsymbol{u}^{\mathrm{T}}\boldsymbol{u} = \boldsymbol{u}^{\mathrm{T}}\lambda \boldsymbol{u} = \boldsymbol{u}^{\mathrm{T}}\boldsymbol{L}\boldsymbol{u} \qquad (2.81)$$

由性质 1 可知，$\boldsymbol{u}^{\mathrm{T}}\boldsymbol{L}\boldsymbol{u} \geqslant 0$，即得 $\lambda \geqslant 0$。

性质 4：拉普拉斯矩阵的最小特征值为 0，其对应的特征向量为常向量 1，即所有分量为 1。

① 使用拉普拉斯矩阵的原因之一就是它是半正定矩阵，这为特征分解的可行性奠定了基础。

下面给出拉普拉斯矩阵至少存在一个特征值为 0 的证明①。对于单位向量 $\boldsymbol{u}_1 = \dfrac{1}{\sqrt{N}}(1,\cdots,1)$，观察图 2-35 可知，拉普拉斯矩阵的每一行、每一列之和都等于 0，于是通过式(2.81)容易得到：

$$\boldsymbol{L}\boldsymbol{u}_1 = 0 = 0\boldsymbol{u}_1$$

这意味 $\boldsymbol{u}_1$ 就是一个特征值为 0 的特征向量。

性质 5：拉普拉斯矩阵有 n 个非负实数特征值，并且满足 $0 = \lambda_1 \leqslant \lambda_2 \leqslant \cdots \leqslant \lambda_n$

性质 6：若特征值为 0 的个数为 k，则 k 就是图的连通分量（Connected Component）的个数。

如前面所言，拉普拉斯矩阵是一个反映差异性的算子。如果把 $\boldsymbol{f}_i$ 视作分布在图节点的一个图信号，则：

$$TV(\boldsymbol{f}) = \boldsymbol{f}^{\mathrm{T}}\boldsymbol{L}\boldsymbol{f} = \sum_{(v_i,v_j)\in E}\left(\boldsymbol{f}_i - \boldsymbol{f}_j\right)^2 \tag{2.82}$$

式中，$\boldsymbol{f}_i$ 表示图信号的第 i 个分量，即第 i 个节点上的信号值。

一般称式(2.82)为图信号的总变差（Total Variation）②。

在数学领域，总变差是指函数数值变化差的总和。在图信号处理中，总变差是一个标量，其大小可以用来刻画图信号的平滑程度，其中已蕴含了频率的思想。总变差越小，图信号越平滑，当图信号分量相等时，总变差为 0。而从对角化形式可以看出，总变差又与特征值有关，当所有特征值都趋近于 0 时，总变差趋近于 0，图信号呈现平滑状态。

2.3.3 拉普拉斯矩阵的谱分解

通过前面的讨论可知，矩阵描述的是一种变换。它可以被分解为若干个变换的组合，分解之后，被分解的矩阵分量依然等价于原始矩阵的信息。

如前面所言，由于拉普拉斯矩阵 $\boldsymbol{L} \in \mathbb{R}^{N\times N}$ 是一个实对称矩阵。而根据线性代数的知识可知，所有的实对称矩阵都可以被正交对角化[12]，即可以进行特征分解（Eigen Decomposition），特征分解又称谱分解（Spectral Decomposition），它是一种将矩阵分解为由其特征值和特征向量表示的矩阵之积的方法。拉普拉斯矩阵 $\boldsymbol{L}$ 的谱分解为：

$$\boldsymbol{L} = \boldsymbol{U}\boldsymbol{\Lambda}\boldsymbol{U}^{-1} = \boldsymbol{U}\boldsymbol{\Lambda}\boldsymbol{U}^{\mathrm{T}} \tag{2.83}$$

在上述公式中，$\boldsymbol{U} = [\boldsymbol{u}_1,\boldsymbol{u}_2,\cdots,\boldsymbol{u}_N]$ 表示的是 $\boldsymbol{L}$ 的 N 个特征向量。由于 $\boldsymbol{U} \in R^{N\times N}$ 是一个正交矩阵，所以有 $\boldsymbol{U}\boldsymbol{U}^{\mathrm{T}} = \boldsymbol{I}$（$N$ 阶单位矩阵），即 $\boldsymbol{U}^{-1} = \boldsymbol{U}^{\mathrm{T}}$。$\boldsymbol{\Lambda}$ 是由特征值 λ_i 构成的对角矩阵，它可表达为如下形式：

$$\boldsymbol{\Lambda} = \begin{bmatrix} \lambda_1 & & & \\ & \lambda_2 & & \\ & & \cdots & \\ & & & \lambda_n \end{bmatrix} = \mathrm{diag}\left([\lambda_1, \cdots, \lambda_n]\right) \in \mathbb{R}^{n \times n} \qquad (2.84)$$

λ_i 与特征向量 $\boldsymbol{u}_i$ 一一匹配。$\boldsymbol{U}$ 是正交的单位矩阵（酉矩阵）。这些特征向量构成的正交基，可视作一个标准坐标系。

针对图 2-35，求得该图对应的拉普拉斯矩阵的特征值，以验证上述部分有关特征值的例子，参见【范例 2-6】。

【范例 2-6】拉普拉斯矩阵的特征值（laplacian-eig.py）

```
01   import numpy as np
02   #设置 np 的输出格式，压制科学记数法
03   np.set_printoptions(precision = 2, suppress = True)
04   #邻接矩阵
05   A = np.array([
06       [0, 1, 1, 0, 0],
07       [1, 0, 1, 1, 0],
08       [1, 1, 0, 1, 0],
09       [0, 1, 1, 0, 1],
10       [0, 0, 0, 1, 0]
11   ])
12   #度数矩阵
13   D = np.diag(A.sum(axis = 1))
14   #拉普拉斯矩阵
15   L = D - A
16
17   #计算特征值和特征向量
18   eig_val, eig_vec = np.linalg.eig(L)
19
20   #降序排列特征向量
21   eig_vec = eig_vec[:,np.argsort(eig_val)[::-1]]
22   #降序排列特征值
23   eig_val = eig_val[np.argsort(eig_val) [::-1]]
24
25   print('输出特征值：\n', np.diag(eig_val))
26   print('输出特征向量：\n', eig_vec)
```

【运行结果】

输出特征值：
  [[4.48 0.   0.   0.   0.]

```
[0.   4.   0.   0.   0. ]
[0.   0.   2.69 0.   0. ]
[0.   0.   0.   0.83 0. ]
[0.   0.   0.   0.   0. ]]
```
输出特征向量：
```
[[-0.34 -0.   -0.7   0.44  0.45]
 [ 0.42  0.71  0.24  0.26  0.45]
 [ 0.42 -0.71  0.24  0.26  0.45]
 [-0.7  -0.    0.54 -0.14  0.45]
 [ 0.2   0.   -0.32 -0.81  0.45]]
```

下面我们来验证特征向量 u_i 是单位矩阵，即它的模为 1。当前取特征值 4.48 对应的特征向量。

```
In [1]: np.linalg.norm(eig_vec[:,0])
Out[1]:  1.0
```

下面我们再来验证不同的特征向量是正交的，即彼此之间的内积为 0。不失一般性，我们取 4.48（索引为 0）和 2.69（索引为 2）对应的特征向量来验证。

```
In [2]: eig_vec[:,0] @ eig_vec[:,2]
Out[2]: -8.326672684688674e-16
```

上述代码返回的结果好像并不是 0，其实在计算机中，对浮点数的表达都是近似的。-8.326672684688674e-16 就是一个接近 0 但并不是数学意义上的 0 的数字。各位读者可以保留两位小数再次输出上述结果，即可验证这个论断。

接下来，我们再验证正交单位矩阵的另外一个形式：$U^{-1} = U^{\mathrm{T}}$

```
In [3]: np.linalg.inv(eig_vec)    #特征向量矩阵的逆矩阵
Out[3]:
array([[-0.34,  0.42,  0.42, -0.7 ,  0.2 ],
       [-0.  ,  0.71, -0.71, -0.  ,  0.  ],
       [-0.7 ,  0.24,  0.24,  0.54, -0.32],
       [ 0.44,  0.26,  0.26, -0.14, -0.81],
       [ 0.45,  0.45,  0.45,  0.45,  0.45]])
```

```
In [4]: eig_vec.T    #特征向量矩阵的转置矩阵
Out[4]:
array([[-0.34,  0.42,  0.42, -0.7 ,  0.2 ],
       [-0.  ,  0.71, -0.71, -0.  ,  0.  ],
       [-0.7 ,  0.24,  0.24,  0.54, -0.32],
       [ 0.44,  0.26,  0.26, -0.14, -0.81],
       [ 0.45,  0.45,  0.45,  0.45,  0.45]])
```

从上面的输出可以看到，特征向量的逆矩阵和特征向量的转置矩阵是相同的[①]。

2.3.4　拉普拉斯矩阵的归一化

与邻接矩阵归一化的原因类似，拉普拉斯矩阵有时候也需要进行归一化（或称标准化）[13]。有两种归一化方法，第一种归一化方法叫作随机游走归一化（Random Walk Normalization），记作 L_{rw}，它的形式如式(2.85)所示。

$$L_{\mathrm{rw}} = D^{-1}L = D^{-1}(D - A) = I - D^{-1}A \qquad （2.85）$$

式中，I 是单位矩阵，D 为图的度数矩阵，A 为图的邻接矩阵。

对于位置 $(i,j), i \neq j$ 的元素，式(2.85)的值等于将没有归一化的拉普拉斯矩阵对应的元素 l_{ij} 除以 d_{ii} 后而得到的，主对角线的元素为 1。

$$
\begin{aligned}
L_{\mathrm{rw}} &= \begin{pmatrix} 1/d_{11} & 0 & \cdots & 0 \\ 0 & 1/d_{22} & \cdots & 0 \\ \vdots & \vdots & & \vdots \\ 0 & 0 & \cdots & 1/d_{nn} \end{pmatrix} \begin{pmatrix} l_{11} & l_{12} & \cdots & l_{1n} \\ l_{11} & l_{12} & \cdots & l_{1n} \\ \vdots & \vdots & & \vdots \\ l_{n1} & l_{n2} & \cdots & l_{nn} \end{pmatrix} \\
&= \begin{pmatrix} 1 & l_{12}/d_{11} & \cdots & l_{1n}/d_{11} \\ l_{21}/d_{22} & 1 & \cdots & l_{2n}/d_{22} \\ \vdots & \vdots & & \vdots \\ l_{n1}/d_{nn} & l_{n2}/d_{nn} & \cdots & 1 \end{pmatrix}
\end{aligned}
$$

还有一种对称归一化（Symmetric Normalization）的拉普拉斯矩阵，定义如式(2.86)所示。

$$L_{\mathrm{sym}} = D^{-1/2}LD^{-1/2} \qquad （2.86）$$

下面我们对式(2.86)进行更为详细的说明，展开式(2.86)可得：

$$
\begin{aligned}
L_{\mathrm{sym}} &= D^{-1/2}LD^{-1/2} \\
&= D^{-1/2}(D - A)D^{-1/2} \\
&= D^{-1/2}DD^{-1/2} - D^{-1/2}AD^{-1/2} \\
&= I - D^{-1/2}AD^{-1/2}
\end{aligned}
$$

式中的 $D^{-1/2}$ 就是 $D^{1/2}$ 的逆矩阵，而 $D^{1/2}$ 是加权度数矩阵 D 的所有元素计算平方根得到的矩阵，它是一个对角矩阵，其对角矩阵是 D 的对角线元素逆的平方根。

设尚未归一化矩阵 L 中的元素为 l_{ij}。观察图 2-35 可知，对于普通的邻接矩阵，在主对角线上，$l_{ii} = d_{ii}(i = j)$，d_{ii} 为度数矩阵中的元素。在非主对角线上的非 0 元素，$l_{ij} = -1(i \neq j)$。归一化的拉普拉斯矩阵中的元素很直观，用 l_{ij} 位置对应的值除以 $\sqrt{d_{ii}d_{jj}}$，主对角线元素均为 1，如式(2.87)所示：

$$
\boldsymbol{L}_{\mathrm{sym}} = \begin{pmatrix} 1/\sqrt{d_{11}} & 0 & \cdots & 0 \\ 0 & 1/\sqrt{d_{22}} & \cdots & 0 \\ \vdots & \vdots & & \vdots \\ 0 & 0 & \cdots & 1/\sqrt{d_{nn}} \end{pmatrix} \begin{pmatrix} l_{11} & l_{12} & \cdots & l_{1n} \\ l_{11} & l_{12} & \cdots & l_{1n} \\ \vdots & \vdots & & \vdots \\ l_{n1} & l_{n2} & \cdots & l_{nn} \end{pmatrix} \begin{pmatrix} 1/\sqrt{d_{11}} & 0 & \cdots & 0 \\ 0 & 1/\sqrt{d_{22}} & \cdots & 0 \\ \vdots & \vdots & & \vdots \\ 0 & 0 & \cdots & 1/\sqrt{d_{nn}} \end{pmatrix}
$$

$$
= \begin{pmatrix} 1 & l_{12}/\sqrt{d_{11}d_{22}} & \cdots & l_{1n}/\sqrt{d_{11}d_{nn}} \\ l_{21}/\sqrt{d_{22}d_{11}} & 1 & \cdots & l_{2n}/\sqrt{d_{22}d_{nn}} \\ \vdots & \vdots & & \vdots \\ l_{n1}/\sqrt{d_{nn}d_{11}} & l_{n2}/\sqrt{d_{nn}d_{22}} & \cdots & 1 \end{pmatrix} \tag{2.87}
$$

上述矩阵中各个元素 $\boldsymbol{L}_{\mathrm{sym}}(i,j)$ 的定义如下：

$$
\boldsymbol{L}_{\mathrm{sym}}(i,j) = \begin{cases} 1 & i = j \text{ 且 } d_i \neq 0 \\ \dfrac{l_{ij}}{\sqrt{d_{ii}d_{jj}}} & i \neq j, i \text{ 与 } j \text{ 相连} \\ 0 & \text{其他情况} \end{cases} \tag{2.88}
$$

由于 $\boldsymbol{D}^{1/2}$ 和 $\boldsymbol{L}$ 都是对称矩阵，因此 $\boldsymbol{L}_{\mathrm{sym}}$ 也是对称的。

对于任意的 $\boldsymbol{f} \in \mathbb{R}^n$，有

$$
\boldsymbol{f}^{\mathrm{T}} \boldsymbol{L}_{\mathrm{sym}} \boldsymbol{f} = \frac{1}{2} \sum_{i=1}^{n} \sum_{j=1}^{n} w_{ij} \left(\frac{\boldsymbol{f}_i}{\sqrt{d_{ii}}} - \frac{\boldsymbol{f}_j}{\sqrt{d_{jj}}} \right) \tag{2.89}
$$

① 瑞利商定义为函数 $R(A,x) = \dfrac{x^{T}Ax}{x^{T}x}$，其中 A 为 $n \times n$ 的实对称矩阵，其有一个很重要的性质为：$\lambda_{\min} \leqslant R(A,x) \leqslant \lambda_{\max}$。

在前面的章节中，我们已经证明拉普拉斯矩阵是半正定矩阵，也就是说所有的特征值都大于等于 0（$\lambda_i \geqslant 0$）。不失一般性，如果对 $\boldsymbol{L}_{\mathrm{sym}}$ 的 N 个特征进行升序排序，则有 $0 = \lambda_1 \leqslant \lambda_2 \leqslant \cdots \leqslant \lambda_N$，对于对称归一化后的 $\boldsymbol{L}_{\mathrm{sym}}$，其最小特征值为 0，可通过瑞利商（Rayleigh Quotient）①来证明[13]，它的特征值有个上限，即 $\lambda \leqslant 2$，$\lambda_{\max} \leqslant 2$。$\boldsymbol{L}_{\mathrm{sym}}$ 和 $\boldsymbol{L}_{\mathrm{rw}}$ 有相同的特征值[1]。

下面对照图 2-35，我们通过编程来验证上述部分结论。

【范例 2-7】归一化拉普拉斯矩阵的特征值（lrw_and_lsys.py）

```
01    import numpy as np
02    #设置 np 的输出格式
03    np.set_printoptions(precision = 4,suppress = True)
04    #邻接矩阵
05    A = np.array([
06        [0, 1, 1, 0, 0],
07        [1, 0, 1, 1, 0],
```

```
08          [1, 1, 0, 1, 0],
09          [0, 1, 1, 0, 1],
10          [0, 0, 0, 1, 0]
11    ])
12
13    D = A.sum(axis = 1).astype(float) #转为浮点数
14    #拉普拉斯矩阵
15    L =  np.diag(D) - A
16    #度数矩阵的逆矩阵
17    D_1 = np.diag(D ** (-1))
18    print('D_1 矩阵输出:\n',D_1)
19
20    L_rw = np.diag(D ** (-1)) @ L
21    #计算特征值和特征向量
22    eig_val, eig_vec = np.linalg.eig(L_rw)
23    #升序排列特征值
24    eig_val = eig_val[np.argsort(eig_val)]
25    print('L_rw 输出特征值: \n', eig_val)
26
27    L_sys = np.diag(D ** (-1/2)) @ L @ np.diag(D ** (-1/2))
28    #计算特征值和特征向量
29    eig_val, eig_vec = np.linalg.eig(L_sys)
30    #升序排列特征值
31    eig_val = eig_val[np.argsort(eig_val)]
32    print('L_sys 输出特征值: \n', eig_val)
```

【运行结果】

```
D_1 矩阵输出:
 [[0.5    0.     0.     0.     0.    ]
 [0.     0.3333 0.     0.     0.    ]
 [0.     0.     0.3333 0.     0.    ]
 [0.     0.     0.     0.3333 0.    ]
 [0.     0.     0.     0.     1.    ]]
L_rw 输出特征值:
 [0.     0.5657 1.3333 1.3333 1.7676]
L_sys 输出特征值:
 [0.     0.5657 1.3333 1.333 1.7676]
```

从输出结果可以看出，L_{sym} 和 L_{rw} 的确有着相同的特征值，且最大特征值都没有超过 2。

2.4　本章小结

　　本章我们讲解了涉及图神经网络的数学，其中线性代数、图论和谱图理论应用得较多。

　　线性代数研究的是具有加法和数量乘法这两种运算的集合，而具有这两种线性运算的对象是很多的，因此线性代数的内容具有广泛的应用。

　　图论是建立和处理离散数据模型的一种重要工具，通过分析图的拉普拉斯矩阵的特征值及其特征向量，可研究图的性质。图是研究图神经网络（GNN）的基础工具。因此，要全面了解 GNN，就需要基本的图论知识。

　　最后，我们简单讨论了图谱理论。图谱理论主要用图的邻接矩阵、拉普拉斯矩阵等组合矩阵论来研究图的拓扑性质及其确定性。

　　显然，图神经网络涉及的数学远远不止这些，由于篇幅所限，本章所介绍的知识仅仅起到抛砖引玉的作用。

参考资料

[1] 雷明. 机器学习的数学[M]. 北京：人民邮电出版社，2021.

[2] MIKOLOV T, SUTSKEVER I, CHEN K, et al. Distributed representations of words and phrases and their compositionality[J]. arXiv, 10.48550/arXiv.1310.4546[P]. 2013.

[3] GROVER A, LESKOVEC J. Node2vec: scalable feature learning for networks[C]// Proceedings of the 22nd ACM SIGKDD international conference on Knowledge discovery and data mining. New York, USA: Association for Computing Machinery, 2016: 855-864.

[4] 平冈和幸，堀玄. 程序员的数学 3：线性代数[M]. 卢晓南，译. 北京：人民邮电出版社，2016.

[5] 吴军. 数学之美[M]. 3 版. 北京：人民邮电出版社，2020.

[6] VASWANI A, SHAZEER N, PARMAR N, et al. Attention is all you need [C]// Proceedings of the 31st International Conference on Neural Information Processing Systems. Long Beach, California, USA, 2017:6000-6010.

[7] 刘忠雨，李彦霖，周洋. 深入浅出图神经网络：GNN 原理解析[M]. 北京：机械工业出版社，2020.

[8]　马耀，汤继良. 图深度学习[M]. 王怡琦，金卫，译. 北京：电子工业出版社，2021.

[9]　马腾飞. 图神经网络：基础与前沿[M]. 北京：电子工业出版社，2021.

[10] BRACEWELL R N. The fourier transform and its applications[M]. New York: McGraw-Hill, 1986.

[11] 伊姆兰·艾哈迈德. 程序员必会的 40 种算法[M]. 赵海霞，译. 北京：机械工业出版社，2021.

[12] STRANG G. Introduction to linear algebra[M]. MA: Wellesley-Cambridge Press, 2006.

[13] CHUNG F R, GRAHAM F C. Spectral graph theory[M]. RI, USA: American Mathematical Soc., 1997.

第 3 章
神经网络学习与算法优化

在某种程度上，图神经网络就是图数据上的神经网络。因此神经网络是图神经网络的重要基础支撑之一。在本章，我们主要讨论神经网络的基础知识，内容包括感知机、前馈神经网络、激活函数、损失函数等。

任何人工智能的难题都可以被有效解决。能证明这一论断成立的理由在于：自然界已经通过进化很好地解决了这些难题。在人工智能领域，有一个很有想象力的派别，名曰"鸟飞派"。说的就是，如果我们想要学飞翔，就得向飞鸟学习。简单来说，"鸟飞派"就是"仿生派"，即把进化了几百万年的生物作为模仿对象，搞清楚原理后，再复现这些对象的输出属性。人工神经网络（Artificial Neural Network，ANN）便是该学派的研究成果之一。

3.1　人工神经网络的缘起

人工神经网络是一种人工智能学习算法，它的模仿对象是生物神经网络。所以，在学习人工神经网络之前，我们有必要了解生物神经网络（Bioloyical Neural Networks，BNN）的学习是如何发生的。

生物神经元结构和我们通常看到的细胞结构不太一样，它们不是规则的球形，而是从圆圆的细胞体处伸出不规则的突起（见图 3-1）。它们有的像树杈一样层层伸展——称为树突（Dendrite），有的像章鱼的触手一样长长延伸——称为轴突（Axon）。这些长相怪异的神经元，是靠突起彼此连接的。树突是信号接收端，轴突是信号输出端。它们彼此相连，形成了一张异常复杂的三维信号网络。

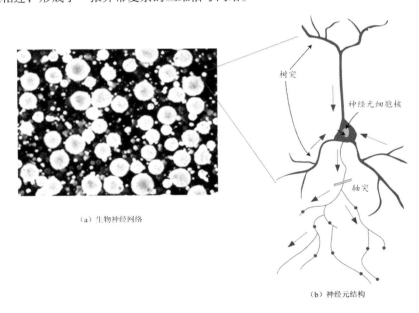

（a）生物神经网络

（b）神经元结构

图 3-1　生物神经网络与神经元结构

神经元之间的信息传递属于化学物质的传递。当它"兴奋"时，就会向与它相连的神经元发送化学物质（神经递质），从而改变这些神经元的电位。如果某些神经元的电位超过了一个阈值，那么它就会被"激活"，也就是"兴奋"起来，接着向其他神经元发送化学物质，犹如涟漪，就这样一层接着一层传播。

1949 年，加拿大的心理学家唐纳德·赫布（Donald Hebb，1904—1985）在《行为的组织》一书中提出[1]：如果大脑里的两个神经细胞总是同时被激发，那它们之间的连接就可能变得更强，信号传递就可能更有效率——这就是大名鼎鼎的赫布定律，它可以用式(3.1)来描述：

$$\Delta w_{ij} = \eta x_i \delta_j \tag{3.1}$$

式中，Δw_{ij} 表示两个神经元 i 和 j 间调节的连接强度；η 表示学习速率；x_i 是神经元 i 的输入值；δ_j 是神经元 j 的输出值。

赫布定律认为，在学习过程中，神经细胞的数量、形状的确都没有发生变化，但是，神经细胞之间的联系强度发生了变化。这种神经细胞连接强度的变化才是学习的微观本质。该理论经常被简化为"连在一起的神经元会被一起激活"。①

赫布理论描述了突触②可塑性的基本原理，即突触前神经元向突触后神经元的持续重复刺激可以导致突触传递效能增加或减少。这种权值新旧更迭的规律可用如下公式表达：

$$w_{ij} \leftarrow w_{ij} + \Delta w_{ij} = w_{ij} + \eta x_i \delta_j \tag{3.2}$$

赫布定律在刚刚提出之日，仅仅是一个理论猜测，但目前收集到的科学证据，越来越倾向于证明，它已不再是一个单纯的理论猜测了。赫布定律可以用于解释"联合学习"，在"联合学习"中，由于对神经元的重复刺激，使得神经元之间的突触强度增加。这样的学习方法被称为赫布型学习。赫布定律也成了非监督学习的生物学基础。

人工神经网络是指一系列受生物学和神经科学启发的数学模型。这些模型主要是通过对人脑的神经元网络进行抽象，构建人工神经元，并按照一定拓扑结构建立人工神经元之间的连接，来模拟生物神经网络的[5]。

3.2　神经网络的第一性原理

我们知道，人脑无疑是智能的载体。如果想让"人造物"具备智能，模仿人脑是最朴素不过的方法了。下面我们将介绍神经网络的人工"仿制品"——人工神经网络。在机器学习中，我们常常提到的神经网络实际上是指神经网络学习，它是机器学习的一

① 确切来说，是一个神经元先被激活，然后另一个神经元马上跟着被激活。因为传递信号是有时间差的。

② 突触是指将一个神经元的电信号或化学信号传递到另一个神经元的结构。它是大脑信息处理能力中不可或缺的一部分。

脉重要分支。为了更为准确地分析神经网络的内涵，我们不妨再次回顾机器学习的本质。

3.2.1　通用近似定理

通俗来说，所谓机器学习，就是找到一个函数（Function）实现特定的功能。在形式上，函数近似于在数据对象中通过统计或推理的方法，寻找一个有关特定输入 X 和预期输出 Y 的直接映射 f（见图 3-2）。通常，这个映射关系 f 并不容易得到，它需要从大量的训练数据中"学习"得到。一旦学习完成，函数就拥有对新样本的预测能力，给定一个输入，函数就能比较准确地给出一个输出。

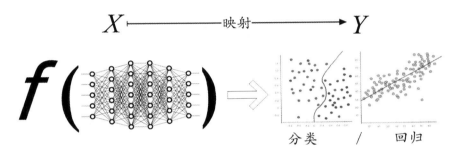

图 3-2　机器学习近似于找到一个特定的函数

通常，我们把输入变量（特征）空间记作大写的 X，而把输出变量空间记为大写的 Y。机器学习的本质就是在形式上完成如式(3.3)所示的从 X 到 Y 的映射变换。

$$Y \approx f(X) \tag{3.3}$$

由于在信息传递过程中（如前馈阶段）信息是逐层单向传播的，因此人工神经网络可以被简单地看作一个分层的有向图[2]。

为什么神经网络能在人工智能中有一席之地呢？下面我们来讨论使它有卓越表现的第一性原理①。什么是人工神经网络的第一性原理呢？前面我们已经提到，机器学习在本质上就是找到一个函数 $f(X)$，给定某个输入 X，通过计算得出与预期相符的输出 Y，从而完成预测功能。

而人工神经网络最"神奇"的地方可能就在于，它可以在理论上证明"一个包含足够多的隐含层神经元的多层前馈神经网络，能以任意精度逼近任意预定的连续函数"。这个定理也被称为通用近似定理（Universal Approximation Theorem）[3]。这里的"Universal"，也有人将其翻译成"万能的"，由此可以看出这个定理的能量有多大。

① 第一性原理，是古希腊哲学家亚里士多德提出的一个哲学术语，他认为"每个系统中存在一个最基本的命题，它不能被违背或删除"。

通用近似定理告诉我们，不管函数 $f(X)$ 在形式上有多复杂，我们总能确保找到一个神经网络，以任意高精度近似拟合出 $f(X)$。这正是人工神经网络至今魅力无穷的第一性原理。即使函数有多个输入和输出，即 $f = f(x_1, x_2, x_3, \cdots, x_m)$，通用近似定理的结论也是成立的。

3.2.2　通用近似定理的应用

下面我们举例说明通用近似定理的应用。假设我们拟合的函数分别为

$$f(x) = \sin(12x) \tag{3.4}$$

$$g(x) = -2x^4 + x^3 + x^2 - 2x + 0 \tag{3.5}$$

$$h(x) = |x| \tag{3.6}$$

这些函数很具有代表性，我们分别在隐含层用 2 个、4 个和 16 个神经元来拟合它们（见图 3-3）。

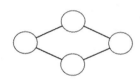 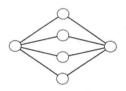 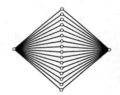

图 3-3　隐含层拥有不同个数的神经元

分别对式(3.4)~式(3.6)的函数在隐含层用 2 个神经元、4 个神经元和 16 个神经元进行拟合（见图 3-4）。图 3-4 在某种程度上印证了通用近似定理，随着隐含层神经元的增加，在训练集合上的拟合误差（真实值 True y 和预测值 Predicted y 之间的差距）显著下降（图中实线与虚线趋于重合）。

然而，通用近似定理看似"万能"，但它并没有说明神经网络中的连接权值是如何获得的，也就是说它给出了问题解的存在性，却没有给出解的可行性，所以它的指导意义是有限的。

使用这个定理时，还需要注意如下两点[4]。

（1）定理说的是可以设计一个神经网络尽可能地去"近似"某个特定函数，而不是说"准确"计算这个函数。我们可以通过增加隐含层神经元的个数来提升近似的精度。

（2）被近似的函数必须是连续函数。如果函数是非连续的，也就是说有极陡跳跃的函数，神经网络就"爱莫能助"了。

即使函数是连续的，有关神经网络能不能解决所有问题也是有争议的。原因很简单，通用近似定理在理论上是一回事，在实践中复现又是另外一回事。比如，生成对抗网络（GAN）的提出者 I. Goodfellow 就曾说过："仅含有一层的前馈神经网络，的确足以有效地表示任何函数，但是，这样的网络结构可能会格外庞大，进而无法正确地学习和泛化。"

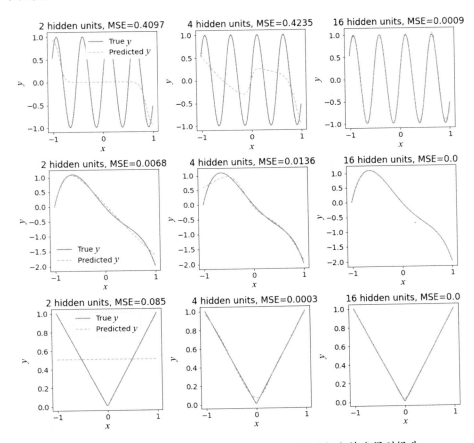

图 3-4　随着隐含层神经元个数的增加，函数的拟合精度得到提升

3.3　感知机模型与前馈神经网络

虽然我们已经身处深度学习时代，并将深度学习与图结构结合起来，还发展出了图神经网络，但是"根基不牢，地动山摇"，因此我们有必要简要回顾深度学习的前身——浅层网络，即感知机。

3.3.1　人工神经元的本质

"神经网络"这个词，其实包含了两层含义：神经和网络。"神经"实际上是指信息处理的最小单元——神经元（Neuron），而"网络"意味着"连接（Connection）"，它把很多神经元有机地组合起来。神经元多了，数据拟合的能力（或说知识表达的能力）便强了。

大脑的生物神经元比较具象，容易理解。那么，到底什么是人工神经元呢？简单说，它就是承载数字并加工数字的容器，仅此而已。比如说，对于一个 28 像素×28 像素的二维手写数字，它的每一个像素其实都是一个数字，而将这些二维数字拉伸为一维，就构成 784 个输入神经元[①]，输入神经元如图 3-5 所示。

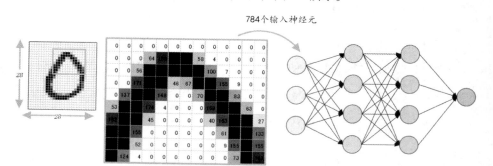

图 3-5　输入神经元

3.3.2　历久弥新的感知机

1958 年，计算科学家罗森布拉特（Rosenblatt）在 M-P 模型的基础上提出了由两层神经元组成的神经网络，并将其命名为"感知机"（Perceptron，亦有文献译作感知器）。感知机是神经网络和支持向量机的基础[6]。

一个最基本的感知机（神经元）包括三个部分：输入信号、线性组合和非线性激活函数。在感知机模型中，神经元接收来自 n 个其他神经元的输入信号。这些信号通常通过神经元之间的连接权重（Weight）来表示，神经元将接收到的输入值按照某种权重叠加起来。叠加起来的刺激强度 S 可用式(3.7)表示。

$$S = x_1w_1 + x_2w_2 + \ldots + x_nw_n = \sum_{i=1}^{n} x_i w_i \tag{3.7}$$

从式(3.7)可以看出，当前神经元按照某种"轻重有别"的方式，汇集了所有其他外联神经元的输入，并将其作为一个结果输出。对于特定的训练集，$x_1, x_2, \cdots, x_n$ 是常数，

① 此处，数字即神经元。神经元的信息传递事实上就是数字之间的操作变换。普罗塔哥拉说："人是万物的尺度。"数字亦是如此，它所承载的意义，取决于其被人用在何处。

而 $w_1, w_2, \cdots, w_n$ 是待训练的权值，是变量。

式(3.7)汇集得到的值，通常并不能直接输出，而是要与当前神经元的阈值进行比较，然后通过激活函数（Activation Function）σ "加工"后才向外表达输出，这个流程在概念上就叫感知机，如式(3.8)所示。

$$y = \sigma\left(\sum_{i=1}^{n} w_i x_i + b \right) \qquad (3.8)$$

在式(3.8)中，b 就是所谓的"阈值（Threshold）"，或称为偏置（Bias），σ 是激活函数，y 为最终的输出。将 b 视作一种特殊的权值 w_0，将 $x_0=1$ 视作一个固定的输入（哑元），感知机模型如图 3-6 所示。

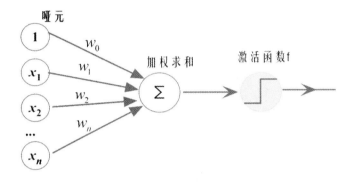

图 3-6　感知机模型

于是，式(3.7)可以改写为：

$$
\begin{aligned}
S &= x_0 w_0 + x_1 w_1 + x_2 w_2 + \cdots + x_n w_n \\
&= \begin{bmatrix} x_0 & x_1 & \cdots & x_n \end{bmatrix} \begin{bmatrix} w_0 & w_1 & \cdots & w_n \end{bmatrix}^{\mathrm{T}} \\
&= \boldsymbol{x} \boldsymbol{w}^{\mathrm{T}}
\end{aligned}
\qquad (3.9)
$$

感知机算法的奇妙之处在于，如果存在着一组权值，并有足够数量的样本，那么它肯定能自动找到这组合适的权值，让输出尽可能符合预期。如果实际输出和预期值不一致，感知机就会依据误差信号调整权值，这个过程就是一种递进式的学习。

感知机是一个二分类的线性判别模型，它旨在通过最小化损失函数来优化分类超平面，从而对新实例实现准确预测。由于感知机只有输出层神经元可以进行激活函数的处理，也就是说，它只拥有单层的功能神经元，因此它的学习能力是相对有限的。

下面我们来分析感知机的几何意义。由感知机的功能函数定义可知，它由两个函数复合而成，内部为神经元的输入汇集函数，外部为激活函数，可以将输入汇集函数的输出作为激活函数的输入。若识别对象 x 有 n 个特征，内部函数就是式(3.7)的输入汇集函数。

若令其等于零，即 $x_1w_1 + x_2w_2 + \cdots + x_nw_n = 0$，该方程可视为一个在 n 维空间的超平面 S [①]。那么感知机以向量的模式写出来就是 $\boldsymbol{x} \cdot \boldsymbol{w} = 0$。感知机的几何意义如图 3-7 所示。这里，$\boldsymbol{x} \cdot \boldsymbol{w}$ 表示输入向量 $\boldsymbol{x}$ 和权值向量 $\boldsymbol{w}$ 的内积（Inner Product）。

$$\boldsymbol{x} \cdot \boldsymbol{w} = x_1w_1 + x_2w_2 + \cdots + x_iw_i + \cdots + x_nw_n$$

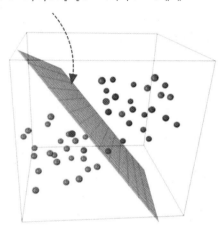

图 3-7　感知机的几何意义

① 在欧氏空间中，超平面（Hyperplane）是指 n 维空间中的 $n-1$ 维子空间。例如，在图 3-7 所示的三维空间中，超平面就是一个二维平面。在超平面之上的点，使得超平面方程 $S=0$。使得 $S>0$ 的平面空间称为正半空间，反之，使得 $S<0$ 的空间称为负半空间。超平面的正负半空间常用于界定二分类。

这样一来，感知机就可以用作二分类的判别器。超平面 S 一侧的实例 $\boldsymbol{x} \cdot \boldsymbol{w} > 0$，它表示样本点落在超平面的正半空间，此时激活函数 $\sigma(\boldsymbol{x} \cdot \boldsymbol{w}) = 1$，即感知机的输出为 1（判定为正类）；而超平面的另外一侧实例 $\boldsymbol{x} \cdot \boldsymbol{w} < 0$ 表示样本点落在超平面的负半空间，此时激活函数 $\sigma(\boldsymbol{x} \cdot \boldsymbol{w}) = 0$，即感知机的输出为 0（判定为负类）[②]。

② 亦有资料将输出为"1"表示正类，而输出"-1"表示负类。只要正负类的输出有区分度即可，无须拘泥于具体的数字。

从图 3-7 可以看出，感知机模型给出的超平面的确可以完成二分类，但"不妙"的地方是，这个超平面并没有太多的"容错"空间，比如图 3-7 就有两三个点紧贴着分割平面，如果超平面稍微倾斜，就可能把某些点的类别分错。对感知机信息进行改良的模型就是支持向量机。

3.3.3　备受启发的支持向量机

感知机的成功，激发了很多学者对高维空间的模式分类进行数学分析的热情。当有些数据点存在于数以千维计的空间中时，我们就无法依赖习以为常的三维世界的感性经验，来判定某些数据点的归属问题。

这时，基于感知机的原理，俄罗斯数学家弗拉基米尔·万普尼克（Vladimir Vapnik）

开始潜心钻研高维空间的分类器问题，最终提出了"支持向量机（Support Vector Machine，SVM）"算法[7]。在本质上，SVM 将感知机的理念进行了泛化[8]，并大量应用于各种分类任务之中，性能超群，一度成为"碾压"神经网络的机器学习方法（见图 3-8）。在图 3-8 中，w 和 b 为学习得到的参数，而 x 为样本特征。

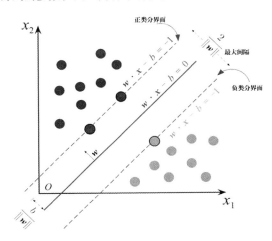

图 3-8　泛化版本的"感知机"——支持向量机

在理论上，SVM 是一种二分类模型，它的基本模型是定义在特征空间上的间隔最大的线性分类器，采用间隔最大化策略，使它有别于感知机[6]。在某种程度上，支持向量机可视为一种考虑"结构风险（Structural Risk）"的感知机①。

相比感知机，SVM 能以一种"优雅"的方式，自动找到一种超平面，并最大限度地将两个类别的样本点区分开来。这种对感知机的泛化方法对样本点的测量误差容忍度更大，再结合作为非线性扩充的"核技巧（Kernel Trick）"，SVM 成为机器学习领域的重要支柱之一。

3.4　更强表征能力的多层感知机

由于感知机中只有输出层神经元可以进行激活函数的处理，也就是说，它只拥有单层的功能神经元，因此它的学习能力是相对有限的[9]。为了提升神经网络的学习能力，一个简单的策略就是使用更加复杂的网络，也就是利用多层前馈神经网络。这是因为，复杂网络的表征能力比较强。按照这个思路，可以在输入层和输出层之间添加若干层神经元，这些新添加的层被称为隐含层（Hidden Layer）②。

① 结构风险描述的是学习算法的某些性质，希望模型具有某种性质，从而降低最小化训练误差的过拟合风险。与之对应的是经验风险（Empirical Risk），经验风险描述的是模型与训练数据的契合程度，是基于训练样本（已知的经验样本）的误差。

② 亦有资料将其译作"隐藏层"或"隐层"。

输入层数据就是输入信号，它们是训练数据或待预测的数据，这是我们能感知的。输出层数据就是预测的结果，符合或不符合预期，这些都是能感知到的。隐含层的神经元之所以难以被"感知"，并非是它没有输出，而是它没有预期的输出（标准答案）。对于一个没有预期的输出，就没有办法与实际输出值做对比，进而计算误差。于是，隐含层神经元的输出，无论大小，都无法判断好坏。一个无法被评估的神经元，即使在物理上存在，也无法被感知，故此被称作隐含神经元（Hidden Neuron）。

将若干个单层神经网络级联在一起，前一层的输出作为后一层的输入，这样就构成了多层前馈神经网络（Multi-layer Feedforward Neural Networks）。更确切地说，每一层神经元仅与下一层神经元全连接。但在同一层之内，神经元彼此不连接，而且跨层的神经元，彼此也不相连。多层前馈神经网络结构示意图如图 3-9 所示，在图 3-9 中，诸如 0.23 这样的数字是训练得到的神经元之间连接的权值，而如 0.1、0.8 和 0.05 这类数字是输出层被归一化的分类概率。

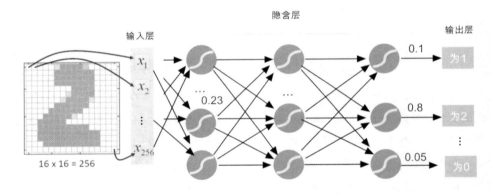

图 3-9　多层前馈神经网络结构示意图

之所以加上"前馈"这个定语，是想特别强调，这样的神经网络是没有后向连接的。也就是说，位置靠后的层次不会把输出反向连接到之前的层次上作为输入，输入信号"一马平川"地单向向前传播。很明显，相比纵横交错的人类大脑神经元的连接结构，这种结构被极大简化，但即使如此，它也具有很强的表达力。

更一般地，我们用如下形式来表达多层感知机的信息传递。

$$z^{(l)} = W^{(l)} a^{(l-1)} + b^{(l)} \tag{3.10}$$

式中，$W^{(l)} \in \mathbf{R}^{D_l \times D_{l-1}}$ 是第 $(l-1)$ 层到第 l 层的网络连接权值，D_{l-1} 表示第 $(l-1)$ 层神经元的个数，D_l 表示第 l 层神经元的个数；$b^{(l)} \in \mathbf{R}^{D_l}$ 表示第 l 层的偏置项。$\left\{ W^{(l)}, b^{(l)} \right\}$ 是第 l 层的可训练参数。

式(3.10)所汇聚的信息并不能向下一层传递，因为它还需要激活函数进行非线性变换，只有这样，才能提高整个神经网络的拟合能力。

$$f^{(l)} = \sigma(z^{(l)}) \qquad (3.11)$$

式(3.11)中的 σ 是激活函数，常见的激活函数有 Sigmoid、Tanh 和 ReLU 等，后面会详细介绍。多层感知机逐层传递信息，直到输出预测结果 y。

$$y = \varphi(X;W,b) = f^{(l)}\left(f^{(l-1)}\cdots f^2\left(f^1(X;W,b)\cdots\right)\right) \qquad (3.12)$$

其中，式(3.12)中分号前的 X 表示输入的数据，分号后的 W 是待训练的网络权值，b 是待训练的偏置，其实它也是一种特殊的权值。

从式(3.12)可以看出，神经网络的本质就是函数的层层嵌套，每一层的输出都是下一层的输入。在理论上，这种嵌套可以做到"绵绵无绝期"，但由于"梯度弥散""计算能力不足"等问题存在，早期的神经网络的层数通常不超过 7 层，相比现在大名鼎鼎的"深度学习"，它们应该算得上"浅度学习"了。这里的"深"和"浅"，实际上就是指神经网络层数的"多"与"少"。

虽然我们早已身处深度学习时代，神经网络拓扑结构层出不穷（如各种 CNN 变体、LSTM 等），然而但凡涉及分类问题，通常都会在网络的尾部"嫁接"一个多层感知机，因此多层感知机并没有因为岁月久远而过时，反而历久弥新。

3.5　不可或缺的激活函数

前面我们提到，神经网络可以近似模拟任何函数，而在模拟函数的过程中，离不开非线性变换（Nonlinear Transformation）。如果没有非线性变换会发生什么呢？通过前面的分析我们知道，神经元与神经元的连接都是基于权值的线性组合。根据线性代数知识可知，线性的组合依然是线性的，换句话说，如果神经网络没有提供非线性变换功能，那么模型即使叠加再多的网络层，意义也不大，因为这样的多层神经网络最终会"退化"为一层神经元网络，表达能力有限，这样的话深度神经网络更无从谈起了。

为了避免这种情况发生，就得使用激活函数（Activation Function）。神经元之间的连接是线性的，但激活函数可不一定是线性的。有了非线性的激活函数，无论多么玄妙的函数，在理论上，它们都能被近似地表达出来。加入非线性的激活函数后，深度神经网络才具备了分层的非线性映射学习能力。因此，激活函数是深度神经网络中不可或缺的部分。

激活函数是一种设计者人为附加到神经元中的非线性变换函数，旨在帮助网络学习数据中的复杂模式。类似于人类大脑中基于神经元的模型，激活函数最终决定要发送给下一个神经元的内容。

这时，选取合适的激活函数就显得非常重要。激活函数的选择范围非常广，一个基本的要求是它们连续可导，若仅在少数点上不可导也是可以接受的。下面我们简单介绍常见的激活函数。

3.5.1 Sigmoid 函数

在前面的章节中，我们提到了常用的激活函数 Sigmoid，其形式见式(3.13)。

$$\text{Sigmoid}(x) = \frac{1}{1 + e^{-x}} \tag{3.13}$$

式中，e 为自然常数（下同）[①]。Sigmoid 函数通常称为挤压函数（Squashing Function），它可以将(-inf,inf)范围中的任意实数映射到(0,1)范围内，输入值越大，压缩后越趋近于 1，输入值越小，压缩后越趋近 0，这两种情况在物理意义上最接近生物神经元的休眠和激活状态。例如，Sigmoid 函数可以用在深度学习模型长短期记忆（Long Short-Term Memory，LSTM）中的各种门（Gate）上，模拟门的关闭和开启状态。此外，Sigmoid 函数还可以用于表示概率，并且可以用于输入的归一化处理。激活函数 Sigmoid 如图 3-10 所示。

① e 是自然对数函数的底数。有时称它为欧拉数（Euler Number），为数学中的一个常数，是一个无限不循环小数，其值约为 2.718 281 828 459 045。

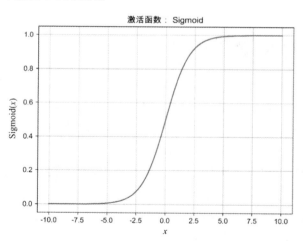

图 3-10　激活函数 Sigmoid

Sigmoid 函数的导数形式优雅而简洁，如式(3.14)所示：

$$\frac{\text{d}}{\text{d}x}\text{Sigmoid}(x) = \frac{e^{-x}}{\left(1 + e^{-x}\right)^2} = \text{Sigmoid}(x)\left[1 - \text{Sigmoid}(x)\right] \tag{3.14}$$

式中，d 为微分算子。

凡事都有两面性。Sigmoid 函数也有缺点，那就是它存在饱和性。具体来说，当输入数据 x 很大或很小时，Sigmoid 函数的导数迅速趋近于 0。这种情况就意味着，它很容易产生所谓的梯度弥散现象。要知道，如果没有了梯度作为指导，那么神经网络的参数训练就如同"无头苍蝇"，毫无方向可言。

此外，从图 3-10 可以看出，Sigmoid 函数的另一个不足之处在于，它的输出不是以 0 为中心的，即当 $x=0$ 时，函数值为 0.5。有时我们更偏向于当激活函数的输入是 0 时，输出也是 0。

因为上面两个问题，导致参数收敛速度很慢，严重影响了训练的效率。因此，在设计神经网络时，在隐含层采用 Sigmoid 函数作为激活函数的场景并不多，在大部分场景下，Sigmoid 函数已经被更简单、更容易训练的 ReLU 函数所取代。然而，当我们想要将输出视作二分类问题的概率时，Sigmoid 函数仍可用作输出单元上的激活函数。

3.5.2　Tanh 函数

Tanh 函数同样是常用的激活函数，它将一个实数输入映射到(-1, 1)范围内。当输入为 0 时，Tanh 函数输出为 0，这符合我们对激活函数的要求。Tanh 函数也可以作为"开关"调节输入信息，在 LSTM 网络中也有广泛应用。激活函数 Tanh 如图 3-11 所示。

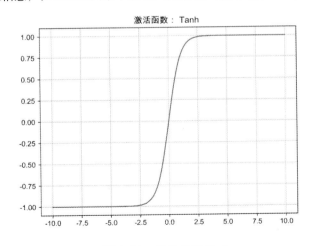

图 3-11　*激活函数 Tanh*

从图 3-11 中可以看出，Tanh 函数的取值可以是负值，在某些需要抑制神经元的场景下，需要用到这个特性。例如，在 LSTM 网络中，就可以用 Tanh 函数的负值区来模拟"遗忘"。

Tanh 函数的形式化描述为：

$$\text{Tanh}(x) = \frac{\sinh(x)}{\cosh(x)} = \frac{\text{e}^x - \text{e}^{-x}}{\text{e}^x + \text{e}^{-x}} = 2\text{Sigmoid}(2x) - 1 \qquad （3.15）$$

Tanh 函数的导数形式也不复杂：

$$\frac{\text{d}}{\text{d}x}\text{Tanh}(x) = 1 - \text{Tanh}^2(x) \qquad （3.16）$$

由式(3.15)可见，Tanh 函数和 Sigmoid 函数之间存在一定的线性关系，因此两者的形状是类似的，只是尺度和范围不同。Tanh 函数存在与 Sigmoid 函数类似的缺点——梯度弥散，导致训练效率不高。

因此，如何防止神经网络陷入梯度弥散的境地，或者说如何提升网络的训练效率，一直都是深度学习领域非常热门的研究课题。目前，在卷积神经网络中，最常用的激活函数就是修正线性单元 ReLU（Rectified Linear Unit）。

3.5.3　ReLU 函数

ReLU 函数又称线性整流函数，是 Krizhevsky 和 Hinton 等人在 2010 年提出来的[10]。标准的 ReLU 函数非常简单，即 $f(x) = \max(x, 0)$。简单来说，当 $x > 0$ 时，输出为 x；当 $x \leqslant 0$ 时，输出为 0。通俗地说，ReLU 函数可以通过将相应的激活值设为 0 从而仅保留正元素，并"毫不留情"地抛弃所有负元素。

请注意，该图是一条曲线，只不过它在原点处不那么圆滑而已。当输入为负时，ReLU 函数的导数为 0，而当输入为正时，ReLU 函数的导数为 1。值得注意的是，当输入值恰好等于 0 时，ReLU 函数不可导。此时，默认使用左侧的导数，即当输入为 0 时导数为 0。

为了增强读者的感性认识，让读者理解 ReLU 函数是如何工作的，我们手动实现 ReLU 函数（而不是直接调用 PyTorch 的 torch.nn.ReLU），如【范例 3-1】所示，运行结果如图 3-12 所示。

【范例 3-1】求给定张量的 ReLU 函数（relu.py）

```
01    import numpy as np
02    import matplotlib.pyplot as plt
03    x = np.arange(-10, 10, 0.01)
04    def relu(x):
05        return np.where(x > 0, x, 0)
06    plt.plot(x, relu(x))
```

【运行结果】

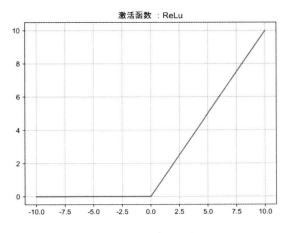

图 3-12　ReLU 函数

【代码分析】

第 03 行定义了一个张量 x。第 04～05 行自定义了 ReLU 函数的实现。第 06 行直接输出张量 x 的 ReLU 函数。从运行结果可以看出，输出符合我们的预期。

为了让 ReLU 在原点处圆滑可导，Softplus 函数被提出，形式为 $f(x) = \ln(1 + e^x)$。Softplus 函数是对 ReLU 函数平滑逼近的解析形式。ReLU 函数和 Softplus 函数如图 3-13 所示。更巧的是，Softplus 函数的导数恰好就是 Sigmoid 函数。由此可见，这些非线性激活函数之间存在着"藕断丝连"的关系。

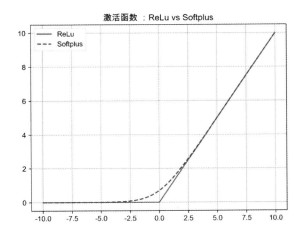

图 3-13　ReLU 函数和 Softplus 函数

不要小看这个略显简陋的函数，ReLU 函数的优点很多。相比 Sigmoid 函数，ReLU 函数的优点主要体现在如下三个方面。

（1）单侧抑制。当输入小于 0 时，神经元处于抑制状态；反之，当输入大于 0 时，神经元处于激活状态。ReLU 函数相对简单，求导计算方便。这导致 ReLU 函数的随机梯度下降（Stochastic Gradient Descent，SGD）的收敛速度比 Sigmoid 函数或 Tanh 函数快得多。而且 ReLU 函数减轻了以往困扰神经网络的梯度弥散问题。

（2）相对宽阔的兴奋边界。观察 Sigmoid 函数的激活状态（Sigmoid 函数的取值范围）集中在中间的狭小空间(0，1)内，Tanh 函数有所改善，但也局限于(-1，1)内，而 ReLU 函数则不同，只要输入大于 0，神经元就一直处于激活状态。

（3）稀疏激活。相比 Sigmoid 之类的激活函数，稀疏性是 ReLU 函数的优势所在。Sigmoid 函数将处于抑制状态的神经元设置为一个非常小的值，但即使这个值再小，后续的计算也少不了它们的参与，这样的操作计算负担很大。但 ReLU 函数直接将处于抑制状态的神经元"简单粗暴"地设置为 0，这样一来，这些神经元不再参与后续的计算，从而使网络保持稀疏性。

正因如此，圆滑可导的近似函数——Softplus 函数在实际任务中并不比"简单粗暴"的 ReLU 函数效果更好，这是因为 Softplus 函数带来了更多的计算量。

这些细小的变化，让 ReLU 函数在实际应用中大放异彩，它能有效缓解梯度弥散的问题。这是因为，当 $x > 0$ 时，它的导数恒为 1，保持梯度不衰减。

3.5.4　Softmax 函数

① logits 可简单理解为分类模型生成的原始（非归一化）预测向量。

对于多分类（设为 k 分类数）任务，神经网络的最后一个全连接线性层通常会给出 k 个输出值，通常也称为 logits[①]，这个 logits 值有大有小，有正有负。人们对这个值的大小正负并不那么在乎，更在乎的是分类概率的大小，然后择其大者作为分类判定的依据。有没有一种非线性变换（或是激活函数）能将 logits 值变换成概率模型呢？答案是有的，这就是本节要讨论的 Softmax 函数。

Softmax 函数能将多分类神经网络的最后一个线性层输出的 logits 值转换为概率。在本质上，Softmax 函数主要对分类器输出的 logits 进行归一化操作。设 z_i 表示第 i 个类别的 logits 值，Softmax 函数可定义为如下形式：

$$\mathrm{Softmax}(z_i) = \frac{\mathrm{e}^{z_i}}{\sum_j \mathrm{e}^{z_j}} (j = 1, 2, 3, \cdots, k) \tag{3.17}$$

对于一个长度为 k 的 logits 向量 $[z_1, z_2, \cdots, z_k]$，利用 Softmax 函数可以输出一个长

度为 k 的向量 $[q_1, q_2, \cdots, q_k]$。如果一个向量想成为一种概率描述，那么它的输出至少要满足两个条件：一是每个输出值 q_i（概率）都在 $[0，1]$ 之间；二是这些输出值之和 $\sum_i q_i = 1$。

Softmax 函数实现代码见【范例 3-2】。Softmax 函数如图 3-14 所示。

【范例 3-2】Softmax 函数（softmax.py）实现代码

```
01   import numpy as np
02   import matplotlib.pyplot as plt
03   x = np.arange(-10, 10, 0.01)
04
05   def softmax(x):
06       return np.exp(x) / np.sum(np.exp(x), axis = 0)
07
08   plt.plot(x, softmax(x), 'r--')
09   plt.axis('tight')
10   plt.title('激活函数：Softmax')
11   plt.grid()
12   plt.show()
```

【运行结果】

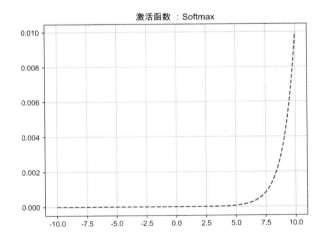

图 3-14　Softmax 函数

比如说，神经网络在分类计算的最后会对一系列的标签，如"猫""狗""船"等，输出一个具体分值，如 [4,1,-2]，然后取最大值（如 4）作为分类评判的依据。而 Softmax 函数有所不同，它会把所有的"备胎"分值都保留起来，并对这些分值进行归一化处理，这些归一化的数值均满足：大于 0 且小于 1，总和为 1。这些特性让这些归一化的数值可以当作概率值（信任度）来用。在图 3-15 所示的 Softmax 输出层示意图中，logits 为 4，归一化后为 0.95；logits 为 1，归一化后为 0.04，；logits 为-2，归一化后近似为 0.0。最后分类器选择概率最大的值（如 0.95）对应的类别作为分类依据。

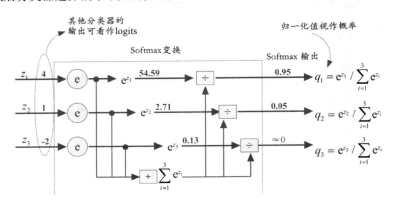

图 3-15　Softmax 输出层示意图

延续【范例 3-2】，在其基础上添加如下代码即可验证图 3-15 所示的结果。

```
13    logits = np.array([4, 1, -2])
14    print(f' logits 为: \n {np.exp(logits)}')
15    print(f'归一化 softmax 值（类概率）: \n {softmax(logits)}')
```

【运行结果】

```
logits 为:
 [54.5982  2.7183  0.1353]
归一化 softmax 值（类概率）:
 [0.9503 0.0473 0.0024]
```

3.6　损失函数

我们知道，损失函数是监督学习的核心标配，其功能是"监督"，对实际的输出值和预期的输出值进行误差监控，然后遵循"有则改之，无则不管"的原则，调节神经网络的参数。

在 ACM FCRC 2019 会议上，图灵奖得主、著名深度学习学者 Yann LeCun（杨立昆）指出：预测是智能不可缺的组成部分，当实际情况和预测出现差异时，实际上就开启了学习之旅。

对于特定问题，损失函数（Loss Function）非常重要。一个好的损失函数，不仅能很好地刻画误差，还能反映形成误差的内在原因。

3.6.1　普通的损失函数

在机器学习的"监督学习"算法中，在假设空间 $\mathbb{F}$ 中构造一个决策函数 f，对于给定的输入 X，$f(X)$ 给出的相应输出 $\hat{Y}$ 和原先的预期输出 Y 可能不一致。于是，我们需要定义一个损失函数来度量这二者之间的"落差"程度。这个损失函数通常记作 $L(Y,\hat{Y}) = L(Y, f(X))$，为了方便起见，这个函数的值为非负数。损失函数值越小，说明实际输出 $\hat{Y}$ 和预期输出 Y 之间的差值就越小，也就说明构建的模型越好。

常见的损失函数包括但不限于以下几类[6]。

（1）0-1 损失函数（0-1 Loss Function）：

$$L(Y, f(X)) = \begin{cases} 1 & Y \neq f(X) \\ 0 & Y = f(X) \end{cases} \tag{3.18}$$

第 1 类损失函数很容易解释，就是表明目标达到了没有。达到了，输出为 0（没有落差）；没有达到，输出为 1。0-1 损失函数直接对应分类判断错误的个数，但它是一个非凸函数，适用范围并不广泛。感知机一开始用的就是这种损失函数。但由于不可导，因此采用了错分点到超平面的距离之和作为改造的损失函数。

（2）绝对损失函数（Absolute Loss Function）：

$$L(Y, f(X)) = |Y - f(X)| \tag{3.19}$$

第 2 类损失函数就很具体了，它是目标值与预测值之差的绝对值。拿预测气温来举例，预报值和实际气温之间的差值可能为正，也可能为负。假设第一天的预报值为 25℃，而实际气温为 20℃，这时误差就是"-5℃"；如果第二天的预报值为 26℃，而实际气温为 28℃，这时误差就是"2℃"。为了避免这样的正负值在计算总体误差上的干扰（正负抵消），往往会对每个误差都取一个绝对值。

（3）平方损失函数（Quadratic Loss Function）：

$$L(Y, f(X)) = (Y - f(X))^2 \tag{3.20}$$

第 3 类损失函数类似于第 2 类，同样起到避免正负值干扰的作用。但是为了计算方便（主要是为了求导），有时还会在前面加一个系数"1/2"，如式(3-21)所示。这样损失函数一求导，指数上的"2"和系数的"1/2"就可以相乘为"1"了。

$$L(Y, f(X)) = 1/2(Y - f(X))^2 \tag{3.21}$$

（4）指数损失函数（Exponential Loss Fanctson）：

$$L(Y \mid f(X)) = \exp(-Y(f(X))) \tag{3.22}$$

指数损失函数是凸函数，负值以指数形式增长，这使得其对异常值比较敏感。AdaBoost 算法中使用了指数损失函数。指数损失函数的主要优点在于它的可计算性。

（5）Hinge 损失函数：

$$L(Y, f(X)) = \max(0, 1 - Yf(X)) \tag{3.23}$$

式中，$f(X)$ 的实际输出值记作 $\hat{Y}$，因此式(3.23)可以简记为：

$$L(Y, f(X)) = \max(0, 1 - Y\hat{Y}) \tag{3.24}$$

Hinge 损失函数专用于二分类问题，SVM 使用的就是这类损失函数。预期的标签值 $Y = \pm 1$，而实际的输出值 $\hat{Y} \in (-1,1)$。参考图 3-8，$Y = +1$ 或 $Y = -1$ 是正负两类的分类超平面。当 $\hat{Y}$ 大于等于+1 或小于等于-1 时，SVM 都能无风险地正确分类，此时的损失函数取值为 0[①]。也就是说，Hinge 损失函数并不鼓励分类器过度自信，如果某个样本能被正确分类，即无损失。而进一步地，如果样本距离分类超平面更远（意味着分类更安全），此时并不会有任何额外的奖励，在这样的"奖惩机制"下，损失函数可以"指挥"分类器更加专注整体的分类误差，而非片面追求损失函数值绝对值的大小。

而当实际输出值 $\hat{Y} \in (-1,1)$ 时，样本点处于分类的"缓冲区"，分类结果不确定，此时损失为 $1 - Y\hat{Y}$，。显然，当 $\hat{Y} = 0$ 时，分类完全不确定，损失达到最大值。

（6）对数损失函数（Log Loss Function）或对数似然损失函数（Log-Likelihood Loss Function）[②]：

$$L(Y, P(Y \mid X)) = -\log P(Y \mid X) = \log \frac{1}{P(Y \mid X)} \tag{3.25}$$

损失函数 $L(Y, P(Y \mid X))$ 表达的是，样本 X 在分类 Y 的情况下，使概率 $P(Y|X)$ 达到最大值。$P(Y|X)$ 是一个似然函数。由于对数函数是单调的，因此最大化对数似然函数 $\log P(Y|X)$ 等同于最大化似然函数 $P(Y|X)$（二者具有相同的极值点）。取对数是为了计算上的方便，log 运算能让连乘操作变成连加操作。前面加负号，是为了最小化损失函数 L（最小化损失函数是所有优化学习算法的标准操作），等价于最大化似然函数 $P(Y|X)$。

对数损失函数还可以从信息理论中获得解释。根据香农定理，对概率 p 的倒数取 log 值，就是这个概率对应的编码长度（混杂程度的一种度量）。log 对数损失函数能非常好地表达概率分布，在很多场景下，尤其是多分类场景下，我们需要知道预测结果属于每个类别的置信度，用这类损失函数就比较适合。

① 此时，预期值 Y 和实际输出值 $\hat{Y}$ 等同，同取+1 或同取-1，此时 $Y\hat{Y} = 1$。于是损失为 $\max(0,1 - Y\hat{Y}) = 0$。

② 参考文献：李航. 统计学习方法[M].北京：清华大学出版社，2012.

Logistics 回归的损失函数就是 log 对数损失函数。事实上，对该损失函数进一步推导，其变体（负对数似然函数）就变成大名鼎鼎的交叉熵损失（Cross-Entropy Loss）函数。由于该类损失函数应用非常广泛，后文会详细讨论。

3.6.2　交叉熵损失函数

在多分类任务中，应用较多的损失函数是交叉熵损失函数。设 $q\left(\widehat{Y_i}\mid X_i\right)$ 表示给定样本 X_i 在各个类别上的预测概率。根据信息论的观点，它对应的信息编码长度（比特数）为其概率值倒数的 log 值，即：

$$\text{编码长度} = \log\frac{1}{q\left(\widehat{Y_i}\mid X_i\right)} \tag{3.26}$$

熵用于衡量混杂度，它本是编码（比特）长度的数学期望，即将各类概率与该概率下的编码长度相乘，然后求和，即 $\sum_i p_i \times \log\frac{1}{p_i}$。但交叉熵所有不同，它是一种"混搭"结构，其编码长度用的是模型 q 实际输出值的概率，即 $\log\frac{1}{q\left(\widehat{Y_i}\mid X_i\right)}$，而作为编码长度加权值的概率样本 X_i 标签的真实概率为 $p\left(Y_i\mid X_i\right)$，于是交叉熵损失函数的定义如下：

$$\begin{aligned} L\big(Y,f(X)\big) &= \sum_{i=1}^{N} p\left(Y_i\mid X_i\right)\log\frac{1}{q\left(\widehat{Y_i}\mid X_i\right)} \\ &= -\sum_{i=1}^{N} p\left(Y_i\mid X_i\right)\log q\left(\widehat{Y_i}\mid X_i\right) \end{aligned} \tag{3.27}$$

交叉熵有时也用 $H(p,q)$ 来简记，并且为了计算 N 类的平均交叉熵，式(3.27)也常被除以 $1/N$，具体如下：

$$H\big(p,q\big) = -\frac{1}{N}\sum_{i=1}^{N} p\left(Y_i\mid X_i\right)\log q\left(\widehat{Y_i}\mid X_i\right) \tag{3.28}$$

因此，交叉熵是当我们使用模型概率分布为 q 时，对来自概率分布为 p 的源数据进行编码所需的平均比特数[11]。交叉熵可以评估出实际输出的概率分布 q 与预期的概率分布 p 之间的差异程度。使用交叉熵误差函数代替平方和处理分类问题，可以加快训练速度，提高泛化能力。

一般来说，真实的样本 X_i 不能"跨类别"归属，设共有 k 个类别，特定样本 X_i 要么属于 c_k，要么不属于它，具体如下：

$$p\left(Y_i = c_k\mid X_i\right) = 1$$

而在其他类别上概率为 0，即：

$$p\big(Y_i \neq c_k | X_i\big) = 0$$

于是，式(3.28)可以简化为如下形式。

$$H(p,q) = -\frac{1}{N} \sum_{i=1}^{N} \log \Big[q\big(\widehat{Y_i} = c_k \mid X_i\big) \Big] \tag{3.29}$$

由此可见，最小化交叉熵损失的本质实际上就是最大化样本标签的似然概率。对于多分类而言，人们通常利用前面所提的 Softmax 函数来获得这个预测概率。

对于二分类而言，$Y_i \in \{0,1\}$，如果样本属于正类 $(Y_i = 1)$ 的概率为 q，那么属于类别 0 的概率就是 $1-q$。带入式(3.27)可以得到"定制版"的二元交叉熵损失函数。

$$L(Y, f(X)) = -\frac{1}{N} \sum_{i=1}^{N} \big(y_i \log q(Y_i) + (1-Y_i) \log(1-q(Y_i))\big) \tag{3.30}$$

其中，$Y_i \in Y$ 是二元标签 0 或 1，$q(Y)$ 是输出属于 y_i 标签的概率。式(3.30)等号右边所示的最外层括号中的运算看似是一个求和操作，实际上仅仅是一个公式表达技巧，因为对于任何一个样本，在二分类的情况下，加号两侧的值只有一个有效，另外一个为 0。

作为损失函数，二元交叉熵是用来评判一个二分类模型预测结果的好坏程度的指标。举例来说，以单个样本为例，对于真实标签 $Y = 1$ 的情况，式(3.30)所示的损失函数就退化为 $L = -\log\big(q(Y)\big)$，如果预测概率 $q(Y)$ 也趋近于 1，那么这个交叉熵损失应当趋近于 0。反之，如果此时预测概率 $q(Y)$ 趋近于 0，即预测值与真实值偏差很大，那么损失函数的值将会非常大，这非常符合 log 函数的性质。

类似地，还是以单个样本输出为例，当真实标签 $Y = 0$ 时，损失函数退化为 $L = -\log\big(1-q(Y)\big)$，当预测概率接近 0 时，损失函数的值趋近于 0；反之，如果预测概率为 1，即完全预测错了（而且错得离谱），那么损失函数的值趋向于正无穷。通过【范例 3-3】所绘的损失函数图形（见图 3-16）可以辅助读者理解上述判定。

【范例 3-3】二元交叉熵在不同标签值下的损失函数（binary-cross.py）

```
01   import numpy as np
02   import matplotlib.pyplot as plt
03   y = np.arange(0.01, 1, 0.01)    #模拟概率
04   fig, ax = plt.subplots(1, 2, figsize = (8, 6))
05
06   #标签 y = 1
07   ax[0].plot(y, -np.log(y), 'r--', label = 'y = 1')
08   ax[0].set_title('L = -np.log(y)')
09   ax[0].grid()
```

```
10  ax[0].legend(loc = 'center')
11
12  #标签 y = 0
13  ax[1].plot(y, -np.log(1 - y), 'b-.', label = 'y = 0')
14  ax[1].legend(loc = 'center')
15  ax[1].set_title('L = -np.log(1 - y)')
16  ax[1].grid()
17
18  plt.savefig('binary-cross-entropy.jpg', dpi=500)
19  plt.show()
```

【运行结果】

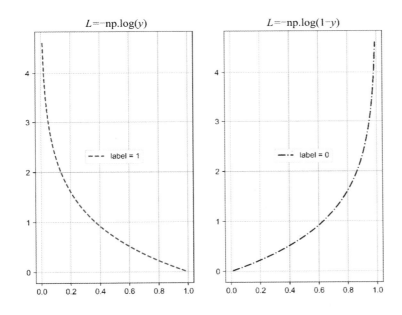

图 3-16　二元交叉熵在不同标签值下的损失函数

3.7　神经网络的训练

我们常说"条条大路通罗马"。可哪条大路能最快到达罗马呢？这就涉及路径的"优化"。与此类似，在快速找到神经网络的最优解（损失函数达到最小值）时，也涉及优化，它在神经网络的可用性上扮演着重要角色。

3.7.1 优化算法的意义

神经网络学习的目标是通过不断改变网络参数，使得参数能够对输入做各种非线性变换拟合输出，本质上就是用一个函数去寻找最优解。假设"山顶"就是我们目标函数的极值，那么爬上"山顶"（找到这个目标解）的方法，肯定不止一种。"各自努力"的确能爬上"山顶"，可有的方法需要几个小时，而有的方法需要几天甚至几个月，我们应该如何选择？

数学家们比较纯粹，他们更喜欢证明某个问题解的存在性。但工程师们比较务实，他们喜欢探寻问题解的可行性，即如何在可容忍的时间范围内，快速找到一个问题的最优解，或者最优解的近似值，这就是一个优化问题。如果说让损失函数越来越小是神经网络学习的性能指标，那么让损失函数趋向最小值的同时，令这个过程更短，就是优化算法的目标。

如前所述，整个神经网络实际上就是用数据拟合了一个表征能力很强的函数。我们的目标就是找到一组权值，令自己定义的损失函数达到最小值。如果该函数能有显式解，那么自然是好的。但这对于有成千上万个未知变量的神经网络函数来说显然是不现实的。

若函数没有显式解，则只能用"摸着石头过河"的方法，把最优解"试探"出来。利用计算机思维来解决数学问题的一大特点就是，"只要功夫深，铁杵磨成针"。这里的"功夫深"，其实就是计算机的速度快和"不知疲倦"，这里的"针"就是我们要找到的最优解。凡是能提高"磨针"效率的技巧，都可归属于优化算法。

为了快速找到目标函数的最优解，很多研究者提出了各式各样的优化算法，但"万变不离其宗"，它们大多数都是基于梯度操作而改良的。

3.7.2 基于梯度的优化流程

对于机器学习算法而言，通常我们要求解损失函数的最小值。对于某个连续函数 $y = f(x)$，令其导数 $f'(x) = 0$，通过求解该微分方程，便可直接获得极值点（此处是指"极小值"）。然而，显而易见的方案，并不见得能轻而易举地获得。一方面，$f'(x) = 0$ 的显式解并不容易求得，当输入变量很多或函数很复杂时，就更不容易求解微分方程。另一方面，求解微分方程并不是计算机的所长。计算机所擅长的是，凭借强大的计算能力，通过插值等方法（如牛顿法、弦截法等）进行海量尝试，最终把函数的极值点"逼（近）"出来，即依据梯度的指引，逐步把极小值试出来。

在神经网络训练中，损失函数通常用 E 表示（误差 Error 的首字母），需要调整的

参数用 w 表示（即权值 weight 的首字母），将函数中的多元 x 用不同的权值 w_i 表达，即可得到神经网络语境下常用的公式形式。

寻找损失函数的极值点，大致分为以下三步"循环走"。利用梯度下降更新网络权值如图 3-17 所示。

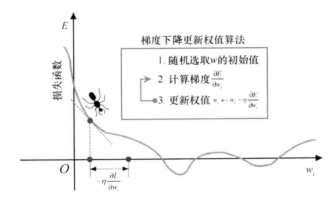

图 3-17　利用梯度下降更新网络权值

（1）损失是否足够小？若是，则退出；若不是，计算损失函数的梯度。

（2）按梯度的反方向走一小步，以减小损失。

（3）循环到（1）。

这种按照负梯度的百分比（为了避免错过最优解，通常这个数值远小于 1，该值也就是前面提到的学习率 η）不停地调整函数权值的过程称为梯度下降法（Gradient Descent）。通过这样的方法可以改变每个神经元与其他神经元的连接权值及自身的偏置，令损失函数的值减小得更快，进而将值收敛到损失函数的某个极小值。

为了快速找到这些极值点，人们设计了一种名为"Δ法则（Delta Rule）"的启发式方法，该方法能让目标收敛到最优解的近似值。Δ法则的核心思想在于，使用梯度下降法寻找极小值。

梯度最明显的价值在于，指导我们如何快速找到损失函数的极大值。而梯度的反方向（梯度下降）自然就是函数值下降最快的方向。若函数每次都沿着梯度下降的方向前进，则能到达函数的极小值附近。以梯度下降作为指导，一直沿着"最陡峭"的方向，探索着前进，类似于"摸着石头过河"，这个过程是"摸着梯度找极值"。

当然，从图 3-17 中，我们也很容易看到梯度下降的问题，即很容易收敛到局部极小值。正如攀登高峰，我们总会感叹"一山还比一山高"，探寻谷底时，我们也可能发现"一谷还比一谷低"。但"只缘身在此山中"，当前的眼界让我们像"蚂蚁寻路"一样，很难有全局观。尽管梯形下降法有这样的不足，但在工程实践中，还是衍生出了很多出色的应用案例。

从上面的描述可以看出，神经网络学习的工作流程大致分为以下三个步骤。

（1）正向传递信息：给定输入和参数，逐层向前计算，在输出层输出预测结果。

（2）反向传播误差：基于前向传播得到的预测结果，使用损失函数计算误差信息，然后逐层计算得到权值的参数，该方法就是大名鼎鼎的反向传播（Back-Propagation，BP）算法（更多信息请参考相关文献）。

（3）参数更新学习：利用梯度下降法更新各个参数的新值（此处，"更新参数"即学习），重复上述过程，直至模型收敛，损失降到可容忍的范围。

根据反馈信号（损失函数），反向微调网络连接权值，这个微调需要利用求导数操作。因此，autograd（自动求导）包是 PyTorch 中所有神经网络的核心。针对某一个张量，只要设置参数 requires_grad=True，即可通过 autograd 包提供的方法求得反向传播过程中的导数（梯度）信息。下面我们举例说明 PyTorch 的自动求导计算。

【范例 3-4】求三元变量函数 $f = x^2 + 3xy + y^2 + z^3$ 在(1，2，3)处的导数（auto-grad.py）

```
01  import torch
02  x = torch.tensor(1.0, requires_grad=True)
03  y = torch.tensor(2.0, requires_grad=True)
04  z = torch.tensor(3.0, requires_grad=True)
05
06  Y = x ** 2 + 3 * x * y + y ** 2 + z ** 3
07  Y.backward()
08
09  print("在（1，2，3）处的导数为：{0}, {1}, {2}".format
10      (x.grad, y.grad, z.grad))
```

【运行结果】

在（1，2，3）处的导数为：8.0, 7.0, 27.0

【代码分析】

从输出的结果可以看出，PyTorch 计算出来的导数（梯度）和我们手工算出来的是一致的。这里需要说明的是，只有浮点型张量才有"资格"求梯度，因此在第 02~04 行，我们除了要设置 requires_grad=True，还应把张量设置为浮点数，这就是我们把 1、2、3 分别写作 1.0、2.0、3.0 的原因，这样 torch.tensor()就会自动把这些张量设置为浮点数。在创建张量时，如果需要计算该张量的梯度，需要显式指定 requires_grad 为 True（其默认值为 False）。

第 06 行，构建需要求梯度的函数。第 07 行，通过 backward()反向传播来计算梯度。虽然，本例并没有计算损失函数，但是其作为计算框架的"流程固化性"，是计算梯度的必备步骤。

第 09~10 行实际上是一行代码，通过各个张量的 tensor.grad 属性分别提取各自的梯度，这里的 tensor 是各个张量名的代称。

从上面的范例可以看出，利用 PyTorch 求解梯度，过程显得有些烦琐。的确如此，事实上，这并不是 PyTorch 的错，PyTorch 是为张量服务的。如前面所述，张量是一批类型相同的数据集合。在【范例 3-4】中，所谓的张量（第 02~04 行代码）就是一个"孤零零"的标量，自然就不能发挥 PyTorch 的批量作战优势。

3.8　优化算法的分类

在神经网络学习中，优化器对寻找神经网络最优解非常重要。但由于很多深度学习框架（如 TensorFlow 或 PyTorch 等）已非常专业地实现了这些优化器的功能，对普通用户而言，没有必要"重复造轮子"，但了解其中的基本原理还是有必要的。

3.8.1　优化算法的派系

优化算法主要分为两大阵营：梯度下降法和牛顿法。梯度下降法目前主要分为三种：批量梯度下降法（Batch Gradient Descent，BGD）、随机梯度下降法（Stochastic Gradient Descent，SGD）及小批量梯度下降法（Mini-Batch Gradient Descent，MGD）。它们之间的区别在于，每次参数更新时计算的样本数据量不同。

批量梯度下降法是梯度下降法最原始的形式，它的具体思路是在更新每个参数时都使用所有的样本来进行更新。由于批量梯度下降法在更新每一个参数时都需要用到所有的训练样本，所以训练过程会随着样本数量的增加而变得异常缓慢。

随机梯度下降法正是为了解决批量梯度下降法这一弊端而被提出的。简单来说，SGD 通过"一样本，一更新"来迭代更新一次网络权值。SGD 伴随的一个问题是噪声较 BGD 多，对噪声数据很敏感，因此不是每次迭代都向着整体最优化方向。

"中庸之道"是一个常用的方法论。既然 SGD 和 BGD 各自均有优缺点，那么能不能在两种方法之间取一个折中呢？这正是小批量梯度下降法的初衷。小批量梯度下降法既能保证训练的速度，又能保证最后算法比较可靠地收敛。正是由于小批量梯度下降法的性能稳定，目前 TensorFlow 和 PyTorch 等深度学习框架所用的随机梯度下降法实际上是小批量梯度下降法，MGD 反倒成了随机梯度下降法的化身。

由于这些基础算法存在一些性能上的挑战，因此有很多学者在此基础上做了进一步的优化，提出如动量优化法（Momentum）、AdaGrad、AdaDelta、RMSProp 和 Adam 等优化算法。

另外一个算法阵营基于牛顿法（Newton Methon）。为了改善牛顿法在数值计算（如病态 Hessian 矩阵）上的不稳定性，通常使用它的近似版本——拟牛顿法（Quasi-Newton Method）。基于拟牛顿法派生出了 DFP、BFGS 和 L-BFGS 等算法。优化算法的派系图如图 3-18 所示。

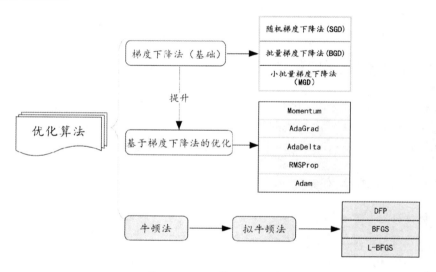

图 3-18　优化算法的派系图

相比梯度下降法，牛顿法的确收敛速度更快，但付出了更高的计算成本。在每次迭代过程中，牛顿法除了要计算一阶梯度（这个与梯度下降法是一致的），还要计算 Hessian 矩阵（二阶梯度）和 Hessian 矩阵的逆矩阵。若 Hessian 矩阵不是正定矩阵（不可逆），则牛顿法会失效。

由于牛顿法计算 Hessian 矩阵的成本太高，因此就用各种方法来替代 Hessian 矩阵，这就是各种类型的拟牛顿法，如 DFP、BFGS、L-BFGS 等，各种拟牛顿法都有不同的应用场景，读者可查阅相关文献，以获得更多相关知识。

3.8.2 优化算法面临的挑战

不论是随机梯度下降法、批量梯度下降法，还是二者的混合体小批量梯度下降法，基于梯度下降的算法都面临一些挑战，主要表现在如下三个方面[12]。

1．梯度弥散

在讲神经网络的优化算法时，我们不可避免地要讲到 BP（反向传播）算法，而讲到 BP 算法，又绕不开梯度弥散。

在数理层面，梯度弥散的发生，源自反向传导方式，其背后的数学本质是链式求导法则，也就是说，计算每层梯度时，要涉及一些连乘操作。特别是当激活函数是 Sigmoid 或 Tanh 函数时，这些函数的梯度很容易饱和。所谓的饱和是指函数在趋近于边界时梯度通常会比较小，趋近于 0。

当网络层数较深时，如果梯度较小，那么连乘后的结果可能趋于 0，这就是梯度弥散的数学基础。一旦发生了梯度弥散现象，根据梯度来调节网络参数的行为，便成了无根之萍，没有了方向。

举一个直观的例子，由于神经网络中采用的激活函数是 Sigmoid 函数，其导数值域锁定在[0，1/4]范围之内。故此，每一层反向传播过程，梯度都会以前一层 1/4 的速度递减。反向传播三层，梯度将递减至$(1/4)^3 = 1/64$，以此类推。可以想象，随着传递时间的不断增加，梯度会呈指数级递减，直至消失。

2．合适的学习率很难找

若学习率 η 太小，则算法的收敛速度缓慢，甚至产生算法早停现象；而学习速度太快，算法就会显得"囫囵吞枣"，权值更新波动较大，可能错过最优解，也妨碍算法的收敛。

针对学习率 η 的调整问题，目前较为常用的方法是，在训练过程中动态调整学习率的大小，该方法被称为学习率衰减（Learning Rate Decay）。例如，采用模拟退火算法：预先定义一个迭代次数 m，当执行完 m 次训练后，便逐渐减小学习率（如分段常数衰减），或当损失函数的值小于一个给定阈值 t 后，减小学习率。但迭代次数 m 和阈值 t 都属于超参数，需要凭借经验不断试错获得，换句话说，并没有普适的指定学习率的方法。

3．鞍点比局部最优更可怕

研究表明，深层神经网络之所以比较难训练，其最大的问题可能并不在于容易陷入局部最优（优化方程的局部最大或最小）的假象。相反，由于网络结构非常复杂，在绝大多数情况下，如果能够找到局部最优解，并且在这种情况下还能获得不错的性能，这样的局部最优解也是能接受的[①]。

深度学习网络之所以难训练，是因为在学习过程中优化方程可能困在马鞍面上，即一部分点的梯度是微升的，另一部分点的梯度是微降的（见图 3-19）。在这样的区域中，很多点的梯度值都几乎趋近于 0（这些点称为鞍点），这使得以梯度下降为向导的权值更新策略毫无前进的方向感。

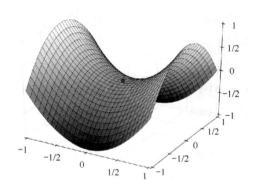

图 3-19　优化方程中的马鞍面

3.9　本章小结

在本章中，基于循序渐进的原则，我们首先回顾了神经网络的基本原理。它是后续学习图神经网络的基础。通过本章的学习可以知道，机器学习的本质，就是找到一个好用的函数，尽可能地拟合输入和输出的映射，这种输入和输出的映射，抽象到数学层面就是一种函数。

而根据神经网络第一性原理可知，在理论上可以确保神经网络能拟合出任何函数，这奠定了它的理论可行性。神经网络的最简单模型就是感知机。由于感知机的层数有限，因此函数表达能力（也就是拟合能力）有限。为了增强表达能力，就需要增加神经网络的层数，这就是深度学习的开端。

为了增强神经网络的表达能力，非线性激活函数是不可缺少的。否则，无论堆叠多少层神经网络，基于"线性的组合归根结底还是线性的"这一朴实数学原理，神经网络还是会"蜕变"为一层神经网络。而非线性激活函数的加入，增加了很多非线性拟合元素，让神经网络的拟合能力大大增强。

神经网络之所以强有力，是因为它能"学习"。这种学习能力就体现在它的网络权值参数调整上。在参数调整上，有两个问题需要注意。

第一个问题是调整参数的驱动力来自哪里。答案是损失函数（或称代价函数）。损失函数是衡量预期值和实际值差距的函数，它描述的差值就如同水流动的压力差，因此恰到好处地定义损失函数非常重要。

第二个问题是如何找到最优的网络参数。神经网络第一性原理保证了网络参数的最优解是存在的，那么如何快速找到这个最优解也是非常重要的，这就涉及神经网络的优化算法。常见的优化算法多是基于梯度下降的，如批量梯度下降法（BGD）、随机梯度下降法（SGD）及小批量梯度下降法（MGD）。它们之间的区别在于，每次参数更新时计算的样本数据量不同。

参考资料

[1] HEBB D O.The organization of behavior：a neuropsychological theory[M]. London, United Kingdom: Psychology Press，2005.

[2] 吴军. 计算之魂[M]. 北京：人民邮电出版社，2021.

[3] CYBENKO G. Approximation by superpositions of a sigmoidal function[J]. Mathematics of control，signals and systems，1989，2(4)：303-314.

[4] 张玉宏. 人工智能极简入门[M]. 北京：清华大学出版社，2021.

[5] 邱锡鹏. 神经网络与深度学习[M]. 北京：机械工业出版社，2020.

[6] 李航. 统计学习方法[M]. 2 版. 北京：清华大学出版社，2019.

[7] NOBLE W S. What is a support vector machine [J]. Nature biotechnology，2006，24(12)：1565-1567.

[8] 特伦斯·谢诺夫斯基.深度学习：智能时代的核心驱动力量[M]. 姜悦兵，译. 北京：中信出版社，2019.

[9] 张玉宏. 深度学习与 TensorFlow 实践[M]. 北京：电子工业出版社，2021.

[10] NAIR V, HINTON G E. Rectified linear units improve restricted Boltzmann machines[C]// Proceedings of the 27th international conference on machine learning

(ICML-10). Madison, WI, United states, 2010:807-814.

[11] ROBERT C. Machine learning，a probabilistic perspective[M]. Oxfordshire: Taylor & Francis，2014.

[12] 张玉宏. 深度学习之美：AI 时代的数据处理与最佳实践[M]. 北京：电子工业出版社，2018.

第 4 章
深度学习基础

图神经网络在某种程度上就是图上的深度学习（Deep Learning on Graphs），因此深度学习是图神经网络的基础支撑。卷积神经网络是一种前馈人工神经网络，是典型的深度学习网络之一。它在图像识别、语音识别等领域有很多成功的应用案例。在本章，我们将首先讲解卷积的含义，然后介绍卷积神经网络的整体结构，这为后续章节提供了理论基础。

目前大多数神经网络是生物网络的简化形式，在应对海量数据和处理复杂任务时显得力不从心[1]。因此，神经网络的发展并非一帆风顺，而是经历了几起几落。其中"落"就是因为它存在若干"先天性缺陷"：

（1）当网络中具有多个隐含层时，全连接就会产生组合爆炸问题。过多的网络参数一方面会导致整个神经网络的训练效率非常低，同时也很容易出现过拟合，因此早期的神经网络"定格"在7层以内。

（2）基于反向传播（BP）算法的神经网络无法有效支撑更深层次的神经网络。究其原因，是因为BP算法存在严重的"梯度扩散（Gradient Diffusion）"现象。梯度是调整整个网络权值的向导，梯度一旦消失，对网络权值训练就没有任何指导意义了。

4.1　深度学习时代的兴起

受到神经网络自身缺陷的限制，对深层神经网络的研究曾几度陷入停滞。直到2006年，杰弗里·辛顿（Geoffrey Hinton）在《科学》杂志上提出了深度信念网（Deep Belief Network, DBN）——一种面向复杂的通用学习任务的深层神经网络[2]，DBN是具有大量隐含层的网络，且具有优异的特征学习能力。至此，深度学习的号角才被重新吹起。在深度学习中，最典型的网络结构莫过于卷积神经网络。卷积神经网络最显著的特征就是"卷积"，但何为"卷积"呢？

我们知道，所谓动物的"高级"特性，其表象体现在行为方式上，而更深层的，会体现在大脑皮层的进化上。1968年，神经生物学家大卫·亨特·休伯尔（David Hunter Hubel）与托斯坦·威泽尔（Torsten N. Wiesel）在研究动物（先后以猫和猴子为实验对象）的视觉信息处理原理时，有两个重要而有趣的发现。

（1）对于视觉的编码，动物大脑皮层的神经元实际上是存在局部感受域的，具体来说，它们是局部敏感且具有方向选择性的。

（2）动物大脑皮层是分级、分层处理信息的。在大脑的初级视觉皮层中存在几种细胞，即简单细胞（Simple Cell）、复杂细胞（Complex Cell）和超复杂细胞（Hyper-Complex Cell），这些不同类型的细胞承担着不同抽象层次的视觉感知功能。

正是因为这个重要的生物学发现，休伯尔与威泽尔二人获得了1981年的诺贝尔医学奖。而这个科学发现的意义，并不局限于生物学，它也间接促成了人工智能在几十年后的突破性发展。

受休伯尔等人在脑科学方面研究的启发，1980年，日本学者福岛邦彦（Fukushima

提出了神经认知机（Neocognitron，也译为新识别机）模型，这是一个使用无监督学习训练的神经网络模型，也是卷积神经网络的雏形。福岛邦彦在设计计算机识别图像算法时，先通过"感受野（Receptive Field）"[①]识别局部信息，然后加工成特征图谱供下一层神经网络使用。对于局部区块信息的加工，需要一个专门的算子，称为卷积核（后面会详细讨论）。

人们研究发现，全连接前馈神经网络的"全连接"在很多时候可能是毫无必要的。

20 世纪 90 年代，在 AT&T 贝尔实验室工作的杨立昆（Yann LeCun）等人，把有监督的 BP 算法应用于福岛邦彦等人提出的架构上，提出了 LeNet（见图 4-1），从而奠定了现代 CNN 结构的基础[3]。基于卷积神经网络的工作原理，在手写邮政编码的识别问题上，杨立昆等人把识别错误率降低到 5% 左右，达到实用水平。相对成熟的理论加之成功的应用案例，卷积神经网络受到了学术界和产业界的广泛关注。

① 感受野（Receptive Field），指的是神经网络中神经元"看到"的输入区域。

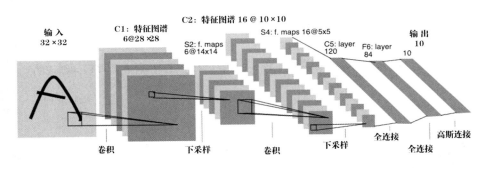

图 4-1　LeNet 的网络架构

2006 年，杰弗里·辛顿提出了"深度信念网络（Deep Belief Network，DBN）"的概念[2]，并给出了以下两个重要结论。

（1）具有多个隐含层的人工神经网络，具有更优秀的特征学习能力。每一层特征的抽取都比前一层抽象，也比前一层高级，从而学习得到的特征能对数据进行更好的刻画。深度学习的分层预训练在本质上就是对输入数据进行逐级抽象，这符合生物大脑的认知过程。大脑在认知过程中，会将听到的声波信号或看到的视觉图像逐层抽象，最终抽象成语义符号。

（2）通过逐层初始化的"逐层预训练（Layer-Wise Pre-Training）"来克服训练上的困难，从而可以方便地找到一个接近最优解的连接权值初始值[②]，然后通过"微调"（Fine-Tuning）技术来对整个网络进行优化训练。这样就大幅减少了训练多层神经网络所需的时间。

② 预训练实际上为神经网络找了一个较好的连接权值初始值。"良好的开端是成功的一半"，这句话也适用于神经网络。

自此，杰弗里·辛顿打开了一片新天地，创造了联结主义（人工神经网络）的新未来。于是，深度学习的相关研究，如雨后春笋一般不断涌现。

4.2　卷积神经网络

深度学习之所以能吸引众多人关注，是因为它在众多领域有傲人的战绩。在这众多领域中，计算机视觉（图像或视频等）无疑是最引人注目的。在图像处理领域，深度卷积网络则是"股肱之臣"，一度所向披靡，下面我们简要介绍。

4.2.1　卷积神经网络的整体结构

首先，我们先在宏观层面认识卷积神经网络中的重要结构，如图 4-2 所示。在不考虑输入层的情况下，一个典型的卷积神经网络通常由若干个卷积层（Convolutional Layer）、激活层（Activation Layer）、汇聚层（Pooling Layer，亦译作池化层）及全连接层（Fully Connected Layer）组成。下面先给出简单的介绍，后文会进行详细说明。

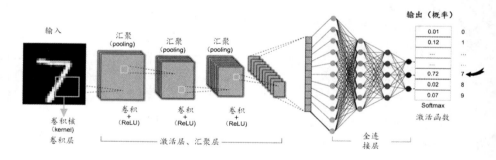

图 4-2　卷积神经网络中的重要结构

（1）卷积层：卷积神经网络的核心所在。在该层中，通过运用卷积核可实现"局部感知"和"参数共享"这两个设计理念，以达到两个重要的目的，即对高维输入数据实施降维处理和实现自动提取原始数据的核心特征。

（2）激活层：通过激活函数引入非线性变换，从而提高整个神经网络的表征能力。在 CNN 中，常用 ReLU 作为激活函数[①]。

（3）汇聚层：其作用是对输入数据进行下采样，简单来说，采样就意味着减小数据规模。

① 激活函数不是指让这个函数去激活什么，而是指如何把"激活的神经元特征"通过函数保留并映射出来，这是神经网络能解决非线性问题的关键。使用合适的激活函数能够显著提升神经网络对训练数据的拟合能力。

（4）全连接层：相当于多层感知机（Multi-Layer Perceptron，MLP），在整个卷积神经网络中起到分类器的作用。通过前面"卷积层→激活层→汇聚层"的反复处理，待处理的数据特性已有了显著改善：一方面，输入数据的维度已下降到可用传统的全连接前馈神经网络来处理了；另一方面，此时的全连接层的输入数据已不再是"泥沙俱下，鱼龙混杂"，而是经过反复提纯的结果，因此输出的分类品质要高得多。

事实上，我们还可以根据不同的业务需求，构建出不同拓扑结构的卷积神经网络。也就是说，可以先由 m 个（m≥1）卷积层和激活层叠加，然后（可选）进行一次汇聚操作，重复这个结构 n 次，最后叠加k个全连接层。

通过前面的层层堆叠，将输入层导入的原始数据逐层抽象，形成高层语义信息，送到全连接层进行分类，该过程称为前馈传播（Feed-Forward）。最终，全连接层将其目标任务（分类、回归等）形式化，表达为目标函数（或称损失函数）。

通过计算输出值和预期值之间的差异，得到误差或损失（Loss），然后通过 BP 算法，将误差逐层后向反馈（Back-Forward），从而更新网络连接的权值。经过多次这样的前馈计算和反馈更新，直到模型收敛（误差小于给定值）。如此这般，一个卷积神经网络模型就训练完成了。

4.2.2　神经网络中"层"的本质

如前所述，深度神经网络的核心观念就是"层"。"层"这个概念，其实并没有我们想象中那么复杂，它就是对数据实施的某种变换或加工。因此，在某种程度上，我们可以把神经网络层理解为数据过滤器。数据从输入端进来，经过转换，以另一种更有用的形式输出，这个过程叫作数据蒸馏（Data Distillation）[5]。通过层层的数据提炼和蒸馏，最后到了输出层，得到我们想要的结果。如果没有得到我们想要的结果（存在误差），就要优化算法进行调参。

因此，在本质上，深度学习所做的工作，就好像把一个乱糟糟的纸团（好比高维、混杂的数据），通过一层层地展开操作（好比神经网络的各个不同层次），展开为一张勉强可用的纸张（好比简单易懂的数据结论，如分类、回归预测等）的过程[5]。将复杂高维数据展平的隐喻如图 4-3 所示。

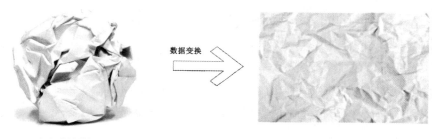

（a）高维数据   （b）低维数据

图 4-3　将复杂高维数据展平的隐喻

下面我们重点说明卷积神经网络中几个层的设计理念。

4.3　可圈可点的卷积层

在本质上，离散卷积就是一个线性运算。因此，这样的卷积操作也被称为线性滤波。这里的线性是指，我们用每个数据邻域的线性组合来代替这个数据。也就是说，卷积就是通过卷积核（一个包含权值的小矩阵）来突出数据的局部相关性，从而强化我们感兴趣的特征，以便后续步骤提取这些特征。

4.3.1　卷积核

在图像处理领域中，参与卷积的两个对象都是离散的二维矩阵。在卷积神经网络中，通常利用一个局部区域（在数学描述上就是一个小矩阵）去扫描整个图像（实际就是将小矩阵与扫描到的区域进行按位相乘相加，相当于加权求和），在这个局部区域的作用下，图像中的所有像素点会被线性变换组合，形成下一层的神经元节点。这个局部区域很关键，故被称为卷积核（Kernel）。

简单来说，卷积层的目的就是抽取原有数据中不易被察觉的特征。在图 4-4 所示的二维卷积中，为了便于读者理解，图像数据矩阵的像素值分别用如 w_1、w_2、w_3 和 w_4 这样的变量代替，卷积核是一个 2×2 的小矩阵，图 4-4 中的 "*" 表示卷积运算。需要注意的是，在其他场合，这个小矩阵也被称为滤波器（Filter）或特征检测器（Feature Detector）。若将卷积核分别应用到输入的图像数据矩阵上，按照从左到右、从上到下的顺序分别执行卷积（内乘）运算，则可以得到这个图像的特征图谱。

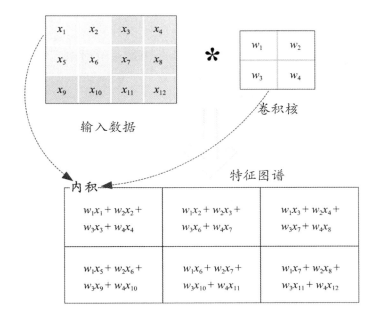

图 4-4　二维卷积

在前面的章节中，我们学习了感知机模型，它的形式化定义如下。

$$S = w_1x_1 + w_2x_2 + \cdots + w_nx_n \tag{4.1}$$

再对比图 4-4 中所示的卷积过程，它完全类似于感知机模型的信息汇集过程。例如，第一个卷积过程是这样的：

$$S_1 = w_1x_1 + w_2x_2 + w_3x_3 + w_4x_4 \tag{4.2}$$

因此，我们可以得出一个简单的结论，在 CNN 中，在加权汇集信息层面，一个卷积核本质上就是一个神经元[①]，它和普通的感知机可谓是殊途同归。

但二者也是有明显区别的，主要体现在以下两个方面：

（1）在感知机模型中，所有的信息（从 x_1 到 x_n）都参与了内积运算，而 CNN 中的信息源，仅仅是和卷积核等大的区域参与了内积运算，这其实就是 CNN 的重要特征之一——局部连接；

（2）在感知机模型中，每个信息源（从 x_1 到 x_n）配备的权值（从 w_1 到 w_n）各不相同，而在 CNN 中的卷积，流动的是信息（如图像的局部区域），不变的是权值（在卷积核滑动过程中，$w_1 \sim w_4$ 始终不变），这就是 CNN 的另外一个特征——权值共享。

① 在工程实践中，每个卷积运算过程中的每个卷积核的确也配有偏置参数。这样一来，感知机模型和卷积运算在形式化描述上更趋于一致。

4.3.2　卷积核的工作机理

下面我们来具体看看二维卷积是如何工作的。在图 4-5 所示的二维卷积过程中，输入是高度为 3、宽度为 3 的二维张量（形状为 3×3）。卷积核的高度和宽度都是 2，卷积核窗口的尺寸由核的高度和宽度决定(2×2)。

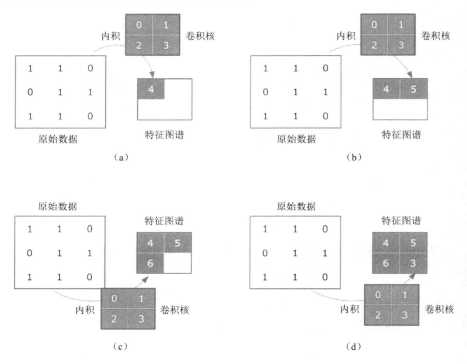

图 4-5　二维卷积过程

在卷积运算中，卷积窗口从输入张量的左上角开始，从左到右、从上到下滑动。当卷积窗口滑动到一个新位置时，包含在该窗口中的部分张量与卷积核张量进行按元素相乘，得到的张量再求和（实施内积操作），由此我们得出这一位置的输出张量。在图 4-5 中，输出张量（也称为特征图谱）的四个元素可以通过如下方式计算得到。

$$1×0+1×1+0×2+1×3=4$$
$$1×0+0×1+1×2+1×3=5$$
$$0×0+1×1+1×2+1×3=6 \quad (4.3)$$
$$1×0+1×1+1×2+0×3=3$$

特征图谱的尺寸等于输入数据尺寸 $n_h×n_w$ 减去卷积核尺寸 $k_h×k_w$，即：

$$\underbrace{(n_h-k_h+1)}_{\text{特征图谱的高度}}×\underbrace{(n_w-k_w+1)}_{\text{特征图谱的宽度}} \quad (4.4)$$

我们需要足够的空间让卷积核在输入数据上"滑动"。此外，我们还可以通过在图像边界周围填充（Padding）零来保证有足够的空间移动卷积核，从而保持输出大小不变，即 same 模式卷积。接下来，在【范例 4-1】中我们在 cov2d 函数里实现上述过程，该函数接收输入张量 **X** 和卷积核张量 **K**，并返回张量 **Y**。

【范例 4-1】二维卷积过程（conv2d.py）

```
01   import numpy as np
02   def conv2d(X, K):
03       h, w = K.shape
04       Y = np.zeros((X.shape[0] - h + 1, X.shape[1] - w + 1))
05       for i in range(Y.shape[0]):
06           for j in range(Y.shape[1]):
07               Y[i, j] = X[i:i + h, j:j + w].flatten()  @ K.flatten()
08       return Y
09
10   X = np.array([[1.0, 1.0, 0.0],
11                 [0.0, 1.0, 1.0],
12                 [1.0, 1.0, 0.0]])
13   K = np.array([[0.0, 1.0],
14                 [2.0, 3.0]])
15
16   print(conv2d(X, K))
```

【运行结果】

```
[[4. 5.]
 [6. 3.]]
```

在代码第 07 行，flatten( ) 方法用于将二维数组展平，操作符"@"用于执行内积操作，即对应元素相乘并求和。需要说明的是，在本例中卷积核（代码第 13 和第 14 行）是我们自己提供的，而在卷积神经网络中，它作为关键的权值参数，是由神经网络自己学习得到的。人为能确定的就是卷积核的个数及每个核的尺寸（这都是超参数）。

4.3.3　多通道卷积

前面介绍的是单通道的卷积，实际上很容易将其扩展到多通道卷积，其过程可以看作一个多通道的卷积核在输入数据上滑动。需要特别说明的是，虽然出于深度考虑使卷积核看起来是多通道的，但此时输入数据（原始信号）和卷积核有相同的深度，也就是说，卷积核被限制在高和宽两个方向滑动，在深度方向没有自由度，这也是这种操

① 在深度学习中，的确有三维卷积 Conv3D，这种情况通常发生在视频处理当中，此时卷积核的深度小于视频数据的通道深度，也就是说，卷积核在深度方向有自由度，可以在深度方向进行滑动。

作被很多深度学习计算框架称为 Conv2D 的原因①。例如，在图 4-6 所示的多通道卷积中，每个卷积核在深度方向和输入通道是保持一致的，都是 3。由于用了两个卷积核来提取两类特征，因此输出特征图谱的通道数为 2。

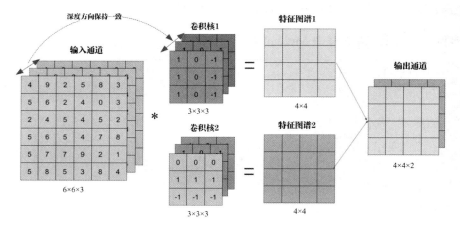

图 4-6　多通道卷积

当深度方向无法改变时，二维卷积只有在水平和垂直方向能滑动，这和单通道的卷积操作基本一致。每滑动一个位置，通过张量的内积运算得到一个特征图谱上对应位置的值，进而得到一个单通道的输出[6]。不同于单通道的卷积，多通道的卷积是如何将多个通道的输出"融合"在一起的呢？

图 4-7 所示为含两个输入通道的二维卷积计算。为简单起见，我们只用了一个卷积核，但卷积核的通道数在深度方向要和输入通道保持一致，均为 2。在每个通道上，二维输入数组与二维卷积核数组做卷积运算，然后再按通道简单相加即得到输出②。

② 实际上，多个通道的卷积结果在汇总时，每个通道的计算结果可以有不同的权值。

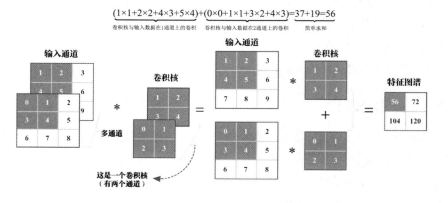

图 4-7　含两个输入通道的二维卷积计算

4.3.4　用 PyTorch 实现特定卷积

　　下面我们用 PyTorch 计算框架来实现卷积过程（本程序需要的 PyTorch 环境请读者自行配置），卷积过程中使用两个卷积核，一个是人为指定的检测图像边缘的卷积核，一个是由计算框架自行设定、后期学习而得的卷积核。卷积前后的可视化图如图 4-8 所示。

【范例 4-2】PyTorch 中的卷积核（kernel.py）

```
01  import matplotlib.pyplot as plt
02  import cv2
03  import torch
04  import torch.nn as nn
05  image = cv2.imread('Lenna.jpeg', cv2.IMREAD_GRAYSCALE) #读取灰度图
06  image_height, image_width = image.shape
07  #将图片转换为张量，并变形为[batch, channel, weight, height]样式
08  image_tensor = torch.from_numpy(image.reshape([1, 1,
09                                  image_height,
10                                  image_width]))
11  image_tensor = image_tensor.float()
12  #定义边缘检测卷积核
13  edge_detect_kernel = torch.tensor([[[-1,-1,-1],
14                                      [-1,8,-1],
15                                      [-1,-1,-1]],
16                                      dtype = torch.float)
17  #将卷积核更改为[batch, channel, width, height]样式
18  edge_detect_kernel = edge_detect_kernel.reshape([1, 1, 3, 3])
19  #定义卷积核，输入通道为 1，输出通道为 2
20  conv2d = nn.Conv2d(in_channels = 1,
21                     out_channels = 2,
22                     kernel_size= (3, 3),
23                     bias = False)
24  #指定第一个卷积核的权值
25  conv2d.weight.data[0] = edge_detect_kernel
26  #实施卷积
27  conv_out_data = conv2d(image_tensor)
28  #降维
29  conv_out_data_im = conv_out_data.squeeze()
30  #显示原图和两个通过卷积操作得来的特征图谱
31  fig, (ax_orig, ax_cov1, ax_cov2) = plt.subplots(1, 3, figsize=(15, 10))
32  plt.rcParams['font.sans-serif'] = ['SimHei']
33  ax_orig.imshow(image, cmap='gray')
34  ax_orig.set_title('原始图')
35  ax_orig.set_axis_off()
```

```
36
37  ax_cov1.imshow(conv_out_data_im[0].detach().numpy(), cmap = plt.cm.gray)
38  ax_cov1.set_title('边缘检测图')
39  ax_cov1.set_axis_off()
40
41  ax_cov2.imshow(conv_out_data_im[1].detach().numpy(), cmap = plt.cm.gray)
42  ax_cov2.set_title('随机卷积图')
43  ax_cov2.set_axis_off()
44
45  plt.show()
```

【运行结果】

(a)原始图   (b)边缘检测图   (c)随机卷积图

图 4-8　卷积前后的可视化图

【代码分析】

在代码的第 13~16 行，我们设定了一个用于边缘检测的卷积核。在代码的第 21 行，输出通道设置为 2，表明需要两个卷积核，这是因为，卷积核的数量和输出通道数是相同的。在代码的第 25 行，指明其中一个卷积核为我们在代码的第 13~16 行设定的边缘检测卷积核。第二个卷积核我们并没有设置，它是由系统用随机数填充的，因此每次运行时，卷积的结果都有可能是不同的。事实上，这两个卷积核都应该是神经网络自己学习出来的。

需要特别注意的是，在卷积时，需要将原始图和卷积核都转换为四维结构：[batch, channel, width, height]。batch 表示用于卷积的图片数量，channel 表示图片的通道数，width 为图片的宽度，height 为图片的高度。由于在本例中只有一张图片且为灰度图（我们在代码的第 05 行以灰度图的方式读取图片），因此 batch 和 channel 均为 1（参见代码的第 08 行和第 18 行）。

4.3.5　卷积层的 4 个核心参数

下面再来谈谈决定卷积层（ConvNet）空间排列的 4 个核心参数，分别是：卷积核的大小、特征图谱的深度、步幅及填充。

4.3.5.1　卷积核的大小

卷积神经网络最核心的创新之一，就是用"局部连接（Local Connectivity）"来代替全连接。局部连接也称局部感知或稀疏连接，它是通过前层网络和卷积核实施"卷积"操作来实现的。

我们以 CIFAR-10 图像集为输入数据，探究局部连接的工作原理。在卷积神经网络中，具体到每层神经元网络，其在宽度（Width）、高度（Height）和深度（Depth）三个维度上均分布着神经元。需要注意的是，这里的"深度"并不是整个卷积网络的深度（层数），而是在单层网络中神经元分布的三个通道。因此，Width×Height×Depth 就是单层网络神经元的总个数。

每一幅 CIFAR-10 图像都是 32×32×3 的 RGB 图（分别代表长度、宽度和高度，此处的高度就是色彩通道数）。也就是说，在设计输入层时，共有 32×32×3=3 072 个神经元。

对于隐含层的某个神经元，如果还按全连接前馈神经网络中的设计模式，它不得不和前一层的所有神经元（3 072）都保持连接，也就是说，每个隐含层的神经元需要有 3 072 个权值。如果隐含层的神经元也比较多，那整个网络的权值总数是巨大的。

但现在不同了。通过局部连接，对于卷积神经网络而言，隐含层的某个神经元仅仅需要与前一层的部分区域相连接。这个局部连接区域有一个特别的名称叫"感受野（Receptive Filed）"[1]，其大小等同于卷积核的大小（比如 4×4×4[2]）。局部连接示意图如图 4-9 所示。

① 在神经科学中，一个神经元所支配的刺激区域就叫作神经元的感受野。在深度神经网络中，感受野用来表示网络内部不同位置的神经元对原图像感受范围的大小。

② 其中 4×4 是卷积核的大小，4 是输入层的通道数。只有第一层感受野和卷积核的大小相等，后续的网络层感受野才会被逐层放大。

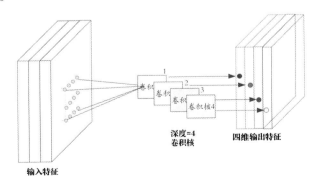

图 4-9　局部连接示意图

对于隐含层的某一个神经元，它的前向连接数由全连接的 32×32×3 个减少到局部连接的 4×4×4 个[①]。连接的数量要比原来少很多。因此，局部连接也被称为"稀疏连接（Sparse Connectivity）"。

需要注意的是，这里的稀疏是相对原始图像的高度和宽度（32×32）而言的。其中，卷积核通常是 3×3 或 4×4 这样的方阵。

4.3.5.2　特征图谱的深度

卷积核是用于提取特征的，提取的特征图谱是用于输出的。输出特征图谱（Feature Map）的深度（Deep）对应的是卷积核的个数，有时候也称为输出通道数。这是因为，每个卷积核都只能提取输入数据的部分特征。显然，在大部分场景下，单个卷积核提取的特征是不充分的。这时，我们可以通过添加卷积核来提取多个维度的特征。通过卷积，每一个卷积核都会得到一个原始输入数据的特征图谱。这样一来，有多少个卷积核，就对应多少个输出通道（每个通道对应一个特征图谱）。

每个卷积核提取的特征都有各自的侧重点。因此，通常来说，多个卷积核的叠加效果要比单个卷积核的分类效果好得多。例如，在 2012 年的 ImageNet 竞赛中，Hinton 和他的学生 Krizhevsky 构造了第一个"大型的深度卷积神经网络"，即现在众所周知的 AlexNet[7]，它是第一个深度卷积神经网络应用，它使用了 96 个卷积核。可以说，自从那时起，深度卷积神经网络一战成名。

4.3.5.3　步幅

步幅（Stride）指的是在输入矩阵上滑动卷积核的像素单元个数。设步幅大小为 S，当 S 为 1 时，卷积核每次滑动 1 个像素单位。例如，在图 4-10（a）中，以一维数据为例，当卷积核为（1，0，−1）时，步幅为 1，卷积层（特征图谱）中第一个值"−2"是这么计算出来的：$0×1+1×0+2×(−1)=−2$。当卷积核向右滑动 1 个单位后，卷积层（特征图谱）中第二个值"2"的计算过程为：$1×1+2×0+(−1)×(−1)=2$。后面的计算过程与此类似，此处不再赘述。

当 S 为 2 时，卷积核每次移动 2 个像素。还以前面所述的一维数据为例，当卷积核为（1，0，−1），步幅为 2 时，卷积层（特征图谱）如图 4-10（b）所示。从这两幅图可以看出，S 越大，得到的特征图谱将会越小：图 4-10（a）中有 5 个特征值，而图 4-10（b）仅有 3 个特征值。

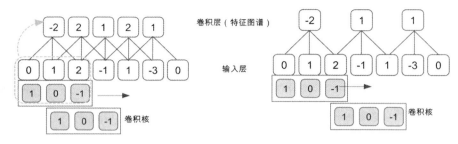

（a）步幅 $S=1$，卷积层神经元分布　　　（b）步幅 $S=2$，卷积层神经元分布

图 4-10　当步幅为 1 和 2 时，卷积层的神经元分布

4.3.5.4 填充

在有些场景下，卷积核的大小并不一定刚好被输入数据的维度所整除[①]。因此，就会出现卷积核不能完全覆盖边界元素的情况，这时部分边界元素将无法参与卷积运算。

那么，该如何处理这类情况呢？处理方式通常有两种。

（1）第一种处理方式叫"有效填充（Valid Padding）"。在这种策略下，直接忽略无法计算的边界元素，实际上就是会 padding = 0，不填充。在步幅 $S=1$ 时，图像的输入和输出维度关系如式(4.5)所示。

$$H_{out} = H_{in} - H_{kernel} + 1$$
$$W_{out} = W_{in} - W_{kernel} + 1 \tag{4.5}$$

式中，H_{in} 和 H_{out} 分别表示图像的输入和输出高度（Height）；H_{kernel} 表示卷积核的高度；W_{in} 和 W_{out} 分别表示图像的输入和输出宽度（Width），W_{kernel} 表示卷积核的宽度。

比如，对于一个 800×600 像素的图片，我们用 3×3 的卷积核来处理，利用式(4.5)很容易就能计算出卷积核可以有效处理的图片范围为 798×598。也就是说，原图的上下左右均减少一个像素点。

在有效填充中，每次卷积核所处理的图像的确都是"有效的"，但原图也被迫做了裁剪——变小了。这种策略犹如削足适履，所以还有第二种常用的填充方式。

（2）第二种处理方式叫"等大填充（Same Padding）"。在这种处理方式下，输入数据的周围会填充若干圈"合适的值"，使得输入数据的大小刚好和卷积核大小匹配（可以整除）。这样一来，输入数据中的每个像素都可以参与卷积运算，从而保证输出图片的大小与原图保持一致（这也是"Same Padding"名称的由来）。

这里所说的"合适的值"有两类。第一类是最邻近边缘的像素值，即就近取材，重

① 与是否整除相比，使用填充更重要的好处在于，它可使卷积前后的图像尺寸保持相同，可以保持边界的信息。换句话说，如果没有填充策略，边界元素与卷积核卷积的次数，可能会少于非边界元素。

复利用，或者认为图片是无限循环的，用镜像翻转图片作为填充值。第二类更简单，直接填充 0，称为零值填充（Zero-Padding）。这样的填充，相当于对输入图像矩阵的边缘进行了一次滤波。事实上，零值填充通常应用更为广泛。使用零值填充的卷积也叫泛积（Wide Convolution），不使用零值填充的卷积，叫作严格卷积（Narrow Convolution）。

下面举例说明。假设步幅 S 的大小为 2，为了简单起见，我们假设输入数据为一维数据 $[0, 1, 2, -1, 1, -3]$，卷积核也是一维数据 $[1, 0, -1]$。在滑动两次后，经过三次滑动，输入层边界多余一个 "-3"，如图 4-11（a）所示。此时，便可以在输入层填入额外的元素 0，使得输入数据变成 $[0, 1, 2, -1, 1, -3, 0]$，这样一来，经过三次滑动，所有数据都能得到处理[1]。

图 4-11　一维数据的零值填充

图 4-11 是以一维数据为例来说明问题的。对于二维数据，零值填充就是围绕原始数据的周边来补若干圈元素 0。在构造卷积层时，对于给定的输入数据，如果确定了卷积核的大小、步幅及补零个数，那么卷积层的空间大小就能确定下来。当补零的数目和步幅对输出都有影响时，输出的特征图谱的高度和宽度可用式(4.6)计算得出：

$$
\begin{aligned}
H_{\text{out}} &= \left\lfloor \frac{H_{\text{in}} + 2H_{\text{padding}} - H_{\text{kernel}}}{H_{\text{stride}}} \right\rfloor + 1 \\
W_{\text{out}} &= \left\lfloor \frac{W_{\text{in}} + 2W_{\text{padding}} - W_{\text{kernel}}}{W_{\text{stride}}} \right\rfloor + 1
\end{aligned}
\tag{4.6}
$$

式中，$\lfloor \cdot \rfloor$ 操作表示向下取整；H_{padding} 表示在垂直维度上的补零高度；H_{stride} 表示在垂直维度上的步幅大小；W_{padding} 表示在水平维度上的补零宽度；W_{stride} 表示在水平维度上的步幅大小。

对于更高维的数据而言，对每一个维度的数据都可以参照式(4.6)进行计算。图 4-12 所示为二维数据的零值填充，对于二维数据，我们在其周围填充了一圈 0，在步幅为 1 的情况下，它可以确保原始数据中的任何一个元素都能成为卷积核中心点，从而能保证卷积前后的图像大小是一致的。

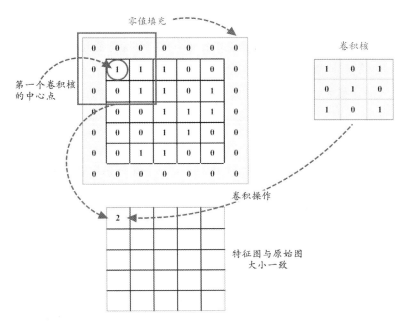

图 4-12　二维数据的零值填充

4.4　降维减负的汇聚层

当卷积层提取目标的某个特征后,通常要在两个相邻的卷积层之间设置一个汇聚层。对于分类任务而言,即使物体局部看起来比较模糊,依然能够进行分类,这种局部模糊化的处理可以压缩数据和降低参数量,这就是汇聚层(亦称池化层)要做的工作。汇聚操作的主要目的就是降维,以降低计算量。

4.4.1　汇聚层原理

汇聚操作的主要目的就是降维,以降低计算量。从另外一个角度来看,汇聚操作也是一种统计方式,它对小区域的特征进行"浓缩"得到新特征,属于下采样(Subsampling)的一种。以二维数据为例,如果输入数据的维度大小为 $W×H$,给定一个卷积核,其大小为 $w×h$。汇聚层考查的是在大小为 $w×h$ 的输入数据子区域之内,所有元素具有的某一种特性。常见的统计特性包括最大值、均值、累加及 L2 范数等。

汇聚层设计的目的主要有两个。最直接的目的就是减少下一层待处理的数据量。例如,当卷积层的输出大小是 32×32 时,如果卷积核的大小为 2×2,那么经过汇聚层处理后，输出数据的大小为 16×16，也就是说，现有的数据量一下子减少到汇聚前的 1/4。当汇聚层最直接的目的达到后，那么它的第二个目的也就间接达到了，即减少了参数数量，从而可预防神经网络陷入过拟合状态。

下面我们举例说明常用的最大汇聚函数和平均汇聚函数是如何工作的[①]。

（1）最大汇聚（Max Pooling）函数：提取汇聚区域的最大值，如 max_pooling([1，2，4，7])=7。

（2）平均汇聚（Average Pooling）函数：提取汇聚区域所有元素的平均值，如 mean_pooling([1，2，4，7])=3.5。

有了上面的解释，我们很容易得出图 4-13 所示的两种不同汇聚策略的结果。

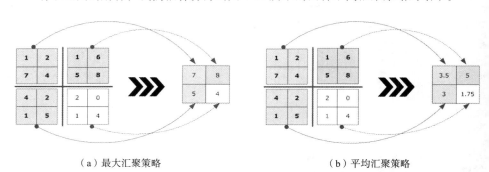

（a）最大汇聚策略　　　　　　　　　　（b）平均汇聚策略

图 4-13　两种不同汇聚策略的结果

最大汇聚的结果就是保证前面提到的不变性（Invariance）。也就是说，如果输入数据的局部进行了线性变换（如平移、旋转或缩放等），那么经过汇聚操作后，输出的结果并不会发生变化。比如说：

max_pooling([1，2，4，7])=7

当元素滑动后，其变成了 [4，7，3，1]，最大值依然得以保留：

max_pooling([4，7，3，1])=7

卷积和汇聚操作都是为了突出实体的特征，而非提升图像的清晰度。经过汇聚操作，原始图像就好像被打上了一层马赛克（图像被模糊化了）。汇聚前后的特征图谱变化如图 4-14 所示。对汇聚如何影响可视化图像的理论分析，感兴趣的读者可参阅 LeCun 团队的论文。

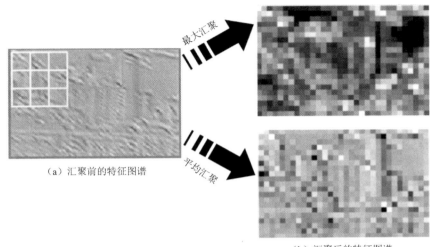

（a）汇聚前的特征图谱

（b）汇聚后的特征图谱

图 4-14　汇聚前后的特征图谱变化

　　显然，人们是不喜欢这种模糊的图片的。但请注意，计算机的"视界"和人类完全不同，汇聚处理后的图片，<u>丝毫不会影响计算机对其进行特征提取</u>（具备特征不变性）。这么说是有理论支撑的。这个理论就是局部线性变换的不变性（Invariance）[①]。如果对输入数据的局部进行了线性变换操作（如平移或旋转等），那么经过汇聚操作后，输出的结果并不会发生变化。

　　其中，局部平移不变性特别有用，尤其是我们关心某个特征是否出现，而不关心它出现的位置时。例如，在模式识别场景中，当检测人脸时，我们只关心图像中是否具备人脸的特征，而并不关心人脸是在图像的左上角还是右下角。

　　因为汇聚层综合了（卷积核范围内的）全部邻居的反馈，即通过 k 个像素的统计特性来提取特征而不是用单个像素来提取特征，自然这种方法能够提高神经网络的健壮性。

① 不变性是指图像经过平移、旋转或缩放后，卷积仍能检测到图像的特征。特征不变性就是图像处理中常说的特征尺度不变性。例如，一幅小猫图像被缩小了数倍，我们还能认出这是一幅猫的图像，这表明缩小了的图像依然保留了图最重要的特征。

4.4.2　汇聚层实例

　　下面我们在【范例 4-2】的基础上，在卷积后使用最大汇聚操作，看看图片有何变化（见图 4-15）。

【范例 4-3】　最大汇聚后的图片（maxpool.py）

```
01  ...# 前 27 行代码与【范例 4-2】相同，不再重复
02  maxpool2D = nn.MaxPool2d(kernel_size=[2,2], stride = 2)   #定义最大汇聚对象
```

```
03   maxpool_data = maxpool2D(conv_out_data)
04
05   maxpool_data_pic = maxpool_data.squeeze()
06
07   print('最大汇聚前，图片尺寸',image.shape)
08   print('最大汇聚后，图片尺寸',maxpool_data_pic.shape)
09
10   fig, (ax_max1, ax_max2) = plt.subplots(1, 2, figsize=(15, 10))
11   plt.rcParams['font.sans-serif'] = ['SimHei']
12
13   ax_max1.imshow(maxpool_data_pic[0].data, cmap = plt.cm.gray)
14   ax_max1.set_title('(a) 最大汇聚：边缘检测图')
15
16   ax_max2.imshow(maxpool_data_pic[1].data, cmap = plt.cm.gray)
17   ax_max2.set_title('(b) 最大汇聚：随机卷积图')
18
19   plt.axis('off')
20   plt.rcParams['savefig.dpi'] = 500
21   fig.savefig('maxpool.jpg')
22   plt.show()
```

【运行结果】

最大汇聚前，图片尺寸 (316, 316)

最大汇聚后，图片尺寸 torch.Size([2, 157, 157])

（a）最大汇聚：边缘检测图　　　　　　　（b）最大汇聚：随机卷积图

图 4-15　最大汇聚后的图片

【代码分析】

从输出结果可以看出，图片的原始尺寸为 316×316，最大汇聚操作后，特征图的尺寸变为 157×157，这对于人眼而言，自然是分辨率变低了。但对于计算机的分类任务而言，这未必是坏事，因为下一层待处理的数据量大大降低了，待处理的数据量仅相当于原来的 1/4 左右。

4.5　不可或缺的全连接层

前面我们讲解了卷积层和汇聚层。但卷积神经网络的终极任务通常是对图像进行分类，而分类少不了全连接层的参与。

因此，在卷积神经网络的最后，还有一个或多个至关重要的全连接层。"全连接"意味着前一层网络中的所有神经元与下一层网络中的所有神经元全部相连。实际上，全连接层就是传统的多层感知机。

如果说前面提及的卷积层、汇聚层等是将原始数据映射到隐含层特征空间，那么设计全连接层就是要将前面各个层预学习到的分布式特征表示，映射到样本标记空间中，然后利用损失函数来调控学习过程，最后给出对象的分类预测。在某种程度上，甚至可以认为，前面的卷积层、汇聚层等数据操作，是对全连接层数据的"预处理"。

我们可以将全连接层看成一个用于分类的多层感知机。因此前面章节中讲解的基于梯度下降的优化算法（如 BP 算法、Adam，交叉熵等），依然能在这样的全连接层中得到应用。

需要说明的是，卷积神经网络的前面几层是卷积层和汇聚层的交替，这些层中的数据（连接权值）通常都是高维度的。但全连接层比较"淳朴"，它的拓扑结构就是一个简单的 $n×1$ 模式，犹如一根根擎天的金箍棒。

因此，卷积神经网络的前面几层在接入全连接层之前，必须先将高维张量展平成一维向量组（形状为 $n×1$），以便和后面的全连接层进行适配，这个额外的高维数据变形层称为展平层（Flatten Layer）。展平层为全连接层的输入层，其后的网络拓扑结构就如同普通的前馈神经网络一般，后面跟着若干个隐含层和一个输出层。全链接层示意图如图 4-16 所示。

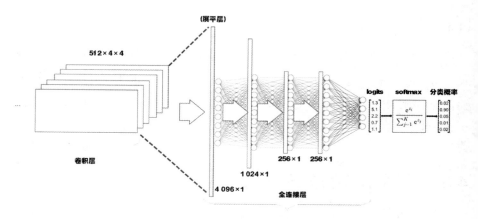

图 4-16   全连接层示意图

在 PyTorch 中，除了用 tensor.view 或 tensor.reshape 将张量展平，还可以用专门的展平函数：

```
torch.nn.Flatten(start_dim=1, end_dim=- 1)
```

其功能是把一个连续维度的张量拉直展平。展平的维度默认是从第一个维度（用 1 表示）到最后一个维度（用-1 表示）。为什么不从第 0 个维度开始呢？这要从张量的维度特性考虑。通常在训练时，数据是以[B, C, H, W]形式提供的，B 表示批量（Batch）大小，C 表示通道（Channel），H 表示高度（Height），W 表示宽度（Width）。展平是对单个数据而言的，即将 $C \times H \times W$ 这个单个样本的特征图谱展平，而不涉及其他样本。

虽然全连接层处于卷积神经网络最后的位置，看起来貌不惊人，但由于全连接层的参数冗余，导致该层参数的总数占据整个网络参数的大部分比例（有的可高达 80%）。

这样一来，由于全连接层网络参数众多，就容易陷入过拟合的窘境，导致网络的泛化能力很难尽如人意。因此，在 AlexNet 中不得不采用 Dropout 措施[8]，随机丢弃部分节点来弱化过拟合现象。

4.6   防止过拟合

深度神经网络层数较深、参数众多，因此具有极高的模型容量。正因如此，这类模型很容易在训练时产生过拟合（Overfitting）。简单来说，过拟合是指过于精确匹配特定数据集，以至于无法很好地适配新数据（降低了预测力），也就是降低了模型的泛化能力。因此，通常需要采取若干防止过拟合的方法，以提高模型的通用能力。

各类机器学习算法都会有一些针对性的防止过拟合的措施。然而我们需要清醒地认识到，过拟合无法彻底避免，只能"预防"。那么如何预防过拟合？包括但不限于：数据集扩增（Data Augmentation）、早停（Early Stopping）、正则化（Regularization）[①]、批归一化（Batch Normalization）和丢弃法（Dropout）等。下面，我们对专用于神经网络的防止过拟合的方法——批归一化和丢弃法进行简要介绍。

① 所谓正则化，在本质上就是向原始模型注入额外信息，以防止过拟合，借此提高模型泛化能力。这类方法通常是通过向损失函数添加一个参数范数惩罚项来降低模型容量的。

4.6.1　批归一化处理

在神经网络学习中，原始数据经过多个不同网络层的处理（如激活函数的非线性变化）之后，其分布特性（如方差和均值）会发生偏移，也就是说，数据分布空间会发生变化，但数据标签没变，因此，最终的分类效果可能因此失准。

这么说还是比较抽象，下面我们用具体案例来说明这个观点。例如，在神经网络中，某个神经元 x 的值为 2，设定它的权值 W 的初始值为 0.1，为简单起见，暂时不考虑神经元的偏置，这样，后一层神经元的计算结果就是 $Wx = 0.2$。再比如，考虑 $x = 20$ 或 $x=200$，Wx 的结果就分别为 2 或 20。

但为了增加网络层的表征能力，我们通常会对神经元的输出做非线性处理，即增加一层激活函数。如此一来，上述三个值在激活函数的作用下，问题立马就显现出来了，激活函数带来的梯度弥散如图 4-17 所示，具体参见【范例 4-4】。

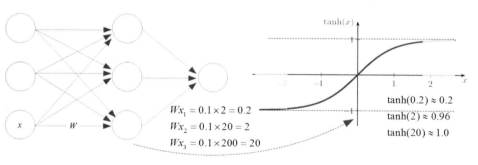

$$Wx_1 = 0.1 \times 2 = 0.2$$
$$Wx_2 = 0.1 \times 20 = 2$$
$$Wx_3 = 0.1 \times 200 = 20$$

$\tanh(0.2) \approx 0.2$
$\tanh(2) \approx 0.96$
$\tanh(20) \approx 1.0$

图 4-17　激活函数带来的梯度弥散

【范例 4-4】激活函数带来的副作用（tanh-not-work.py）

```python
import torch
print(torch.tanh(torch.tensor(0.2, dtype= torch.float32)))
print(torch.tanh(torch.tensor(2.0, dtype= torch.float32)))
print(torch.tanh(torch.tensor(20, dtype= torch.float32)))
```

【运行结果】

```
tensor(0.1974)
tensor(0.9640)
tensor(1.)
```

从运行结果可以看出，如果使用 Tanh 之类的激活函数，神经元的取值在[-2,2]区间时，Tanh 函数还比较敏感，一旦超出这个范围，输出值就接近于 1（或-1），即达到饱和阶段。也就是说，在非饱和范围之外，在正值方向，无论 x 怎么增大，Tanh 激活函数的输出值都趋近于 1。类似地，在负值方向，无论 x 怎么减小，Tanh 激活函数的输出值都趋近于-1。这样输出值就没了"落差"，从而也就没了梯度变化。没有梯度变化，实际上就会产生"梯度弥散"。一旦产生了"梯度弥散"，神经网络的调参就没有了方向感。

换句话说，神经网络对那些绝对值比较大的 x 特征"无感"。这样很糟糕，这就像某人被轻轻拍打一下和被重重拍打一下，他居然没感觉到其中的差别，这只能表明他的感觉系统失常了。

更重要的是，在多层神经网络中，这个"失常"的输出，将会作为下一层的输入，每一层都会把绝对值较大的值"无感"掉，久而久之，网络的数据分布特征肯定会发生变化，基于这样的数据分布来进行分类，分类效率肯定大打折扣。

于是，我们不禁要问，能不能对每一层都做一次数据处理，把激活函数不敏感的值映射到它的敏感区呢？能不能尽可能地维持原来数据的分布特征（均值和方差不变）呢？当然可以！这正是归一化要做的工作，归一化也是防止过拟合的一种方法。为此，谷歌的工程师 Ioffe 等人提出了新的批归一化（Batch Normalization，BN）策略[9]。

"批归一化"中的"批"是指把全体训练数据分割成一小批一小批的输入数据，然后对这些数据，实施随机梯度下降策略求极值。在前向传播中，一旦数据陷入激活函数的饱和区，就容易导致梯度弥散问题，进一步也会导致训练速度变慢。

具体来说，问题产生过程如下：在进入隐含层之后，在层层激活函数的作用下，网络训练过程中的参数不断改变，导致后续每一层输入的分布都可能发生变化，而学习的过程又要使每一层适应输入的分布，因此不得不降低学习率、"谨小慎微"地进行初始化，以适应各个维度、各个层面的尺度大小不一的数据特性。

Ioffe 等人将数据分布发生的变化称为"内部协变量迁移（Internal Covariate Shift，ICS）"。ICS 的发生不利于神经网络参数的拟合，进而导致训练速度变慢，因此"批归一化"还要能做到对数据分布的"纠偏"。

在理解上,"批归一化"也可以被看作一个特殊的层。通常,全连接层会在激活函数的作用下输出,成为下一层的输入。现在引入了"批归一化",它可被视为在每一个全连接层和激活函数之间添加的一个数据预处理层,其所处的位置与作用如图 4-18 所示。

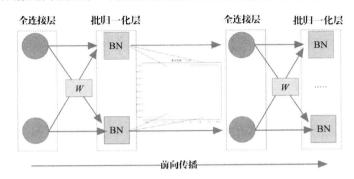

图 4-18   批归一化层所处的位置与作用

在每次随机梯度下降(SGD)操作之前,先通过最小批(Mini-Batch)来对相应的输入数据做归一化操作,使得归一化的输出结果(在各个维度上)的均值为 0,方差为 1。

批归一化使用了类似 Z-Score 的标准化方式[①],即每一维度减去自身均值,再除以自身维度的标准差。由于使用的是随机梯度下降作为优化器,这些均值和方差也只能在当前迭代的"批数据"中计算。因此,这个算法被命名为批归一化。该算法的计算流程大致如【算法 4-1】所示。

① Z-Score（Z 分数）,亦称标准分数（ Standard Score ）。作为一种标准化方式,它的含义是指,一个分数与平均数的差,再除以标准差。公式表示为 $Z=(x-\mu)/\sigma$。其中, x 为某个具体分数, μ 为均值, σ 为标准差。

【算法 4-1】   批归一化

输入:最小批数据 B, x 为 B 中的样本: $B=\{x_{1...m}\}$
         已习得的参数 γ,β
输出: $\{y_i=\oplus_{\gamma,\beta}(x_i)\}$

$$\mu_B \leftarrow \frac{1}{m}\sum_{i=1}^{m}x_i \qquad //\text{mini-batch 的均值}$$

$$\sigma_B^2 \leftarrow \frac{1}{m}\sum_{i=1}^{m}(x_i-\mu_B)^2 \qquad //\text{mini-batch 的方差}$$

$$\hat{x}_i \leftarrow \frac{x_i-\mu_B}{\sqrt{\sigma_B^2+\varepsilon}} \qquad //\text{归一化}$$

$$y_i \leftarrow \gamma\hat{x}_i+\beta \equiv \text{BN}_{\gamma,\beta}(x_i) \qquad //\text{伸缩与平移}$$

【算法 4-1】的前 3 步,流程基本类似于 Z-Score,就是标准化的基本工序,相当于将输出值强行做一次高斯归一化(Gaussian Normalization)。第 4 步是将归一化后的数据进行伸缩和平移,这个操作是因训练所需而"刻意"加入的,它使得批归一化有可能还原到最初的输入。

如果不使用 γ（用作缩放）和 β（用作平移），参见图 4-17，以激活函数 Tanh 为例，激活值被大致归一化至[-0.9，0.9]这个区域。在这个区域，激活函数的确非常敏感，但在这个区域，Tanh 函数也表现出近似线性的特性，这将导致整个网络的表征能力下降。因为这与深度神经网络所要求的"多层非线性函数逼近任意函数"的要求不符，所以引入 γ 和 β，对归一化后的神经元输出做一次非线性映射，使得最终输出落在非线性区间的概率大一些。

在批归一化中，由于所有的操作都是平滑可导的，这使得在后向传播过程中，可让神经网络自己去学着使用和修改缩放参数 γ 及平移参数 β。通过学习反馈，神经网络就能"感知"前面的归一化操作到底有没有起到优化的作用。如果没有起到作用，就利用缩放参数 γ 和平移参数 β 来抵消一些归一化的操作。

最后，我们来对比观察一下神经网络输出值分布示意图（见图 4-19）。从图中我们可以看到，如果没有做批归一化处理，数据在正向传播过程中会慢慢变得"面目全非"，这样做，参数拟合无疑更加困难。而使用了批归一化之后，在输入层，它让数据尽可能落在激活函数的敏感区，而对后续每一层的输出值都可以保障数据分布特征不会"太走样"，从而使数据得以逐层有效传递下去[10]。

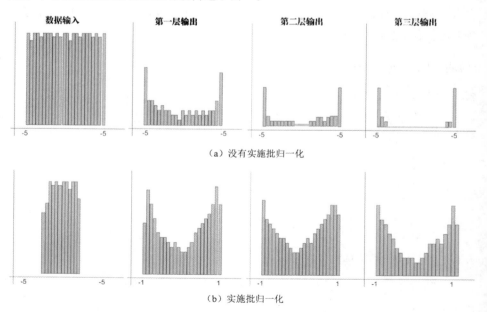

图 4-19　没有实施批归一化和实施批归一化的输出对比

批归一化对神经网络训练的优势，主要体现在 5 个方面。

（1）破坏原来的数据分布，一定程度上防止过拟合（防止每批训练集中某一个样本经常被挑选到）。

（2）减少了人为选择参数。在某些情况下可以取消 dropout 和 L2 正则项参数，或者采取更小的 L2 正则项约束参数。

（3）减少了对学习率的要求。由于批归一化对每一层和每个维度数据的尺度进行处理，所以它可以在整体上使用一个较高的学习率，而不必像以前那样，迁就较小尺度的数据（而降低学习率），从而在一定程度上提高了训练速度。

（4）减少梯度弥散，加快收敛速度，提高训练精度。

（5）整体上提高了分类的准确率。归一化数据之后，它使得更多的数据落在激活函数的敏感区，并最大限度维护了原始数据的分布特征（均值和方差）。数据分布不走样，即避免了"内部协变量迁移"，分类自然更有底气。

PyTorch 提供了一个 torch.nn.BatchNorm1d 函数来完成一维数据的批归一化操作，其函数原型如下所示：

```
torch.nn.BatchNorm1d(num_features, eps=1e-05, momentum=0.1, affine=True,
track_running_stats=True, device=None, dtype=None))
```

上述函数的参数含义如下。

- num_features：特征维度，BatchNorm1d 通常用在全连接层后面，因此该参数值为前一个全连接层的输出维度。
- eps：为数值稳定性而加到分母上的 ϵ 值（参见【算法 4-1】）。
- momentum：移动平均的动量值。这个参数不同于优化器类和传统动量概念中使用的参数。在数学意义上，它类似于一个平滑系数，新旧值的更新规则如下：

$$\hat{x}_{\mathrm{new}} = (1 - \mathrm{momentum}) \times \hat{x} + \mathrm{momentum} \times x_t$$

式中，$\hat{x}$ 是待评估的值，x_t 为新观察的值。

- affine：布尔值，当设置为 True 时，此模块具有可学习的仿射（Affine）参数[①]。

通常来说，只需关注 num_features 的使用，其他参数采用默认值即可。

① 仿射又称仿射变换（Affine Transformation），是指对一个向量空间进行一次线性变换并平移，得到另一个向量空间。

有了 BatchNorm1d，自然也会有 BatchNorm2d 和 BatchNorm3d，它们的具体使用规则请读者参考 PyTorch 的官方文档。

4.6.2　丢弃法

丢弃法（Dropout，也有文献将其译作"随机失活"）也是深度神经网络常用的一种防止过拟合的方法，它由 Geoffrey Hinton 等人于 2012 年提出[8]。

在神经网络学习中，它以某种概率暂时丢弃一些神经元，并丢弃和它相连的所有节点的权值，若某节点被丢弃（或称为抑制），则输出为 0。Dropout 示意图如图 4-20 所示，左图为原始图，右图为经过 Dropout 处理的示意图，很明显，Dropout 的网络"瘦"了很多，由于少了很多连接，网络结构也清晰了很多。

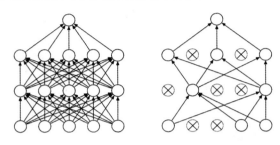

图 4-20　Dropout 示意图[8]

事实上，Dropout 也是一种学习方式。通常分为两个阶段：学习阶段和测试阶段。在学习阶段，以概率 p 主动、临时性地忽略部分隐藏节点。这一操作的好处在于，在较大程度上缩小了网络的规模，而在这个"残缺"的网络中让神经网络学习数据中的局部特征（局部分布式特征）。在多个"残缺"网络（相当于多个简单网络）中进行特征学习，比仅在单个健全网络中进行特征学习，其泛化能力来得健壮。而在测试阶段，将参与学习的节点和那些被隐藏的节点以一定的概率 p 加权求和，综合计算得到网络的输出。

有意思的是，Dropout 机制丢弃部分神经元，反而具有更好的学习性能，这暗合大脑的生物学机制。根据王立铭教授在《生命是什么》一书中的介绍[11]，在人类发育的过程中，特别是青春期前后，大脑中神经细胞的总数量将达到 1 000 亿的量级，且在此之后，几乎不再有新的神经细胞加入，所以动物大脑中的神经细胞是在缓慢减少的。与此同时，神经细胞之间连接的数量也会出现明显的下降，将会有接近一半的连接消失。这表明，人类大脑发育完善和积累经验的过程实际上主要是靠原有连接的消失来完成的，而不是增加新细胞或新连接。

PyTorch 提供了一个 torch.nn.dropout()函数来实现 Dropout 机制，函数原型如下：

```
torch.nn.Dropout ( p=0.5, inplace=False)
```

其中，第一个参数 p 为 float 类型，它表示每个元素被保留下来的概率。但"无缘无故"地抛弃部分神经元，可能让神经网络变得"物是网非"，于是为了对原始网络进行补偿，该函数把所有保留下来的神经元值变大，变大的比例是 $\dfrac{1}{1-p}$。第二个参数 inplace 表示选择是否覆盖运算，即是否用计算得到的值直接覆盖之前的值。如果设置为 True，将执行本地覆盖操作，否则操作的结果仅返回一个副本（或视图），它不会影响到原始的张量值。

比如上述代码中 p = 0.5，网络中的神经元有 50%的概率被保留，也有 50%的概率被随机丢弃。作为补偿，留下来的每个神经元的值都被放大 1/(1-0.5) = 2 倍。一言以蔽之，使用 Dropout 技术，把网络中神经元减少的比例反过来，变成了留下的神经元值的放大倍数。这样一除一乘，至少在表面上，网络的"对外效应"并没有太大变化（保持原始张量的整体期望值不变）。

通常来说，在训练时，可以让参数 p 的初始值是 0.5，这样就保留了一半的神经元。而在测试（或评估）时，可把 p 值设为 1.0，这样可以保留所有神经元，以最大程度检测模型的泛化能力。

4.7 本章小结

本章主要介绍深度学习中的经典模型——卷积神经网络（CNN）。CNN 的核心特征就是"卷积"，通过实现"局部感知"和"参数共享"这两个设计理念，卷积达到两个重要的目的：对高维输入数据实施降维处理和实现自动提取原始数据的核心特征。

卷积神经网络中的各个"层"各司其职，概括一下，卷积层从数据中提取有用的特征；汇聚层通过采样减少特征维度，并保持这些特征具有某种程度上的尺度变化不变性；全连接层则实施对象的分类预测。

显然，深度学习囊括的内容远不止本章介绍的内容，这里仅仅是抛砖引玉，为后续的图卷积神经网络做理论铺垫，更多有关深度学习的内容，可参考笔者撰写的《深度学习与 TensorFlow 实践》一书。

参考资料

[1] 焦李成，杨淑媛，刘芳，等. 神经网络七十年：回顾与展望[J]. 计算机学报，2016，39(8): 1697–1716.

[2] HINTON G E, SALAKHUTDINOV R R. Reducing the dimensionality of data with neural networks[J]. science, 2006, 313(5786): 504–507.

[3] LECUN Y, BOSER B, DENKER J, et al. Handwritten digit recognition with a back-propagation network[J]. Advances in neural information processing systems, 1989, 2(12):396-404.

[4] LECUN Y, BOTTOU L. Gradient-based learning applied to document recognition[J]. Proceedings of the IEEE, 1998, 86(11): 2278–2324.

[5] CHOLLET F. Deep learning with Python[M]. Shelter Island, NY：Manning Publications Co., 2021.

[6] 阿斯顿·张，李沐，扎卡里·C. 立顿. 动手学深度学习[M]. 北京：人民邮电出版社，2019.

[7] KRIZHEVSKY A, SUTSKEVER I, HINTON G E. ImageNet classification with deep convolutional neural networks[J]. Communications of the ACM, 2017, 60(6): 84-90.

[8] SRIVASTAVA N, HINTON G E, KRIZHEVSKY A, et al. Dropout: a simple way to prevent neural networks from overfitting[J]. The journal of machine learning research, 2014, 15(1): 1929–1958.

[9] IOFFE S, SZEGEDY C. Batch normalization: Accelerating deep network training by reducing internal covariate shift[C]// International conference on machine learning. Lille, France：International Conference on Machine Learning (ICML), 2015 : 448-456.

[10] 张玉宏. 深度学习之美：AI 时代的数据处理与最佳实践[M]. 北京：电子工业出版社，2018.

[11] 王立铭. 生命是什么[M]. 北京：人民邮电出版社，2018.

第 5 章
神经网络中的表示学习

如果一类方法能自动从"纷杂无序"的原始数据中"学习"到有用的"特征",并在后续任务中使用这些特征,这就是表示学习(Representation Learning)。在本章,我们以由浅入深的方式介绍神经网络中可能用到的表示学习方法,内容包括离散表示与独热编码、分布式表示与神经网络、自编码器中的表示学习、嵌入表示与 Word2vec,以及一个通俗易懂的实战案例。

智能需要知识来支撑，知识需要表示才有用。只有表示得好，才能学得好。这是包括图神经网络在内的所有机器学习算法得以运行的内在逻辑。

5.1　表示学习的背景

数据是信息的离散排列。数据中存在所谓的"模式（Pattern）"或"知识"。机器学习算法通常很难直接使用原始数据来获得较好的性能。为了保证机器学习的性能，我们需要为机器提供更抽象但更有用的数据表示（Data Representation）。

5.1.1　符号表示与向量表示

传统人工智能领域的知识表示方法主要以符号表示方法为主（符号主义），例如，资源描述框架（Resource Description Framework，RDF[①]）、网络本体语言(Web Ontology Language，WOL[②])等各种语言规则。符号表示方法的主要缺点在于它难以刻画隐式知识。同时，其推理的准确性强依赖于知识描述的精确性，比如一个字符串表示稍有错误便无法完成正确推理。因此，传统的基于符号主义的人工智能并没有得到大规模应用[1]。

然而，随着深度学习和表示学习的兴起，一切开始慢慢发生变化。用参数化的向量来表示实体及实体之间的关系，并利用神经网络来实现更具健壮性的推理成为一个重要的发展趋势。基于向量的方法有一个比较大的优势是易于捕获隐式的知识。向量表示的另外一个好处在于，它将推理过程转化为向量、矩阵或张量之间的计算，这摆脱了传统基于符号搜索的推理计算方式，效率更高。但向量化有一个比较大的缺点是丢失了符号表示的可解释性。基于离散符号的知识表示与基于连续向量的知识表示如图 5-1 所示。

①　资源描述框架是一种由万维网联盟（W3C）提出的标记语言的技术规范，以便更为高效地描述和表达网络资源。

②　网络本体语言提供了一种可用于描述网络文档和应用之中固有的类及其之间关系的语言。

基于离散符号的知识表示

（a）知识表示：显式知识、强逻辑约束、高解释性，推理不易扩展

图 5-1　基于离散符号的知识表示与基于连续向量的知识表示

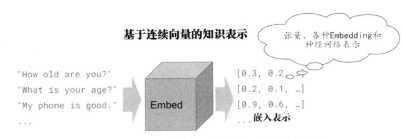

（b）知识表示：隐式知识、弱逻辑约束、低解释性，适用于神经网络

图 5-1　基于离散符号的知识表示与基于连续向量的知识表示（续）

5.1.2　为何需要表示学习

通俗来说，所谓表示（Representation，亦被译作表征），就是特征集合（Feature Set）。有了好的特征，机器学习算法就能更好地利用这些特征完成任务。机器学习算法性能的好坏，在很大程度上取决于它所用特征的质量[2]。有这么一句话在业界广泛流传："数据和特征决定了机器学习的上限，而模型和算法只是逼近这个上限而已。"

出于这个原因，机器学习任务的开端大多是设计预处理管道和数据转换，从而得到支持有效机器学习的数据表示（找到新的特征）。因此，在早期，特征工程（Feature Engineering）对机器性能的提升十分重要。顾名思义，特征工程本质就是一项工程活动，其目的在于，最大限度地从原始数据中提取特征以供算法和模型使用。

特征工程的质量高低，高度依赖研究人员（工程师）的先验知识。因此，传统的机器学习专家们，把大部分时间花在如何寻找更加合适的特征上，以至于有人戏谑"人工智能"的定义："所谓'人工智能'，就是有多少'人工'，就有多少'智能'。"的确，这个短板暴露了传统机器学习的弊端所在——"机器学习"重度依赖"人类学习"。

于是，我们很容易就有一个朴实的想法，能不能让机器自己从数据中习得特征呢？如果能这样，就能大大降低机器学习算法对特征工程的依赖，进而能大大扩展机器学习的范围和适用性。这个想法的实现就是表示学习（Representation Learning）。

根据 Bengio 等人给出的定义，所谓表示学习，就是学习数据更高级（或更抽象）的表示形式，以便在构建分类器或其他预测器时更容易提取有用的信息[2]。从数据处理流程上来讲，特征工程算得上数据预处理的一个手段，但正所谓"兵马未动，粮草先行"，想要后续的模型能有更好的性能且能更方便地工作，在数据预处理环节就不能草率行事。

在语音信号处理、图像目标识别、自然语言处理和图神经网络等任务中，表示学习均取得了很大进展。

5.2 离散表示与独热编码

对于图像和音频等数据而言，其内在属性决定了它们很容易被编码并存储为稠密向量形式。例如，图片是由像素点构成的稠密矩阵，音频信号也可以转换为稠密的频谱数据。这种张量表达的便捷性是卷积神经网络成功的内在逻辑。

类似地，在自然语言处理（NLP）中，也需要将一段文本或一个词在计算机中表达出来。那该如何将其表达出来呢？简单来说，就是将自然语言转化为向量或矩阵。达成这个目标最简单且无须学习的方式莫过于独热编码（One-Hot Encoding）。

在 Word2vec 技术出现之前，词通常都表示成离散的、独一无二的编码，也称为独热向量（One Hot Vector）。为什么叫"One Hot"呢？这个独热有点"举世皆浊我独清，众人皆醉我独醒"的韵味，即在编码方式上，每个词都有自己独属的"1"，其余都为 0。假设有 10 000 个不同的词，排位语料库第一的冠词"a"，用向量[1,0,0,0,0,…]表示，即只有第一个位置是 1，其余位置（2~10 000）都是 0。类似地，排名第二的"abandon"，用向量[0,1,0,0,0,…]表示，即只有第二个位置是 1，其余位置都是 0。词的独热编码表示如图 5-2 所示。

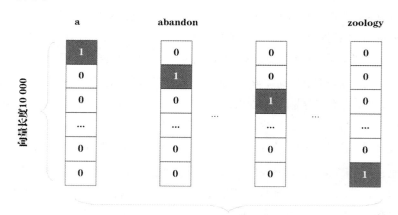

图 5-2　词的独热编码表示

独热编码在 Python 中实现很简单，使用 scikit-learn 中的 OneHotEncoder 模块即可轻松实现，参见【范例 5-1】

【范例 5-1】独热编码（one-hot.py）

```
01    from sklearn.preprocessing import OneHotEncoder
```

```
02   import numpy as np
03   #词库
04   data = ['a', 'abandon', 'a', 'cold', 'hot', 'hot', 'zoology']
05   values = np.array(data)
06   print(values)
07   #转换为独热编码
08   onehot_encoder = OneHotEncoder(sparse=False)
09   onehot_encoded = onehot_encoder.fit_transform(values.reshape([-1, 1]))
10   print(onehot_encoded)
```

【运行结果】

```
['a' 'abandon' 'a' 'cold' 'hot' 'hot' 'zoology']
[[1. 0. 0. 0. 0.]
 [0. 1. 0. 0. 0.]
 [1. 0. 0. 0. 0.]
 [0. 0. 1. 0. 0.]
 [0. 0. 0. 1. 0.]
 [0. 0. 0. 1. 0.]
 [0. 0. 0. 0. 1.]]
```

独热编码的优点自然就是简单直观。但产生的问题在于，所生成的编码维度过高、编码具有稀疏性且编码彼此具有正交性（Orthogonality）[①]。比如说，从图 5-2 可以看出，在词的向量空间上，每个向量只有一个"1"和非常多的"0"。很显然，这样的表达方法使数据显得非常稀疏，信息密度太低。

因此，独热编码在实际应用时经常会面临着维度灾难问题。独热编码策略导致每个词都是单维度的。因此，向量空间的维度就等同于词典的大小 $|V|$。比如，如果词典中有 10 000 个词，那么向量维数就是 10 000，单个向量长度也是 10 000。

虽然独热向量的构建很容易，但它们通常不是一个好的选择[3]，主要原因是独热向量不能准确表达不同词之间的相似度，比如我们经常使用的"余弦相似度"。对于向量 $x, y \in \mathbb{R}^d$，其余弦相似度定义如下：

$$\frac{x^{\mathrm{T}} y}{\|x\|\|y\|} \in [-1, 1] \quad\quad (5.1)$$

由于任意两个不同词的独热向量是正交的，所以它们之间的余弦相似度为 0，即独热编码不能体现词之间的相似性，下面举例说明。为简单起见，我们假设"hotel（宾馆）"和"motel（汽车旅馆）"的独热编码如图 5-3 所示。

① 若内积空间中两个向量的内积为 0，则称它们是正交的。

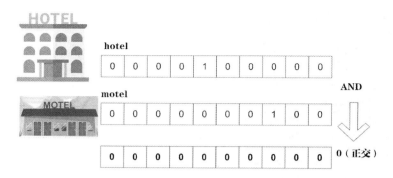

图 5-3   "hotel（宾馆）"和"motel（汽车旅馆）"的独热编码

在人类的自然语言理解上，"motel"和"hotel"都是指"为客人提供住宿的地方"，即使它们有所不同，但语义肯定有相似的地方。但从图 5-3 可以观察到，它们的独热编码没有任何交集（二者向量的内积等于 0，内积为 0，即两个向量的余弦相似度为 0）。独热编码丢失了单词之间的语义相关信息。这也正是独热表示及以其为基础的词袋模型（Bag of Words，BoW）容易受数据稀疏问题影响的根本原因。

利用相似性是理解自然语言的重要方式。缺失相似性的度量可能是独热编码在自然语言理解上的最大缺陷之一。因此，用它处理自然语言肯定是"功力尚浅"的。

5.3   分布式表示与神经网络

针对独热编码的不足，人们自然就会设想：能否用一个连续的低维稠密向量去刻画一个词的特征？这样一来，人们不仅可以直接刻画词与词之间的相似度，还可以构建一个从向量到概率的平滑函数模型，使得相似的词向量可以映射到相近的概率空间上。这个连续稠密向量也被称为词的"分布式表示（Distributed Representation）"。

5.3.1   神经网络是一种分布式表示

事实上，前面章节学习的神经网络在本质上就是一种表示学习。人工神经网络的研究进展得益于对生物神经网络（Biological Neural Network，BNN）的"仿生"。联结主义认为，人工智能源于仿生学，人的思维就是某些神经元的组合。其理念是，在网络层次上模拟人的认知功能，用人脑的并行处理模式来表现认知过程。

20 世纪 80 年代中后期，联结主义推崇的是分布式并行处理（Parallel Distributed Processing，PDP）模型[4]，该模型有 3 个显著特点：

（1）信息表示是分布式的（而非局部的）；

（2）记忆和知识存储在单元之间的连接上；

（3）通过逐渐改变单元之间的连接强度（权重）来刻画新学的知识。

　　分布式表示是人工神经网络研究的核心思想之一。这个概念最早由 Hinton 等人为了区别于独热表示而提出[5]。这种表示方式的思想来源于认知表示。一个对象可以通过刻画它的各种属性被高效表示（所有的属性状态，可以是激活或非激活）。而这些属性又同时与多个概念相关联[6]。这样一来，一个概念可以通过这些基本属性的激活状态被高效表示。在形式上，与独热表示只使用向量的一个维度不同，分布式表示则是用稠密实数向量来表示一个编码实体的。

　　举例来说，对于"小红汽车"这个概念，如果用分布式特征来表达，那么可能是一个神经元代表大小（小），一个神经元代表颜色（红），还有一个神经元代表物体类别（汽车）。只有当这三个神经元同时被激活时才可以比较准确地描述我们要表达的物体。

　　再拿自然语言单词举例。为了简单起见，假设我们的语料库中只有 4 个单词：girl（独热编码为 1000）、woman（独热编码为 0100）、boy（独热编码为 0010）和 man（独热编码为 0001），尽管作为人类的我们，对它们之间的联系了然于胸，但是计算机并不知道，它如果想知道则需要学习。

　　我们知道，这 4 个单词在语义上的确是存在一定关联的。现在我们人为找到它们之间的联系，且不再使用独热编码。首先，规定这个分布式表示有两个维度的特征，第一个维度为 Gender（性别），第二个维度是 Age（年龄）。词的分布式表达如表 5-1 所示。

表 5-1　词的分布式表达

编　码　位	0	1
Gender（性别）	Female（女性）	Male（男性）
Age（年龄）	Child（孩子）	Adult（成人）

　　然后，我们用神经网络来学习它们的表达。分布式编码的神经网络示意图如图 5-4 所示。

　　最后，神经网络习得结果如下：girl 可以被编码成向量[0,0]，即"女性孩子"；boy 可以编码为[1,0]，即"男性孩子"；woman 可以被编码成[0,1]，即"女性成人"；man 可以被编码成[1,1]，即"男性成人"。

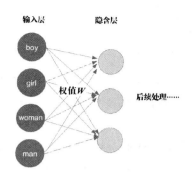

图 5-4　分布式编码的神经网络示意图

上面的编码都是 0 或 1 的整数。实际上，更普遍的情况是，用更多不同实数的特征值表示向量，这种向量的样式如下：

```
W('girl')=[0.19, -0.47, 0.72, ...]
W('woman')=[0.0, 0.6, -0.31, ...]
…
```

这样一来，我们可以把某个编码实体想象成多维向量空间中的一个点。词的意义就由词的向量值来表征，这些值并不是 0 或 1，它可以取任意实数。

现在你应该明白了，"分布式表示"中的"分布"是指每个词都可以用一个向量表达，这个向量里包含多个特征，而非"独热编码"那么"独"——仅仅启用一个维度，设置为 1，其他维度均设置为 0，可谓是"高维稀疏"。

"分布式表示"中的"多个"分布式维度，也不像"独热编码"中的维度那么多，以 50 维到 100 维较为常见，相比独热编码动辄成千上万的维度，分布式表示算是"低维稠密"表达了。

分布式表示有很多优点。一方面，分布式表示的维度可以降得很低，能够有效解决数据稀疏问题；另一方面，分布式表示的健壮性较强。当部分神经元发生故障时，信息的表达不会出现覆灭性的破坏。

5.3.2　深度学习中的"End-to-End"表示学习

深度神经网络就是一个"加深"版的神经网络，在本质上，它就是一个"End-to-End（端到端）"的表示学习。"端到端"说的是，输入的是原始数据（始端），输出的直接就是最终目标（末端），中间过程不可知，也难以知。"端到端"表示学习的优势在于，它能给神经网络模型以更大的自由度，让其根据数据来自动调节模型参数，而无须关注其内因[①]。

但从辩证法的角度来看，它的优势也是劣势所在，因为神经网络的中间过程不为

① 如同舍恩伯格（Schönberger）在其著作《大数据时代》中提到的观点：只关注是什么而无须关注为什么。

人所知，亦不为人所理解，它就是一个黑箱（Black Box）模型，也就是说，神经网络模型的解释力不足。

奇绩创坛创始人陆奇先生曾在一个主旨报告中有另一番解释，如果人类放弃以自我认知为中心，放松对知识的定义，则可有效习得各种不同任务的表示，即知识。那么神经网络的海量权值，凝结的就是一种另类知识，不过暂时不为人所理解罢了（见图 5-5）。换句话说，作为联结主义的典型代表——神经网络，它的内部知识表示被"凝结"在神经活动的大向量（Big Vectors）之中。

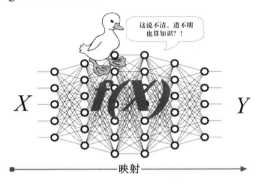

图 5-5　神经网络对知识的表达

对于卷积神经网络（CNN）而言，其中的卷积层、汇聚层都是自动提取特征的，即能学习到数据的层次化表达，然后将从数据中学到的不可名状的"知识表示"发送给全连接层做与分类或回归任务相关的判定。

在形式化描述上，表示学习的任务通常就是学习一个映射：

$$f : X \rightarrow \mathbf{R}^d \tag{5.2}$$

即将输入 X 映射到一个稠密得多的低维向量空间中。

接下来，我们将介绍两类在深度学习中广泛采用的表示学习方法：基于重构损失的方法（自编码器）和基于对比损失的方法（嵌入表示）。

5.4　自编码器中的表示学习

深度学习的核心优势在于它能自动学习数据中的特征[7]。不同于卷积神经网络，自编码器（Autoencoder）是另外一类神经网络，自然也是一种表示学习的模型。自编码器试图通过最小化重构误差来学习恒等函数，试图在输出中复现输入。自编码器拥有一种与生俱来的能力，它能够学习到高维数据的紧凑表征方式①。它在深度学习中已得

① 数据的表征可视为一种知识的表达方式，更为紧凑的表征就好比更为浓缩的知识，机器学习算法利用这些"浓缩知识"可以更高效地完成指定的任务。

到广泛应用，如在图像重构、聚类、机器翻译等领域都有可圈可点的表现。

5.4.1　自编码器的工作原理

在讲解这个概念之前，让我们来回顾一些更为基础的概念。首先我们来讨论什么是编码和解码。其实我们对编码和解码并不陌生。比如，在密码领域，人们通常把将明文按照某种规则加密为另外一种他人不易破解的密文的过程称为编码（Encode）。密文的接收方按照一套给定的规则将密文还原为明文的过程叫作解码（Decode）。

自编码器（Auto-Encoder）有所不同。虽然它同样具备类似的编码和解码过程，但它的编码和解码都是自动完成的，并不需要人为干预。自编码器可以被视为一个试图还原原始输入的系统，其模型如图 5-6 所示。

图 5-6　自编码器模型

从图 5-6 可以看出，自编码器模型主要由编码器和解码器组成，其主要目的是将输入 x 转换成中间变量 h，然后再将 h 转换成输出 $\hat{x}$，最后对比输入 x 和输出 $\hat{x}$，使它们尽可能接近。

在深度学习中，自编码器是一种无监督的神经网络模型。如果说它有部分监督学习特征的话，那也是它自己"监督"自己，因为它的损失函数就是输入本身和经过重构后的自己与自己的差异程度。基于神经网络的自编码示意图如图 5-7 所示。

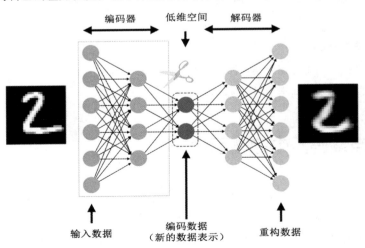

图 5-7　基于神经网络的自编码示意图

或许你会感到困惑，这数据一进一出都是自己，意义何在呢？意义自然是有的，精妙之处就在中间环节的编码。如果通过神经网络学习，高维数据在低维数据空间里找到一种全新的编码来表征自己，并能通过这个低维数据空间还原（或即使有所损失，亦在接受范围之内），那么这个自编码器就有意义：它找到了一种新的数据降维方式，或者说它找到了一种新的数据表达形式。

从图 5-7 可以看出，这里的编码器和解码器实际上都是某种具备学习功能的神经网络。一旦编码网络（左边部分）的工作完成，它就可以被"裁减"，仅仅保留低维空间的压缩数据和随后的解码网络。

在图 5-7 所示的案例中，我们可以先将一张清晰的手写数字图片通过编码器压缩为 h，然后在需要的时候，将 h 还原成尽可能和输入一样的图片。

为了降低重构误差，神经网络不断地从输入数据中学习，不断调整自编码器各层的权值，直到重构误差在给定阈值之内，当整个网络的权值"尘埃落定"之时，中间低维空间的构造也就大功告成了。如前所述，这个低维空间编码层实际上就是高维数据在低维世界里的一种表达，它也是一种嵌入表示。

自编码器的形式化描述如下。

对于一个维度为 n 维的输入向量 $\boldsymbol{x}$，编码器 $f(\boldsymbol{x})$ 在隐含层习得一个新的表达方式（$\boldsymbol{h}$，设其维度为 d），即：

$$\boldsymbol{h} = f(\boldsymbol{x}) \tag{5.3}$$

将 $\boldsymbol{h}$ 作为输入，解码器 $g(\cdot)$ 的输出为 $\boldsymbol{x}$ 的重构 $\hat{\boldsymbol{x}}$，即：

$$\hat{\boldsymbol{x}} = g(\boldsymbol{h}) \tag{5.4}$$

通过最小化重构误差就可以利用反向传播算法训练自编码器网络。自编码器的目标函数如下：

$$L(\boldsymbol{x}, \hat{\boldsymbol{x}}) = L\big(\boldsymbol{x}, g(f(\boldsymbol{x}))\big) = \frac{1}{N}\sum_i \|x_i - \hat{x}_i\|_2^2 \tag{5.5}$$

式中，N 为样本数量；$L(\boldsymbol{x}, \hat{\boldsymbol{x}})$ 是一个损失函数，它描述了原始输入 $\boldsymbol{x}$ 和重构输出 $\hat{\boldsymbol{x}}$ 的差异，然后同多层感知机（MLP）一样，误差信号可以被反向传播，用来调整隐含层的权值。

5.4.2　从信息瓶颈看自编码器的原理

事实上，我们还可以从信息论的角度来说明自编码器的工作原理。首先，将输入 $\boldsymbol{x}$ 送入一个信息瓶颈（Information Bottleneck）[①]，这个"瓶颈"决定了有多少信息被保存

① 信息瓶颈是信息论中的一种方法，由纳夫塔利·泰斯比、费尔南多·佩雷拉与威廉·比亚莱克于 1999 年提出。

在编码 h 中。然后，一个解码器网络对编码 h 进行解码，得到重构输出 $\hat{x}$ 。

用自编码器来压缩输入数据在理论上看起来很美好，然而实际效果却不尽如人意，其原因有三。

（1）由于自编码器是训练出来的，因此它的压缩能力（或者说编码能力）仅适用于与训练样本相似的样本，即泛化能力有限。

（2）自动编码器是有损的，也就是说，解码得到的输出与原来的输入相比是退化的。

（3）自编码器还要求编码和解码能力不能太强，否则在极端情况下，凭借神经网络强大的拟合能力，它们有可能完全记住训练样本，这时隐含层的编码所谓何物已不再重要，更无须谈其压缩能力了。

因此，一个理想状态的自编码器的作用并非完美重构其输入，而是在满足一定约束条件的情况下，尽可能重构输入。这里的"约束条件"就是自编码器的"信息瓶颈"。"信息瓶颈"理论认为深度神经网络在学习过程中像把信息从瓶颈中挤压出去一般去除噪声，只保留与通用概念最相关的特征[8]。

我们可以这样理解，假设 X 是一个复杂的数据集，比如是一张关于狗的图像矩阵，而 Y 是这些数据代表的一个更为简单的变量，比如单词"狗"。我们可以任意压缩 X 而不丢失预测 Y 的能力，这样一来，就将 X 中所有与 Y "相关"的关键信息保留下来了。"信息瓶颈"把关键信息保留下来了，而把无用的信息"挤"出去了，从而达到去伪存真之功效。

"信息瓶颈"的设计对自编码器至关重要[9]。当一个自编码器没有"瓶颈"时，它就很容易"记住"输入的信息，并直传给解码器用于输出，这就使自编码器丧失了意义。自编码器的核心诉求就是获得一个不一样的编码表达。

设计"瓶颈"的方案有很多，一个自然的想法就是限制编码 h 的维度，这就是所谓的"欠完备自编码器"；此外，还可以增加正则化（惩罚）项来阻断输入和输出之间的"记忆"，这就是"正则化自编码器"。

5.4.3 欠完备自编码器

增加信息流动的阻力，如限制编码 h 的维度，让其维度远小于输入 x 的维度，这就是一个简单且直接的"信息瓶颈"设计方案。这种隐含层编码维度小于输入维度的自编码器称为"欠完备自编码器（Under complete Autoencoder）"。学习一个欠完备的表示，将强制自编码器捕捉训练数据中最显著的特征。

事实上，图 5-7 就是一个欠完备自编码器的示意图。在这个自编码器中，每个圆圈代表一个神经元，隐含层的神经元个数远远小于输入层神经元个数，编码器就可以将高维输入转换为低维编码向量，解码器则反向处理此过程。通过最小化重构误差，模型就可以把最重要的输入信息（压缩）保存在隐含层编码向量中。

最简版的自编码器隐含层只有一层，其实可以堆叠更多的隐含层，这就是堆栈自编码器（Stacked Auto Encoder，SAE）①。SAE 的目标在于，在简单自动编码器的基础上增加隐含层的深度，以获得更好的特征提取能力和训练效果。图 5-7 其实也是一个 SAE。

① 堆栈自编码器也叫深度自编码器（Deep Auto Encoder）。

5.4.4　正则化自编码器

通过堆叠更多的网络层数，可以提高自编码器的拟合能力，这种拟合能力也称为深度学习的容量（Capacity）。但提升自编码器容量时需要慎重，这是因为，如果解码器和编码器的容量过大，自编码器便能"记住"训练样本，这时它无法（也无须）学习任何有用的编码信息。

为防止自编码器只学习到一个从输入到输出的恒等函数，人们在自编码器的损失函数中添加了一定的干扰因素——正则化项（Regularization，有时也称为惩罚项）。

$$\underbrace{L\big(\boldsymbol{x}, g(f(\boldsymbol{x}))\big)}_{\text{损失函数}} + \gamma \underbrace{\Omega(\boldsymbol{h})}_{\text{正则化项}} \tag{5.6}$$

在式(5.6)中，传统的损失函数 $L(\cdot)$ 只考虑在训练集上的经验风险。这种做法倾向于让神经网络为尽可能缩小训练误差而"上下求索"，但这种"过度迎合"训练集的结局，就很可能会导致另外一个尴尬的问题——过拟合（Overfitting），即只在训练集上性能表现优越，但在新样本集上表现不佳。

为了对抗过拟合，我们需要向损失函数中加入描述模型复杂程度的正则化项 $\Omega(\boldsymbol{h})$，将经验风险最小化问题转化为结构风险最小化问题。γ 是用于控制正则项重要程度的参数，是一个人为设定的超参数。

损失函数添加了正则化项就可以鼓励自编码器模型学习其他特征（而非简单地用重构输入）。有了正则化项后，自编码器就不必限制使用浅层编码器和解码器，或通过限制编码 $\boldsymbol{h}$ 的维度来限制模型的容量。

有了正则化项的"干扰"，自编码器就可以学习一些额外的特征（如稀疏表示）。即使模型容量大到足以学习一个无意义的恒等函数，非线性且过完备的正则自编码器仍然能够从数据中学到一些关于数据分布的有用信息。

正则化项通常包括对光滑度及向量空间内范数上界的限制。L_p 数是一种常见的正则化项。在文献[10]中，编码 h 的正则化项就采用了 L_1 范数，其表达式是：

$$\Omega(\boldsymbol{h}) = \|\boldsymbol{h}\|_1 = \sum_i |w_i| \tag{5.7}$$

式中，w_i 为神经网络中需要训练得到的参数。

基于 L_1 范数的正则化项会使编码 h 变得稀疏，因此这种编码器也称为稀疏自编码器（Sparse Auto Encoder）。L_1 范数主要是用以约束隐含层中的大部分节点权值为 0，仅少数不为 0，这就是"稀疏"名字的来源。

LSTM（GRU）中的"门控"思想主要是在隐含层中使用 Sigmoid 函数实现的。当神经元输出较大，趋近于 1 时，就处于"活跃"状态，反之，当输出较小接近 0 时，就处于"非活跃"状态。我们可以借鉴这个思想完成自编码器的稀疏性表达：限制编码 h 中的神经元活跃度来约束模型的容量（其实这也是另外一种形式的信息瓶颈），尽可能让大多数神经元处于"非活跃"状态。

那么该如何定义神经元的"非活跃度"呢？对于一个给定的 x，设 $h(x)$ 是自编码器学到的编码，那么一组个数为 m 的训练样本集，一个神经元 i 的活跃度就是它对所有样本编码的均值，用 $\hat{\rho}_i$ 表示：

$$\hat{\rho}_i = \frac{1}{m}\sum_{i=1}^{m} h(x_i) \tag{5.8}$$

我们设定一个接近 0 的超参数（比如 0.05），记作 ρ，然后对于这个编号为 i 的神经元，给出一个限定条件：

$$\hat{\rho}_i = \rho \tag{5.9}$$

隐含层的每个神经元都服从均值为 $\hat{\rho}$ 的伯努利分布。也就是说，一个均值为 $\hat{\rho}$ 的分布要向均值为 ρ 的分布靠拢，这就需要衡量两个分布的差异，而衡量两个分布的差异（实际上也是一种损失函数）时常用的方法就是 KL 散度（相对熵）：

$$\Omega(\boldsymbol{h}) = \sum_j \left(\rho \log \frac{\rho}{\hat{\rho}_i} + (1-\rho)\log \frac{1-\rho}{1-\hat{\rho}_i} \right) \tag{5.10}$$

当两个分布相差较大时，KL 散度较大；当两个分布完全相同时，KL 散度为 0。将 KL 散度作为正则化项时，就会对与 ρ 相差较大的神经元进行惩罚，从而得到稀疏的编码特征。

正则化项既可以被应用在欠完备自编码器上，也可以单独作为"信息瓶颈"。也就是说，当正则化项存在时，隐含层编码 h 的维度未必一定比输入维度低[9]。

5.4.5　降噪自编码器

与其他自编码器有所不同的是，降噪自编码器（Denoising Auto Encoder，DAE）在训练时所用的输入数据是"损坏"的，也就是添加了噪声。在前面的讨论中，我们提到正则化方法，对以重构为目的的损失函数进行一定程度上的惩罚，其目的在于，希望自编码器能对训练数据不那么敏感，从而提高泛化能力。

事实上，还有一种提高泛化能力的方法，那就是略微添加部分噪声，扰动输入数据，然后使得自编码器学会去除这种噪声，最终获得没有被噪声污染过的真实输入。降噪自编码器如图 5-8 所示。通过这样的操作也能强制自编码器提取最重要的特征，并学习到输入数据更为健壮的表示方式。

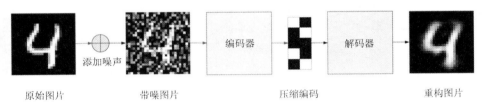

原始图片　　　　　　带噪图片　　　　　　　压缩编码　　　　　　重构图片

图 5-8　降噪自编码器

降噪自编码器的核心主张是这样的，它认为一个能够重构出原始数据的神经网络表达未必是最好的，能够对稍微损坏（添加噪声）的原始数据进行编码和解码，还能恢复出无噪声的数据，这样的网络（或是学习到的特征表示）才是最好的。

降噪自编码器类似人体的感官系统，比如人眼看物体的时候，如果物体的某一小部分被遮住了，人依旧能将其识别出来。多模态的信息（如声音、图像等）即使少了其中某个维度，有时影响也不是很大。

5.4.6　变分自编码器

如前所述，自编码器是一种数据压缩与重构的方法。例如，在图 5-8 中，对于降噪自编码器来说，识别手写数字图片经历编码、压缩、重构等过程，最终生成与原来图片接近且去除噪声的图片。这类自编码器是一个"输出基本锁定为输入"的模型，因此它无法"无中生有"地造出一个新的手写数字。

而变分自编码器（Variational Auto Encoder，VAE）[11]则不一样，它可以用于生成新的样本数据。2014 年，Kingma 等人于提出了基于变分贝叶斯（Variational Bayes）的推断生成式网络结构。与传统的自编码器不同，它的中间层不再是生成某个输入的嵌入表示，而是以概率的方式（隐变量的概率分布）描述对潜在空间①的观察，这在数据

① 简单来说，潜在空间是数据的隐式表示，其用途就是学习数据的特征并简化数据表示形式，从而使其更易于分析，这是表示学习的核心。

生成方面表现出了巨大的应用价值。VAE 一经提出就迅速获得了深度生成模型领域的广泛关注，与生成对抗网络（Generative Adversarial Networks，GAN）[12]一同被视为无监督学习领域最具研究价值的方法之一。

与传统的自编码器类似，变分自编码器也是由编码器与解码器两部分构成的：前面部分用于对原始输入数据 x 进行变分推断，以生成隐变量的变分概率分布，故称为推断网络；后面部分的网络则根据隐变量的概率分布生成与 x 近似的数据，故后者称为生成网络。变分自编码器的工作流程如图 5-9 所示。

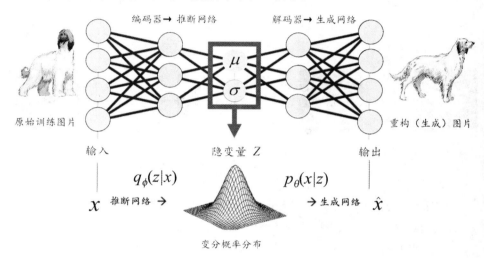

图 5-9　变分自编码器的工作流程

下面给出变分自编码器的形式化描述。首先假设有一批高维的可观测数据样本 $\{x_1, x_2, \cdots, x_N\}$，其整体用 X 来描述：

$$X = \{x_i\}_{i=1}^{N} \tag{5.11}$$

我们所期望的是，神经网络通过观测数据 $\{x_1, x_2, \cdots, x_N\}$，能够拟合得到 x 的概率分布[①]，不妨设为 $p(x)$。一旦推断出概率模型 $p(x)$[②]，那么我们就可以直接根据 $p(x)$ 来采样，从而获取所有可能的 X。如果这个获取的 X 包括输入数据 $\{x_1, x_2, \cdots, x_N\}$ 之外的样本，其集合设为 $\hat{X}$，那么这就是一个生成模型了。

显然，VAE 是一个生成模型[③]。在 VAE 中，推断网络要从观察值 x 中推断出隐变量 z，生成网络就是要构建一个从隐变量 z 生成目标数据 x 的模型。我们希望找到的 VAE 模型最符合观察数据，也就是说，找到能产生和观察分布最相似分布的模型。这句话潜在的含义就是，观察样本和生成样本之间"和而不同"。"和"是指二者的分布尽

① 概率分布描述的是一个或多个随机变量在不同状态下的概率。
② 比如，获取概率模型的均值（μ）和方差（σ）。
③ 生成模型的目标是通过从一系列观察样本（也就是训练样本）x 中寻找规律，对其进行概率建模，以便生成与观察值概率分布相似的数据。

可能相似，"不同"是指二者"外观"有所差异。

原始输入 x 符合某种分布，而根据 x 重构而出的数据也符合某种分布，这两种分布可能有所不同，二者的差距即分布损失①。对自编码器进行端到端训练，使模型达到优化，即当这两种概率分布差距最小时，就可以学习得到隐变量的推断网络和生成网络。

基于上述假设，省去一些冗长的推导[12]，我们可以定义下列损失函数：

$$L(\theta,\phi) = \underbrace{-E_{z \sim q_\phi(z|x_i)}\Big[\log_{p_\theta}\big(x_i \mid z\big)\Big]}_{\text{变分下界}} + \underbrace{D_{\mathrm{KL}}\Big[q_\phi(z \mid x_i) \| p_\theta(z)\Big]}_{\text{正则化项}} \tag{5.12}$$

损失函数的第一部分是变分下界，它描述的是神经网络重建数据的损失。损失函数的第二部分正则化项是 KL 散度，衡量先验概率分布 $p_\theta(z)$ 与后验概率分布 $q_\phi(z \mid x)$ 之间的差异，二者差异越小越好。从式(5.12)可以看出，对于理想的 VAE 模型，可以通过精确学习概率分布参数实现对数据的精确重构。

① 两个数据分布的差异常用 KL 散度（Kullback-Leibler Divergence）来度量，KL 散度描述的是，预期 $q(x)$ 分布用真实 $q(x)$ 分布来进行编码时所需的额外比特数。

5.5　嵌入表示与 Word2vec

机器只有能感知外界信号，方能学习，继而才能决策。而外界信号的原始形态，通常机器都无法直接感知和理解，它们需要经过适当的编码才能被机器感知。因此，如何给万物合理编码，就是一门学问。"Embedding"在本质上就是用向量表示一个对象，或者说是帮对象在数字世界找到一个好的编码表示。

嵌入技术由最初的自然语言处理领域逐渐扩展到传统机器学习、搜索排序、推荐、知识图谱等领域，具体表现为由词嵌入（Word Embedding）向商品嵌入（Item Embedding）、图嵌入（Graph Embedding）等方向延伸。

5.5.1　词嵌入

从计算的视角来看，词的语义可以由它的上下文来确定。人在运用语言时，其实也无须记住每个词的精确定义，而是可以根据这个词出现的上下文来赋予该词应有的语义。比如说"打"这个词，放在"张三打人"这个语境中，其含义就是"击，敲，攻击"，而放在"张三打车"这个语境中就表示"乘坐"。同一个"打"字，之所以有不同的解读，是因为它们有不同的上下文。

根据这个思路，我们希望能够通过统计词在大量语料中的上下文规律，来计算该词的分布式向量表示。这种分布式向量的维度远远低于词库的大小，故称低维稠密向量，也称为词嵌入。

下面介绍"词嵌入①"这个术语的来历。"嵌入"技术最早起源于 2000 年。当时，伦敦大学学院（University College London）的研究人员罗维斯（Roweis）与索尔（Saul）在《科学》杂志上撰文[14]，提出了局部线性嵌入（Locally Linear Embedding，LLE）策略，它被用来从高维数据结构中学习低维表示方法（其核心工作就是降维）。

2003 年，机器学习领域著名学者约书亚·本吉奥等人发表了一篇开创性的论文：*A neural probabilistic language model*（一个神经概率语言模型）[15]。在这篇论文里，约书亚·本吉奥等人总结出了一套神经网络语言模型（Neural Network Language Model，NNLM），并首次提出了"词嵌入"的理念（但当时并没有取这个名字）。

在自然语言处理中，"词嵌入"基本上是语言模型与表示学习技术的统称。从概念上讲，它是指把一个维度等于所有词数量的高维空间（如前面提到的独热编码）"嵌入"一个维度低得多的连续向量空间中，并使得每个词或词组都被映射为实数域上的向量[16]。

那么，这个"嵌入"到底是什么意思呢？简单来说，在数学上，"嵌入"表示的是一个从高维到低维的映射 $f: X \rightarrow Y$，也就是说，它可以被简单看作一个映射函数。不过这个函数有点特殊，要满足两个条件：（1）单射，即每个 Y 只有唯一的 X 与之对应，反之亦然；（2）结构保存，比如，在 X 所属的空间中有 $x_1 > x_2$，那么通过映射之后，在 Y 所属的空间上一样有 $y_1 > y_2$。

具体到"词嵌入"②，就是要找到一个映射或函数，把词从高维空间映射到低维空间，其中的映射满足前面提到的单射和结构保存特性，且"一个萝卜一个坑"，好像是"嵌入"另外一个空间一样，这种表达方式称为词表征（Word Representation）。

在 2012 年以后，"词嵌入"技术突飞猛进。托马斯·米科洛维等人提出了一种 RNNLM 模型[17]，用递归神经网络代替原始模型里的前向反馈神经网络，并将"嵌入层"与 RNN 里的隐含层合并，从而解决变长序列的问题。

在 2013 年，由米科洛维领导的谷歌团队再次发力，开发了 Word2vec③技术实施嵌入，使得向量空间模型的训练速度大幅提高[18]，并成功引起工业界和学术界的极大关注。在自然语言处理中，通常利用深度学习平台（如 PyTorch、TensorFlow 等）不断学习，最后得到需要的词向量。

相比独热编码的离散值特性（非 0 即 1），Word2vec 可以将词语转为连续值，而且意思相近的词还会被映射到向量空间相近的位置。这样一来，我们就能以定量的方式去度量词与词之间的关系，挖掘词之间的联系。

经过"词嵌入"操作之后，数十万维度的稀疏向量可能被映射为数百维的稠密向量。

① 亦有资料将其译为"词向量"。

② 事实上，这个"嵌入"概念不仅适用于"词嵌入"，还适用于"图嵌入""语音嵌入"，只要满足高维到低维的变化，只要满足单射和结构保存特性，都可称为"嵌入"。

③ Word2vec 中的"2"其实是英文环境中一个常见的"谐音梗"，"2"发音同"to"，因此 Word2vec 的本意就是从单词（Word）到（to）向量（Vector，简写 Vec）。

在这个稠密向量中,其每一个特征都可能有实际意义,这些特征可能是语义上的(如 boy 和 man 虽然年龄上不同,但语义上都是男性);可能是语法上的(如单复数,girl 和 girls 的差别);也可能是词性上的(如是名词还是动词);还可能是时态上的(如 teach 和 taught 都表达"教"的含义,但发生的时间不同),诸如此类。

词嵌入还具有类比和叠加特性,它让词向量有一定的可解释性。比如,让我们假设 "中国"、"首都"和"北京"等词向量如下:

```
vec(中国) =[1.22,  0.34, -3.82]
vec(首都) =[3.02, -0.93, 1.82]
vec(北京) =[4.09, -0.58, 2.01]
```

要找出中国的首都,可以在"中国"词向量上加上"首都"词向量。

```
vec(中国)+vec(首都)=[1.22, 0.34, -3.82]+[3.02, -0.93, 1.82]
                  =[4.24, -0.59, -2.00]
```

由于"中国"与"首都"的词向量之和与"北京"的词向量相似,因此模型可以得出"中国的首都是北京"的结论。

```
[4.24, -0.59, -2.00] ≅ [4.09, -0.58, 2.01]
vec(中国)+vec(首都) ≈ vec(北京)
```

类比特性还拥有类似于"$A-B=C-D$"这样的结构,可以让词向量中存在一些特定的运算,例如:

$$vec(中国) - vec(北京) \approx vec(美国) - vec(华盛顿)$$

这个减法运算的含义是,北京之于中国,就好比华盛顿之于美国,它们都是所在国家的首都,这在语义上是很容易理解的,但是通过数学运算表达出来,还是"别有一番风味"(见图 5-10)。

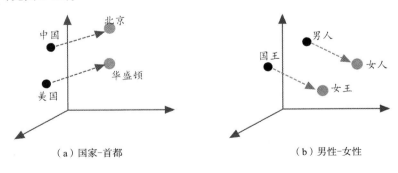

（a）国家-首都　　　　　　（b）男性-女性

图 5-10　词向量的类比特性

另外，男人和女人的向量差距与国王与女王的向量差距类似，都是性别不同带来的；"walking"和"walked"的向量差距与"swimming"和"swam"的向量差距也是类似的，都是时态不同带来的[19]。

向量嵌入其实是一种思想。更有趣的实验发现是这样的，我们经常说"诗情画意"，实际上，这指的是两个层面的事情，"诗情"主要是文字描述，"画意"主要是图片描述。比如王勃的名句"落霞与孤鹜齐飞，秋水共长天一色"，机器通过大量训练发现，在语义和情景上有类似之意的"落霞"和"孤鹜"及"秋水"和"长天"，它们在向量空间中，会被映射到类似的位置，这种朦胧且难以名状的"情"与"意"，居然在机器天地里"融会贯通"，不禁令人惊叹不已。

5.5.2　Word2vec 的核心思想

Word2vec 一词最初用来指程序或工具，但是随着该词的流行，在某些语境下，也指神经网络的模型。应用 Word2vec 模型分为两个部分，第一部分是建立模型，第二部分是通过模型获取词向量。Word2vec 的整个建模过程与前面介绍的自编码器思想有相通之处①，即先基于训练数据构建一个神经网络，当这个模型训练好以后，"醉翁之意不在酒，在乎山水之间也"，我们并不会拿这个训练好的模型处理新的任务，而是只关心模型训练完成后的副产物——模型参数（这里特指神经网络的权值矩阵），它们就是所谓的词向量。基于训练数据建模的过程，我们给它起一个名字，叫"Fake Task（伪任务）"，这表明建模并不是我们最终的目的。

Word2vec 的核心思想可以简单归结为：利用海量的文本序列，根据上下文单词预测目标单词共现（Co-Occurrence）的概率。Word2vec 有两种不同的实现版本。

（1）给定某个中心词的上下文去预测该中心词，类似于英语考试中的完形填空，这个模型称为连续词袋（Continuous Bag Of Word，CBOW[20]）。

（2）给定一个中心词，去预测它的上下文，这个模型称为跳元模型（Skip-Gram[18]）。

CBOW 与跳元模型的区别见图 5-11。

在本质上，CBOW 和跳元模型都属于一种浅层的神经网络。我们要训练神经网络做以下事情：给定一个特定的单词（输入单词），神经网络会告诉我们词汇表中每个单词是我们所选单词"邻近单词"的概率。

---

① 类似的地方在于，通过在隐含层将输入进行压缩编码，继而在输出层重构输入，训练完成后，会将输出层"砍掉"，仅保留隐含层（编码部分）。

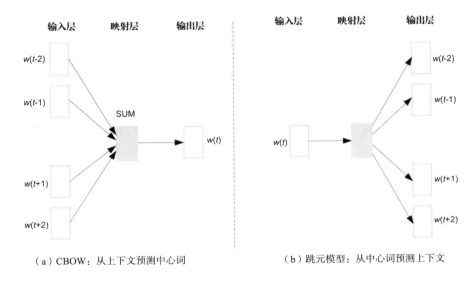

（a）CBOW：从上下文预测中心词　　　　　（b）跳元模型：从中心词预测上下文

图 5-11　CBOW 和跳元模型的区别

抛开提供数据的输入层（Input）不谈，CBOW 和跳元模型都包含两类网络层：一个映射层（Projection，也就是隐含层）和一个输出层（Output）。由于这两种模型都使用不带标签的数据，因此都属于自监督模型[①]。

输入层中的每个词都是由独热编码表示的，即所有词均表示为一个 N 维向量，其中 V 为单词表中的单词总数。在独热编码向量中，每个词在字典中的索引位置，与之对应的维度位置为 1，其余位置全部为 0。

在映射层中有 K 个隐含神经元，与 N 维输入向量神经元构成 $N \times K$ 个连接权值矩阵。同理，输出层的值也是一个 N 维向量（对于词汇表的个数），通过隐含层向量（K 维）的连接得到一个 $K \times N$ 维权值矩阵（K 对应的是每个单词的嵌入向量维度），每一维都和单词表中的一个单词对应。最后，对输出层向量使用 Softmax 激活函数做归一化处理，可以计算每个单词的生成概率。

5.5.3　跳元模型

跳元模型在图嵌入中应用更为广泛，因此本书对该模型进行较为详细的讨论。如前所述，跳元模型假设一个中心词可以用来在文本序列中生成其周围的单词。以文本序列 "the quick brown fox jumps over the lazy dog" 为例。假设中心词（记为 w_c）选择 "jumps"，为简单起见，将上下文窗口设置为 2（skip_window = 2，见图 5-12），跳元模

① 通过输入句子的错位构建输出层的标签，而无须人为构建标签，因此被称为自己监督自己。

型考虑生成上下文单词"brown""fox""over""the"的条件概率为：

$$P(\text{"brown","fox","over","the"}|\text{"jumps"})\qquad(5.13)$$

为了简化计算，我们假设上下文单词是在给定中心词的情况下独立生成的。在这种情况下，式(5.13)所示的条件概率可以重写为乘积形式：

$$P(\text{"brown"}|\text{"jumps"})\cdot P(\text{"fox"}|\text{"jumps"})\cdot P(\text{"over"}|\text{"jumps"})\cdot P(\text{"the"}|\text{"jumps"})\quad(5.14)$$

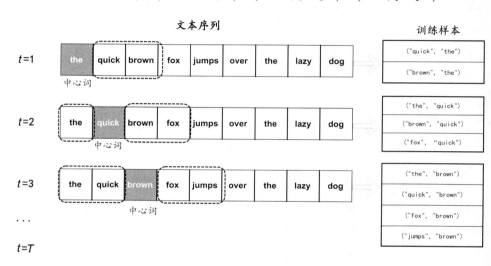

图 5-12　中心词环境下的训练样本

式(5.14)仅仅考虑正样本（记为 D）的情况，事实上，我们还要考虑中心词的负样本（记为 $\bar{D}$），也就是"游离"在滑动窗口之外的单词。要想正确根据中心词预测其上下文，我们需要最大化正样本作为上下文出现的概率，同时要最小化负样本作为上下文出现的概率，在此基础上构造目标函数。这种构建正负样本，并最大化正样本之间的相似度，最小化负样本之间的相似度的方法，是表示学习中构建损失函数的一种常见策略。这类损失可以统称为对比损失（Constrastive Loss）[21]。

那么，这些单词嵌入表示是如何获得的呢？首先，我们知道机器并不能直接识别单词字符串，为了让机器能感知到这些单词字符串，需要对它们进行编码。最简单的编码莫过于前面介绍的独热编码。为此，我们先要为训练文本构建词汇表——假设表中有 10 000 个独特的单词。

假设当前的输入单词为"fox"，将其表示为一个独热编码向量。这个向量将有 10 000 个分量（词汇表中的每个单词都有类似分量），我们将在单词"jumps"对应的位置放一个"1"，在剩余位置均放 0。神经网络的输出（预测）也是一个向量（也有 10 000 个分量），向量中的每个位置代表词汇表中的每个单词，与输入有所不同的是，输出的 10 000 维向量，不再是 0 或 1 这样的数值，其每个维度的值代表对应单词出现的概率（通过 Softmax 归一化来实现）。通常我们选择出现概率最大的单词作为下一个预测的单词。跳元模型的网络架构如图 5-13 所示。

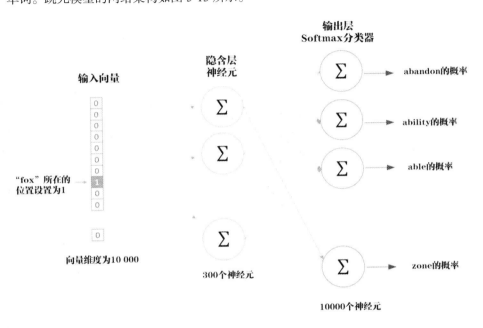

图 5-13　跳元模型的网络构架

　　隐含层神经元没有激活函数。当用单词训练这个网络时，输入是一个表示输入单词的独热编码向量，输出预期值也应是一个表示输出单词的独热编码向量，但实际的输出使用了归一化函数 Softmax[1]，因此是一个概率分布（也就是说，是一堆浮点数，而不是一个独热向量）。

　　在图 5-13 所示的案例中，我们的任务是学习包含 300 个特征的词向量。因此，隐含层将由一个权值矩阵表示，该矩阵有 10 000 行（词汇表中每一行代表一个单词），有 300 列[2]（每一列代表每个隐含层神经元对每个单词的打分，即权值）。这个权值矩阵的每一行实际上就是词汇表中每个单词的嵌入式词向量。从网络权值到词向量如图 5-14 所示。

① 使用 Softmax 函数的目的在于将隐含层输出的 logits 转换成概率。

② 此处的 300 显然是一个超参数，我们可以自行调节这个参数，进而来测试单词嵌入向量的效果。

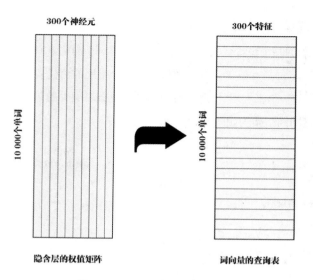

图 5-14　从网络权值到词向量

神经网络训练的最终目标实际上只是学习这个隐含层权值矩阵，输出层仅仅是训练模型的副产品——最终会被抛弃，也就是为什么我们称模型的输出是一个"伪任务"。

当模型训练完成后，我们会得到一个包括单词表中所有词的嵌入式词向量大矩阵，而如何从大矩阵中检索出对应的词向量，就是下一个需要我们解决的问题。

我们可以定义一个映射函数 $f(w_i)$ 来检索表（Look-Up Table）[①]。一旦定义好这个映射函数，只要给定单词的索引 i，就可以直接查询到单词 w_i 对应的嵌入 u_i。映射函数定义如下：

$$f(w_i) = e_i W \tag{5.15}$$

式中，$e_i \in \{0,1\}^N$ 表示单词 w_i 的独热编码，其中 $N = |V|$ 表示单词表中单词的数量。$W^{N \times d}$ 就是要学习的词向量嵌入参数，其中 d 为嵌入的维度，矩阵 W 的第 i 行是单词 w_i 的嵌入表示。

这里举一个小例子，可以给读者一个直观的印象。假设学习得到词向量矩阵 W（也称为查询表）如下所示，为简单起见，我们仅仅列出四个单词在三个维度上的词向量：

$$W = \begin{pmatrix} 1.5 & 8.7 & 1.7 \\ -1.3 & 3.1 & 2.9 \\ 5.1 & -3.7 & -0.7 \\ 2.5 & -4.5 & 8.1 \end{pmatrix}$$

现在假设想提取第二个单词的词向量，我们可以用这个单词的独热编码（类似于

① 在深度学习框架（如 TensorFlow 和 PyTorch）中，都有类似的词嵌入查表函数，如在 TensorFlow 中有 tf.nn.embedding_lookup，在 PyTorch 中有 torch.nn. Embedding。

单词自身的索引）来提取，如图 5-15 所示。

$$(0\ \ 1\ \ 0\ \ 0)\underbrace{\begin{pmatrix} 1.5 & 8.7 & 1.7 \\ -1.3 & 3.1 & 2.9 \\ 5.1 & -3.7 & -0.7 \\ 2.5 & -4.5 & 8.1 \end{pmatrix}}_{词向量矩阵\ \boldsymbol{W}} = \underbrace{(-1.3\ \ 3.1\ \ 2.9)}_{提取的词向量}$$

单词的独热编码（索引）

图 5-15　利用独热编码作为索引

我们可以用 NumPy 简单验证上述过程。

【范例 5-2】利用独热编码提取词向量（one_hot_lookup.py）。

```
01    import numpy as np
02    W = np.array([[1.5, 8.7, 1.7],
03                  [-1.3, 3.1, 2.9],
04                  [5.1, -3.7, -0.7],
05                  [2.5, -4.5, 8.1]] )
06    one_hot = np.array([0, 1, 0, 0])
07    one_hot @ W    #等价：one_hot.T.dot(W)
```

【运行结果】

```
array([-1.3, 3.1, 2.9])
```

需要注意的是，上述计算过程可能造成一个假象，即看起来词向量矩阵 $\boldsymbol{W}$ 比单词的独热编码复杂得多。但实际情况是，单词的独热编码可能有几十万维（和单词个数成正比），而词向量矩阵通常是 100、200 这样的低维向量。

跳元模型在输出层的处理是如何进行的呢？给定一个输入词 w_c（中心词，其在单词表中的索引为 c），它在词向量矩阵 $\boldsymbol{W}$ 中嵌入式表达为行向量 $\boldsymbol{v}_c$；中心词对应的上下文词为 w_o（其在词典中的索引为 o），它在上下文矩阵 $\boldsymbol{W}'$ 中被表示为列向量 $\boldsymbol{u}_o$。于是，在输出层生成任何上下文词 w_c 的条件概率，可以通过 Softmax 操作来建模[3]，Softmax 的核心要点是将神经元输出的 logits 归一化为 0 到 1，所有这些输出值的总和为 1，因此人们常把 Softmax 的输出视作概率来用[18]：

$$P(w_o \mid w_c) = \frac{\exp(\boldsymbol{u}_o^{\mathrm{T}} \boldsymbol{v}_c)}{\sum_{j \in V} \exp(\boldsymbol{u}_j^{\mathrm{T}} \boldsymbol{v}_c)} \quad (5.16)$$

式中，词汇表 $V = \{0, 1, \cdots, |V|-1\}$。

在模型中，每个词需要用两个 d 维向量表示。也就是说，对于词典中索引为 i 的任何单词，它有两个角色：第一，自己作为中心词；第二，作为其他中心词的上下文单词。它们分别用 $v_i \in \mathbb{R}^d$ 和 $u_i \in \mathbb{R}^d$ 两个向量来表示，分别称为中心词向量和上下文向量。将这些向量汇集起来就是一个个词向量矩阵。

输入层与隐含层神经元的连接权值构成了词向量矩阵 W。而隐含层神经元和输出层经元之间的权值构成了上下文矩阵 W'，词向量矩阵与上下文矩阵如图 5-16 所示。

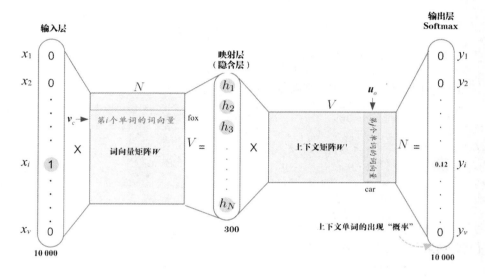

图 5-16　词向量矩阵与上下文矩阵

式(5.16)还是过于抽象，我们还以 fox 为中心词来说明输出层的运作过程。在词向量矩阵 W 中，fox 其中的某一行，尺寸为 1×300，现在我们要预测下一个出现的单词，目前共有 10 000 个候选词，这些词的词向量汇集在上下文矩阵 W' 中，每一列为一个候选词的词向量。

为了选出最合适的候选词，需要将 fox 这个行向量与隐含层的上下文矩阵 W' 中的每个列向量（共有 10 000 个）做点积运算，获取 10 000 个点积结果。为了便于比较，人们更习惯将这些结果用 Softmax 操作进行归一化。归一化之后的结果均大于 0 且小于 1，总和等于 1，因此可以当作概率来用。于是，我们就得到 10 000 个概率值，然后选择概率最大的作为 fox 之后出现的单词。

从式(5.16)中可以看出，如果想要增加式(5.16)所示的概率，实际上就需要增加分子部分的 $u_o^T v_c$，即中心词和上下文单词之间的内积，两个词的内积就是两个词的互信息（Mutual Information）[1]，内积越大，它们的相似度越大，共现的概率自然也就越大。中心词和上下文单词之间的内积，还可以看作一种注意力机制（Attention Mechanism）[2]，即中心词最有可能出现时, 其上下文单词被分配的注意力就高, 在数学表达上, 就是内积大。

假设我们从单词表中随机抽取一个上下文单词 car (见图 5-17), 可以想象, fox 和 car 的内积会比较小。在训练集中, 二者成为上下文的概率非常小, 因此, 训练之后它们对应的词向量相似度会比较小。

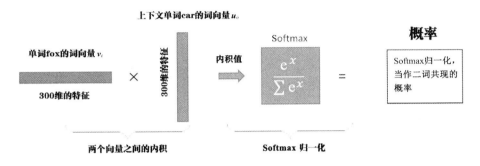

图 5-17　中心词与上下文单词的共现概率

5.6　词嵌入实战

没有实践检验的理论是灰色的。为了增强读者对词向量的感性认识, 下面结合一个实战项目让读者体会前述理论的 "用武之地"。对理论的编程实现, 我们没有必要 "重造轮子", 因为关于词向量的专业级实现框架有很多, Genism 库就是其中的佼佼者。Gensim 库是一个用于自然语言处理的开源 Python 库[①]。Gensim 库使我们能够通过自定义语料库训练自己的 Word2vec 模型, 以便实现词嵌入。下面我们就以 Gensim 为例来完成部分理论的验证。

① 可通过在命令行输入指令 "pip install gensim" 来安装 Gensim 库。

5.6.1　读取数据集

本例中使用的数据集来自 Kaggle 数据集 (也可从随书资源中获取: data.csv)。这个汽车数据集包括汽车的制造商、型号、年份、发动机和其他属性。我们将使用这些特征为每个品牌 (Make[②]) 模型生成词嵌入, 然后比较不同 Make 之间的相似性。

为了方便说明代码含义, 我们用 Jupyter 来逐步加载代码[③]。首先用 Pandas 读取这个数据集。

② 说明: 这里的 Make 作为名词, 表示 (机器、设备等的) 品牌, 型号。

③ 完整代码可参考随书代码【范例 5-3】: word-vector.py。

```
In [1]:
01    import pandas as pd
02    df = pd.read_csv('data.csv')              #读取数据集
```

```
03    df.head()                                    #显示前 5 行
```

Out[1]:

	Make	Model	Year	Engine Fuel Type	Engine HP	Engine Cylinders	Transmission Type	Driven_Wheels	Number of Doors	Market Category	Vehicle Size
0	BMW	1 Series M	2011	premium unleaded (required)	335.0	6.0	MANUAL	rear wheel drive	2.0	Factory Tuner,Luxury,High-Performance	Compact
1	BMW	1 Series	2011	premium unleaded (required)	300.0	6.0	MANUAL	rear wheel drive	2.0	Luxury,Performance	Compact
2	BMW	1 Series	2011	premium unleaded (required)	300.0	6.0	MANUAL	rear wheel drive	2.0	Luxury,High-Performance	Compact
3	BMW	1 Series	2011	premium unleaded (required)	230.0	6.0	MANUAL	rear wheel drive	2.0	Luxury,Performance	Compact
4	BMW	1 Series	2011	premium unleaded (required)	230.0	6.0	MANUAL	rear wheel drive	2.0	Luxury	Compact

5.6.2　数据预处理

使用 Genism 库就得按照 Gensim 库的规则来行事。Gensim 库要求每个文档都必须包含在一个列表（List）之中，每个列表包含该文档的所有单词。多个文档汇聚在一起，就构成了列表的列表（嵌套列表）。为了模拟自然语言处理环境，我们用每一列模拟一个单词，而每一行数据"汇聚"在一起，用以模拟句子序列，句子序列用于模拟一篇文档。

为了提取汽车品牌与型号的词向量，我们将汽车"品牌（Make）"与"型号（Model）"进行合并。这样一来，品牌与型号可被视为"中心词"，而关于这个汽车品牌的其他特性，都是为了烘托这个"中心词"而存在的"单词序列"。为了实现这些，我们需要做以下数据预处理操作。

（1）品牌与型号的组合就是一个具体的车型。下面我们先为品牌与型号（Make + Model）创建一个新的列。

```
In [2]:
df['Maker_Model']= df['Make']+ " " + df['Model']   #两列中间用空格隔开
```

（2）再为每个"品牌与型号"构造一个序列环境，这个序列包含发动机燃料类型、传动类型、驱动轮、市场类别、车辆尺寸和车辆风格等。

```
In [3]: #将 Maker_Model 放到行首
01    df1 = df[['Maker_Model', 'Engine Fuel Type','Transmission Type','Driven_
02            Wheels','Market Category','Vehicle Size','Vehicle Style']]
03    df1.head()
```

Out[3]:

	Maker_Model	Engine Fuel Type	Transmission Type	Driven_Wheels	Market Category	Vehicle Size	Vehicle Style
0	BMW 1 Series M	premium unleaded (required)	MANUAL	rear wheel drive	Factory Tuner,Luxury,High-Performance	Compact	Coupe
1	BMW 1 Series	premium unleaded (required)	MANUAL	rear wheel drive	Luxury,Performance	Compact	Convertible
2	BMW 1 Series	premium unleaded (required)	MANUAL	rear wheel drive	Luxury,High-Performance	Compact	Coupe
3	BMW 1 Series	premium unleaded (required)	MANUAL	rear wheel drive	Luxury,Performance	Compact	Coupe
4	BMW 1 Series	premium unleaded (required)	MANUAL	rear wheel drive	Luxury	Compact	Convertible

需要说明的是,在上述代码中,我们把中心词("品牌与型号")放到列表的行首,这并非最优方案,读者可以尝试将这个中心词放到不同位置。

接下来,我们将每一行进行合并,伪造一个个不同的"文档"。在每一行中,汽车的不同属性(相当于单词)用逗号隔开,它们就相当于句子序列中的"单词"。

```
In [4]:
01  df2 = df1.apply(lambda x: ','.join(x.astype(str)), axis=1)
02  df2                    #输出验证df2
```

```
Out[4]:
0       BMW 1 Series M,premium unleaded (required),MAN...
1       BMW 1 Series,premium unleaded (required),MANUA...
2       BMW 1 Series,premium unleaded (required),MANUA...
                            ...
11912   Acura ZDX,premium unleaded (recommended),AUTOM...
11913   Lincoln Zephyr,regular unleaded,AUTOMATIC,fron...
Length: 11914, dtype: object
```

从上面的输出可以看出,df2 是一个 Series 对象,为了便于操作,我们将其转变为 DataFrame 对象。这是一个经过数据清理的列,因此取名为"clean"。

```
In [5]:
01  df_clean = pd.DataFrame({'clean': df2})
02  print(df_clean.head(3))   #输出前3行
```

```
Out[5]:
                                                clean
0  BMW 1 Series M,premium unleaded (required),MAN...
1  BMW 1 Series,premium unleaded (required),MANUA...
2  BMW 1 Series,premium unleaded (required),MANUA...
```

到现在为止,df_clean 的每一行可视为一个文档。由于 Gensim 库要求文档要以列表的形式给出，所以接下来，我们用列表推导式将 df_clean 的每一行转换为列表的形式。

```
In [6]:
01   sent = [row.split(',') for row in df_clean['clean']]#分隔符为逗号
02   sent[:2]        #输出前两行验证结果
```

```
Out[6]:
[['BMW 1 Series M',
  'premium unleaded (required)',
  'MANUAL',
  'rear wheel drive',
  'Factory Tuner',
  'Luxury',
  'High-Performance',
  'Compact',
  'Coupe'],
 ['BMW 1 Series',
  'premium unleaded (required)',
  'MANUAL',
  'rear wheel drive',
  'Luxury',
  'Performance',
  'Compact',
  'Convertible']]
```

5.6.3　模型构建与训练

有了预处理好的数据集，我们就可以构建训练模型了。Gensim 库使我们能够在自定义语料库上训练自己的 Word2vec 模型，可以使用跳元模型算法或 CBOW 算法来训练单词嵌入。为了加快训练速度，可以采用多进程（使用多核 CPU）来训练[①]。

> ① 运行本节程序之前，需要安装 gensim 包。在命令行执行 pip install gensim 即可。如安装速度较慢，可配置国内镜像（如清华源）加速安装。

```
In [7]:
01   from gensim.models import Word2vec    #从 Gensim 中导入词嵌入模型
02   import multiprocessing       #导入多进程处理模型
03   cores = multiprocessing.cpu_count()   #获取当前 CPU 的核数
04   w2v_model = Word2Vec(sentences = sent, vector_size = 10, min_count=1,
05                        workers=cores-1, window =2, sg = 1)
```

下面简要介绍代码中几个重要模型参数的含义。

（1）sentences：训练的数据源。由于训练是基于流式数据的，所以"sentences"必须是一个可迭代的数据源对象，数据源可以从磁盘或网络上动态读取输入数据，而无

须将整个语料库加载到内存中。

（2）vector_size (int，可选项)：如果不设置，则采用词向量的维度，默认值为 100。

（3）min_count (int，可选项)：训练模型时要考虑的最小单词出现次数，出现次数小于此计数的单词将被忽略，默认值为 5。

（4）workers (int，可选项)：工作线程，用于训练模型（使用多核 CPU 可进行更快的训练），默认为 3 个。

（5）window (int，可选项)：中心词和周围单词之间的最大距离，默认值为 5。

（6）sg(取值{0,1}，可选项)：制定训练算法，赋值为 1 表示使用跳元模型算法，否则使用 CBOW 算法进行训练，默认值为 0，即默认使用 CBOW 算法。

由于数据集很小，因此训练会很快完成。当训练完成后，我们就可以查看某个单词的词向量。

```
In [8]:
w2v_model.wv['Mercedes-Benz SLK-Class']   #输出 Mercedes-Benz SLK-Class 的词向量
```

```
Out[8]:
array([ 0.21714513, -0.12488583,  0.129079  , -0.5412135 ,  0.15732117,
0.07231998,  0.28413042,  0.1241325 , -0.17586532,  0.24471694],dtype=float32)
```

在上面的代码中，我们调用了 Word2vec 创建模型，实际上会对训练数据执行两轮迭代操作，第一轮操作会统计词频来构建数据字典，第二轮操作会进行神经网络模型训练。事实上，这两个步骤是可分步进行的，代码如下所示。

```
In [9]:
01    w2v_model.build_vocab(sent)                      #构建数据字典
02    w2v_model.train(sent, total_examples=w2v_model.corpus_count,
03                    epochs=30, report_delay=1)       #模型训练，训练 30 个轮次
```

5.6.4　相似性度量

模型训练好后，我们可以使用 Word2vec 来计算词汇表中两个不同汽车型号之间的相似性，方法是调用 w2v_model.wv.similarity 并传入相关品牌单词，它会给出二者之间基于欧氏距离的相似性。

```
In [10]:
#进行相似性比较
w2v_model.wv.similarity('Nissan Van', 'Mercedes-Benz SLK-Class')
```

```
Out[10]:
```

```
0.5582166
```

```
In [11]:
w2v_model.wv.similarity('Porsche 718 Cayman', 'Mercedes-Benz SLK-Class')
```

```
Out[11]:
0.93039966
```

从上面的示例可以看出，尼桑（Nissan Van）和奔驰（Mercedes-Benz SLK-Class）相似度较低，仅为 0.56 左右，而保时捷（Porsche）与奔驰的相似度要高很多，达到了 0.93。我们还可以使用内置函数 wv.most_similar() 为给定的车型找出最相似的几个车型。

```
In [12]: #与奔驰最相似的 5 个车型
w2v_model.wv.most_similar('Mercedes-Benz SLK-Class')[:5]
```

```
Out[12]:
[('Mercedes-Benz SL-Class', 0.9886751770973206),
 ('Lexus SC 430', 0.9870684146881104),
 ('BMW M4', 0.986931562423706),
 ('Mercedes-Benz CLK-Class', 0.9823729395866394),
 ('Scion FR-S', 0.9807165265083313)]
```

```
In [13]: #与尼桑最相似的 5 个车型
w2v_model.wv.most_similar('Nissan Van')[:5]
```

```
Out[13]:
[('Mitsubishi Vanwagon', 0.9841903448104858),
 ('Volkswagen Vanagon', 0.9725293517112732),
 ('Chevrolet City Express', 0.9710983037948608),
 ('GMC Safari Cargo', 0.9667378664016724),
 ('Nissan NV200', 0.964787483215332)]
```

从上面的输出可以看到，在词向量世界里，基本满足"物以类聚"特性。我们知道，基于欧氏距离的相似性并不适用于高维词向量的度量。这是因为，欧氏距离刻画的相似性涉及求和操作，该运算结果会随着维度的增加而累计，这就在一定程度上丧失了相似性度量的可靠性。

事实上，人们常使用余弦相似度[1]来度量两个向量之间的相似性。下面的函数展示了如何基于余弦相似度生成最相似的 Make 模型。

① 余弦相似度，又称为余弦相似性，是通过测量两个向量夹角的余弦值来度量它们之间的相似性的。

```
In [14]:
01   from scipy.spatial import distance
02   def cosine_distance (model, word,target_list , num) :
```

```
03          cosine_dict = {}
04          word_list = []
05          a = model.wv[word]
06          for item in target_list :
07             if item != word :
08                 b = model.wv [item]
09                 cos_dist = distance.cosine (a, b)  #余弦距离
10                 cosine_dict[item] = 1 - cos_dist  #余弦相似度
11          dist_sort = sorted(cosine_dict.items(), key=lambda dist: dist[1],
12              reverse=True)  #降序排序
13          for item in dist_sort:
14             word_list.append((item[0], item[1]))
15          return word_list[:num]
16
17    Maker_Model = list(df.Maker_Model.unique())
18
19    cosine_distance (w2v_model, 'Mercedes-Benz SLK-Class', Maker_Model,5)
```

```
Out [14]:
[('BMW M4', 0.996877133846283),
 ('BMW Z4 M', 0.9958299398422241),
 ('BMW M', 0.9939411878585815),
 ('Cadillac XLR-V', 0.9931456446647644),
 ('BMW M2', 0.9904339909553528)]
```

从上面的输出结果可以看出，用余弦相似度更能找到相似性高的词向量。事实上，本示例体现出的工作更像 Item2vec（将一个物品的信息"嵌入"一个向量中，读者可参考文献[22]来获得更多相关细节），它与 Word2vec 殊途同归，并没有本质区别。有了物品的相似性数据，事实上，一个简易的推荐系统就呼之欲出了。

5.6.5　词向量可视化：t-SNE

抽象的数据提供的直观感受较差。必要的数据可视化能够提升我们对数据的感知力。t-SNE（t-Distributed Stochastic Neighbor Embedding）技术常被用来进行数据可视化[①]。t-SNE 尝试在低维空间找到一种新的数据表示，它的重要特性是，在低维空间中不同数据字典的邻域关系会尽可能得以保留。相对其他的降维算法，t-SNE 的可视化效果是最好的。下面我们使用 scikit-learn 库中的 t-SNE 包来可视化展现单词嵌入的效果。词向量的可视化如图 5-18 所示。

① t-SNE 是一种非常流行的非线性降维技术，它通过减少空间维度来可视化高维数据，同时保持点之间的相对成对距离。

```
In [15]:
01    import numpy as np
```

```
02   from sklearn.manifold import TSNE
03   import matplotlib.pyplot as plt
04   import warnings
05   warnings.filterwarnings('ignore')
06   def display_closestwords_tsnescatterplot(model, word, size):
07
08       arr = np.empty((0,size), dtype='f')
09       word_labels = [word]
10
11       close_words = model.wv.similar_by_word(word)
12
13       arr = np.append(arr, np.array([model.wv[word]]), axis=0)
14       for wrd_score in close_words:
15           wrd_vector = model.wv[wrd_score[0]]
16           word_labels.append(wrd_score[0])
17           arr = np.append(arr, np.array([wrd_vector]), axis=0)
18
19       tsne = TSNE(n_components=2, random_state=0)
20       np.set_printoptions(suppress=True)
21       Y = tsne.fit_transform(arr)
22
23       x_coords = Y[:, 0]
24       y_coords = Y[:, 1]
25       plt.scatter(x_coords, y_coords)
26
27       for label, x, y in zip(word_labels, x_coords, y_coords):
28           plt.annotate(label, xy=(x, y), xytext=(0, 0),
29           textcoords = 'offset points')
30       plt.xlim(x_coords.min() + 2, x_coords.max() + 2)
31       plt.ylim(y_coords.min() + 2, y_coords.max() + 2)
32       plt.savefig('word-vector.jpg',dpi=600, bbox_inches='tight')
33       plt.show()
34
35   display_closestwords_tsnescatterplot(w2v_model, 'Mercedes-Benz SLK-
36       Class', 10)
```

Mercedes-Benz SLK-Class（梅赛德斯—奔驰）属于豪华车型。从图 5-18 所示的可视化图中可以看到，而与其最接近的 10 款车型（加其自身共 11 款车型），大多也是豪华车型，这也间接表明了词向量"物以类聚"的特性。

【运行结果】

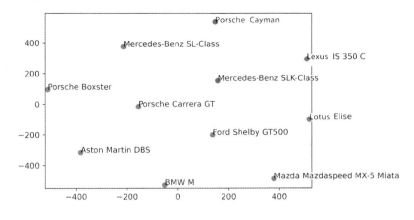

图 5-18　词向量的可视化

这些通过 Word2vec 策略找到的"物以类聚"的特性有什么用呢？一个简单而直观的应用就是商品推荐系统。例如，用户在购物 App 选择界面中的行为序列[①]，或者成交的购物清单序列，都可以"近似"被视作一个个"单词"序列，从而也可以利用 Word2vec 加以训练，以找到与用户浏览的商品"和而不同"的商品。这里的"和"就是 Word2vec 计算出来的"相似性"。

① 将用户行为看作一个具有时间属性的序列。

5.7　本章小结

机器要有智能，必须会学习，即"机器学习"。机器学习一个很重要的工作就是将数据原材料转化成为我所用的"知识表示"，这就是本章讨论的重点。随着深度学习的兴起，用参数化的向量来表示实体及实体之间的关系，并利用神经网络来实现更加健壮的推理成为一个重要的发展趋势。

在本章，我们先讨论了数据的离散表示和独热编码表示。独热向量的优点在于很容易构建，但它们通常不是一个好的选择，主要是因为独热向量不能准确表达不同词之间的相似性，并且当词语过多时，维度会变得很稀疏。为了弥补独热编码的缺陷，人们希望用一个连续的低维稠密向量去刻画一个词的特征，这个稠密向量也被称为单词的分布式表示。神经网络在本质上就是一个分布式的知识表示方法。

接着，我们讨论了自编码器，它是另外一类神经网络，自编码器试图通过最小化重构误差来学习恒等函数，试图在输出中复现输入。自编码器的意义在于，它找到了一种新的数据降维方式，或者说它找到了一种新的数据表达形式。

然后，我们又讨论了在自然语言处理中广泛使用的嵌入表示。将词映射到实向量的技术称为词嵌入。词向量是用于表示单词意义的向量，也可以看作词的特征向量。Word2vec 可以将单词转为连续值，而且是意思相近的词，这些连续值还会被映射到向量空间相近的位置。

最后，我们针对 Word2vec 模型讨论了基于这个模型的实战，以增强读者对这一理论的感性认识。

事实上，本章的知识是为讨论图结构中的表示学习做铺垫的，在下一章，我们将系统讨论图神经网络常用的图嵌入技术。

参考资料

[1] 陈华钧. 知识图谱导论[M]. 北京：电子工业出版社，2021.

[2] BENGIO Y, COURVILLE A, VINCENT P. Representation learning: a review and new perspectives[J]. IEEE transactions on pattern analysis and machine intelligence, 2013, 35(8): 1798–1828.

[3] 阿斯顿·张，李沐，扎卡里·C. 立顿. 动手学深度学习[M]. 北京：人民邮电出版社，2019.

[4] HOLYOAK K J. Parallel distributed processing: explorations in the microstructure of cognition[J]. Science, 1987 (236): 992–997.

[5] RUMELHART D E, HINTON G E, WILLIAMS R J. Learning representations by back-propagating errors[J]. Nature, 1986, 323(6088): 533–536.

[6] 孙飞，郭嘉丰，兰艳艳，等. 分布式单词表示综述[J]. 计算机学报，2019, 42(7): 1605–1625.

[7] 刘忠雨，李彦霖，周洋. 深入浅出图神经网络：GNN 原理解析[M]. 北京：机械工业出版社，2020.

[8] TISHBY N, ZASLAVSKY N. Deep learning and the information bottleneck principle[C]// 2015 IEEE Information Theory Workshop (ITW). Jeju Island, Korea: IEEE, 2015:1-5.

[9] 马耀，汤继良. 图深度学习[M]. 王怡琦，金卫，译. 北京：电子工业出版社，2021.

[10] OLSHAUSEN B A, FIELD D J. Sparse coding with an overcomplete basis set: a strategy employed by v1[J]. Vision Research, 1997, 37(23): 607–609.

[11] KINGMA D P, WELLING M. Auto-encoding variational bayes[J]. arXiv preprint arXiv:1312.6114, 2022.

[12] GOODFELLOW I, POUGET-ABADIE J, MIRZA M, et al. Generative adversarial networks[J]. Communications of the ACM, 2020, 63(11): 139–144.

[13] KINGMA D P, WELLING M. An introduction to variational autoencoders[J]. Foundations and Trends® in Machine Learning, 2019, 12(4): 307–392.

[14] ROWEIS S T, SAUL L K. Nonlinear dimensionality reduction by locally linear embedding[J]. Science, 2000, 290(5500): 2323–2326.

[15] BENGIO Y, DUCHARME R, VINCENT P, et al. A neural probabilistic language model[J]. Journal of machine learning research, 2003, 3(Feb): 1137–1155.

[16] TURNEY P D, PANTEL P. From frequency to meaning: vector space models of semantics[J]. Journal of artificial intelligence research, 2010(37): 141–188.

[17] MIKOLOV T, KOMBRINK S, DEORAS A, et al. RNNLM-recurrent neural network language modeling toolkit[C]// Proceedings of the 2011 ASRU Workshop, HI, USA: IEEE, 2011:196-201.

[18] MIKOLOV T, SUTSKEVER I, CHEN K, et al. Distributed representations of words and phrases and their compositionality[J]. arXiv, 10.48550/arXiv.1310.4546[P]. 2013.

[19] 张玉宏. 深度学习与 TensorFlow 实践[M]. 北京：电子工业出版社，2021.

[20] MIKOLOV T, CHEN K, CORRADO G, et al. Efficient estimation of word representations in vector space[J]. arXiv preprint arXiv:1301.3781, 2013.

[21] HADSELL R, CHOPRA S, LECUN Y. Dimensionality reduction by learning an invariant mapping[C]// 2006 IEEE Computer Society Conference on Computer Vision and Pattern Recognition (CVPR'06). New York, NY, USA: IEEE, 2006, 2: 1735-1742.

[22] BARKAN O, KOENIGSTEIN N. Item2vec: neural item embedding for collaborative filtering[C]// 2016 IEEE 26th International Workshop on Machine Learning for Signal Processing (MLSP). Santander, Spain: IEEE, 2016:7738886.

第 6 章
面向图数据的嵌入表示

图嵌入（Graph Embedding）是将图中的高维节点向量或边向量映射为低维向量的表示学习方法。它是图神经网络的重要基础，很多图相关的任务（如推荐系统、计算通告等）都是基于图嵌入展开的。本章内容主要讨论经典的图嵌入表示方法，包括 DeepWalk、LINE、Node2vec 及 Metapath2vec。

在前面的章节中我们讨论的表示学习方法都是面向非图对象的。但在现实生活中，许多对象的数据结构都是由图构成的，而图非常擅长描述节点间的关系。由于图是高维且隐式的表达，通常很难被量化表达出来，因此研究面向图结构的表示学习是很有必要的，它是图神经网络的重要基础之一。

6.1　图嵌入概述

在图表示学习中，同样利用了前面章节提及的嵌入（Embedding）技术，又因为它是用在图数据上的，所以称为图嵌入（Graph Embedding）。简单来说，图嵌入是将给定图中的每个节点（通常为高维且稀疏的向量）映射为一个低维且稠密的向量表示。这个向量能够反映原先图中的一些结构特性或语义特性，使得得到的向量形式可以在向量空间中具有表示及推理的能力，以便用于下游的具体任务中。

图中的节点可以从两个不同的“域”来观察：原图域和嵌入域。在原图域中，节点通过边彼此相连。在嵌入域中，每个节点被表示为连续的向量。图嵌入的目标是将每个节点从原图域映射到嵌入域。

对于这种映射，我们希望在嵌入域表达出来的向量，也应尽量保留原图域的结构信息和潜在的特性。比如说，在图 6-1 所示的原图域和嵌入域中，如果某两个节点（如 u 和 v）在原图域中接近，那么在嵌入域中也应接近。图 6-1 中的 $\Phi(\cdot)$ 是需要定义的映射函数，我们也可以把这个映射函数视作编码器，用它完成将节点从原图域转向嵌入域的编码。

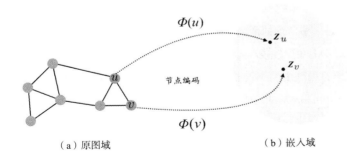

（a）原图域　　　　　　　　　　（b）嵌入域

图 6-1　原图域和嵌入域

在嵌入域的向量空间中，衡量两个向量相似性，通常就看这两个向量（设为 u 和 v）的内积大小，内积越大，它们的余弦相似度就越大，因此有：

$$\underbrace{\text{similarity}(\boldsymbol{u},\boldsymbol{v})}_{\text{原图域相似度}} \approx \underbrace{\boldsymbol{z}_v^{\mathrm{T}}\boldsymbol{z}_u}_{\text{嵌入域相似度}} \tag{6.1}$$

图嵌入操作的目标在于，将每个节点从原图域映射到嵌入域（设它们对应的编码分别为 z_v 和 z_u，在低维的嵌入空间，保持相似度关系，并使图中节点的关键信息仍然得以保留。这里有 3 个问题有待解决[1]：一是如何定义编码器（也就是映射函数）；二是如何定义相似度函数（如何衡量两个节点的相似性）；三是如何优化编码器的参数，以保障式(6.1)所示的两个空间相似性的对等迁移。

针对上面这三个问题有很多不同的解决方案。尽管这些方案在技术细节上可能千差万别，但在底层的思想却是共享的。下面我们对几种常见的图嵌入方法给予简要介绍。

6.2　DeepWalk 的原理

我们先来介绍 DeepWalk（随机游走）模型。它的底层思想与 Word2vec 模型是相通的，这也就是我们要在前面的章节介绍 Word2vec 的意义所在。

6.2.1　DeepWalk 的基本思想

在 Word2vec 模型中，我们先为某个单词构建一个句子序列，也就是中心词的上下文环境，通过上下文来"烘托"出这个单词的向量表示。人们研究发现，不仅是自然语言处理领域，在其他领域，只要能构造出合理的序列，同样可以运用类似于 Word2vec 的策略学习该领域的向量表示，而图表示学习的大部分工作就是研究如何构造合理的序列。DeepWalk 就是这种策略下的典型代表。

DeepWalk 是一种常见的面向图嵌入的表示学习方法，该方法是由 Perozzi B 等人于 2014 年在 KDD（知识发现与数据挖掘国际会议）中提出的[2]。该方法的独到之处在于，它将自然语言处理中的 Word2vec 模型的思想灵活地迁移至图节点的表示学习中，利用随机游走（Random Walk）在图中进行节点采样，从而获取节点序列。若我们将一个个随机游走的节点序列视为句子，将节点视为单词，这就构造了一个语料库。有了语料库就可以使用 Word2vec 模型获取单词（节点）的嵌入表示。

假设我们使用随机游走策略 R，在原图域中的节点 u 和 v 在随机游走路径上同时出现的可能性可以用概率 $P_R(v|u)$ 表示，在数学上，它可近似表达为在嵌入域的内积 $z_u^{\mathrm{T}}z_v$，二者的内积正比于它们的余弦相似度。图中节点之间的相似度如图 6-2 所示。

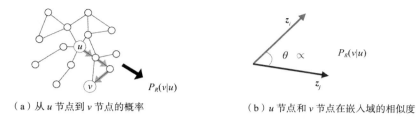

（a）从 u 节点到 v 节点的概率　　　　（b） u 节点和 v 节点在嵌入域的相似度

图 6-2　图中节点之间的相似度

DeepWalk 事实上就是一个两阶段的方法。第一阶段为采样阶段，它用随机游动遍历网络，根据游走获取的邻域关系感知网络的局部结构。第二阶段为训练阶段，它使用一种称为跳元模型的算法（前面章节已有介绍）来学习一个映射函数，由此输出某个节点 u 的嵌入式表达： $u \rightarrow \mathbb{R}^d$ 。Deed Walk 流程图如图 6-3 所示。

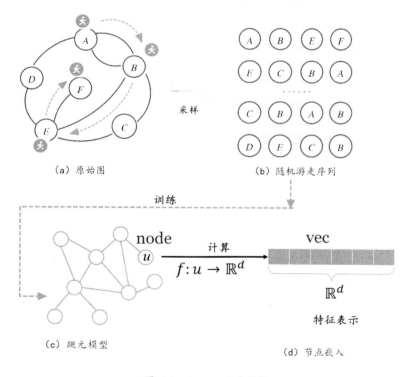

（a）原始图　　　　　　　　（b）随机游走序列

（c）跳元模型　　　　　　　（d）节点嵌入

图 6-3　DeepWal 流程图

6.2.2　随机游走阶段

我们先从随机游走阶段讨论。随机游走的生成是基于以下假设的，即相邻的节点是相似的，因此也应有相似的嵌入式表达。

这是一个合理的假设。这是因为通过边相连接的各个节点如果"有缘牵手"，那么它们之间势必有一定的相似性。这表明了随机游走过程中的"节点共现频率"（通常用概率来衡量）是相似度的一个重要指标。

为什么我们要用随机游走策略呢？原因有以下两点。

第一，从可表达性进行考虑，随机游走让节点之间的相似度定义更加灵活，这样的相似度蕴含了图的局部和更高阶的邻域信息。

第二，从效率进行考虑，训练时只需要考虑在随机游走路径中同时出现的节点，不再需要考虑图中的所有节点对。

随机游走的正式定义如下：

定义 1（随机游走，Random Walk） 设 $G=(V,E)$ 表示一个连通图。设从图 G 上的某个节点 $v^{(0)} \in E$ 开始随机游走。在随机游走的第 t 步访问的节点为 $v^{(t)}$，那么随机游走的下一个节点按照式(6.2)所示的概率从 $v^{(t)}$ 的邻居节点中选出：

$$p(v^{(t+1)} \mid v^{(t)}) = \begin{cases} \dfrac{1}{d(v^{(t)})}, & v^{(t+1)} \in N(v^{(t)}) \\ 0, & 其他 \end{cases} \quad (6.2)$$

式中，$d(v^{(t)})$ 表示节点 $v^{(t)}$ 的度；$N(v^{(t)})$ 表示 v_t 的邻居节点集合。

从上面的公式可以看出，下一个节点是从当前节点的邻居集合中以相等概率随机选择一个作为下一个访问的节点的。

上述过程可以用一个随机游走生成器 $RW(\blacksquare)$ 来概括表达：

$$W = RW(G, v^{(0)}, T) \quad (6.3)$$

式中，$W = v^{(0)}, v^{(1)}, \cdots, v^{(T-1)}$ 表示生成的随机游走序列；$v^{(0)}$ 表示游走的起点；T 表示随机游走的路径长度，从每个节点开始生成一个固定长度（设为 T）的随机漫步，因此当这一阶段结束时，我们得到 γ 个长度为 T 的节点序列，节点间的共现关系就能从这些随机游走的路径中抽取出来。

参数 γ 和 T 的作用很重要。一方面，γ 越大，每个节点发起的随机游走就越多，这对探索图的拓扑结构很有帮助。另一方面，当 T 增大时，每条游走的路径就增长，这样一来，距离较远的节点也可以被接受为相似节点。较大的 T 值相当于松弛相似性约束。然而过犹不及，过大的 T 可能引入噪声和误导性的节点共现（Node Co-occurrence）[①]。

为了让随机游走的路径能够捕获整个图的信息，每个节点都被用作起始节点生成 γ 个随机游走路径。于是，在遍历整个图之后，总共会获得 $|V| \times \gamma$ 个随机游走路径，

① 所谓节点共现是指不同节点共同出现在一条随机游走路径之上。

它们共同构成路径集合 R。【算法 6-1】为随机游走路径的生成算法。

【算法 6-1】随机游走路径的生成算法

输入：$G=\{V,\ E\}$, T, γ
输出：R
1 *初始化*：$R \leftarrow 0$;
2 **for** i in range (γ) **do**
3   **for** $v \in V$ do
4         $W \leftarrow RW\ (G, v^{(0)}, T)$;
5         $R \leftarrow R \cup \{W\}$;
6   **end**
7 **end**

随机游走是一种可重复访问已访问节点的深度优先搜索算法。给定当前访问起始节点，从其邻居中随机采样节点作为下一个访问节点，重复此过程，直到访问序列长度满足预设条件。

这些随机游走路径可以看作某个自然语言中的句子，其中节点集合 V 就好比语言中的"词汇表"。当节点序列构建完毕后，接下来的工作实际上就是 Word2vec 的工作了。DeepWalk 中采用了跳元模型来获得每个节点向量。

6.2.3 跳元模型训练阶段

如前所述，跳元模型是一种流行的学习单词嵌入的模型[3]，在前面的章节中，我们已经简单介绍过这个模型。跳元模型的成立基于以下假设：在类似上下文中出现的单词，往往具有相近的含义。因此，它们的嵌入也应该彼此接近。

跳元模型试图通过捕获句子中各个词之间的共现关系来保存句子的信息。对于句子中某个给定的中心词，设窗口大小为 w，则距离中心词 w 范围内的单词视为它的"上下文"。中心词被认为与其上下文中的词具有共现关系。跳元模型旨在找到这样的共现关系。

这些理念被巧妙地迁移至 DeepWalk 中。为了能让跳元模型适用于图结构网络，我们首先要在图中的每个中心节点构造其上下游节点——这些随机游走的节点序列就好比自然语言处理中的单词序列。这便是第一阶段随机游走的价值所在。随机游走模拟的是到目前为止访问过的所有历史节点，以估算抵达节点 v_i 的可能性，即：

$$P\left(v_i \mid v_1, v_2, \cdots, v_{i-1}\right) \tag{6.4}$$

式中，v_i 就是中心节点（类似于中心词）；$v_1, v_2, \cdots, v_{i-1}$ 就是游走的路径（就好比中心词的上下文，这些路径序列可视为一种特殊的"语言"）。

式(6.4)描述的是利用上下文节点来预测中心节点，这实际上是连续词袋（CBOW）模型。然而，随着随机游走路径长度的增加，式(6.4)的联合概率变得越发不可行。

DeepWalk 的目标是学习一个潜在的表示，而不仅仅是研究节点共现的概率分布，因此需要引入一个映射函数 Φ：

$$\Phi: v \in V \mapsto \mathbb{R}^{|V| \times d} \tag{6.5}$$

对于图中的每个节点 V，通过映射函数 Φ 获取其在嵌入域的潜在表示。在具体实现上，映射函数 Φ 的表示形式是一个尺寸为 $|V| \times d$ 可训练的参数矩阵，$|V|$ 是节点集合的元素个数，d 是每个节点嵌入表示维度，节点嵌入表示如图 6-4 所示。

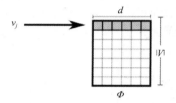

图 6-4　节点嵌入表示

接下来，DeepWalk 的问题转化为求解如下公式的似然概率估计：

$$P\left(v_i \mid \left(\Phi(v_1), \Phi(v_2), \cdots, \Phi(v_{i-1})\right)\right) \tag{6.6}$$

然而，随着随机游走路径的增加，式(6.4)在计算可行性上"捉襟见肘"。于是，人们就反其道而行，不再使用上下游节点来预测缺失的中心节点，而是使用一个中心节点来预测它的上下游节点，这实际上就是自然语言处理中跳元模型的化身：

$$P\left(v_1, v_2, \cdots, v_{i-1} \mid \left(\Phi(v_i)\right)\right) \tag{6.7}$$

为了简化模型，与朴素贝叶斯的假设类似，在给定中心节点的情况下，我们假设上下游节点是独立生成的（符合条件独立性假设）。在这种情况下，式(6.6)所示的条件概率可以改写为：

$$P\left(v_{i-w} \mid \Phi(v_i)\right) \cdots P\left(v_{i-1} \mid \Phi(v_i)\right) \cdot P\left(v_{i+1} \mid \Phi(v_i)\right) \cdots P\left(v_{i+w} \mid \Phi(v_i)\right) \tag{6.8}$$

为了表达简洁，式(6.7)通常写成连乘的形式。

$$\prod_{-w \leqslant j \leqslant w, j \neq 0} P\left(v_{i+j} \mid \Phi(v_i)\right) \tag{6.9}$$

节点的独立性假设有很大的便利之处。首先，独立性假设能更好地体现出随机游动策略中的"随机性"。此外，由于这种对节点独立性的松弛约束，中心节点每次只需考虑与另外一个节点（而非考虑整个游走路径上的所有点）的共现关系，极大简化了模型，进而加速模型的训练。

在跳元模型中，由于任何一个节点都要"分饰两角"：既可能自己是中心节点，又可能成为其他节点的"背景"——上下游节点。对于节点集合中索引为 i 的任何节点，分别用 $v_i \in \mathbb{R}^d$ 和 $u_i \in \mathbb{R}^d$ 表示其用作中心节点和上下游节点时的两个向量（它们都是映射 $\boldsymbol{\Phi}$ 加工的结果）。给定中心节点 v_c（节点集合中的索引为 c），生成任何上下游节点 v_o（节点中的索引为 O）的条件概率可以通过对向量点积的 Softmax 操作来建模：

$$P(v_o \mid v_c) = \frac{\exp(\boldsymbol{u}_o^\mathrm{T} \boldsymbol{v}_c)}{\sum_{j \in V} \exp(\boldsymbol{u}_j^\mathrm{T} \boldsymbol{v}_c)} \tag{6.10}$$

式中，节点索引集 $V = \{0, 1, \cdots, |V| - 1\}$。从式(6.10)可以看出，如果想要增加式(6.10)所示的概率，实际上就需要增加分子部分的 $\boldsymbol{u}_o^\mathrm{T} \boldsymbol{v}_c$，即中心节点和上下游节点之间的内积，内积越大，它们的相似度也就越高，共现的概率自然也就越大。

于是，我们要做的下一步工作就是找到随机游走路径上的一个个共现节点对（Co-Occurrence Vertex Pair）。【算法 6-2】描述了从随机游走路径中提取节点间共现关系的过程。

【算法 6-2】节点间共现关系的提取

```
输入：R, w
输出：I
1 初始化：I ← [];
2 foreach W in R do
3       for v_t ∈ W do
4             for j in range (i, w) do
5                   I.append((v_{t-j}, v_t));
6                   I.append((v_{t+j}, v_t));
7             end
8       end
9 end
```

在【算法 6-2】中，对于每个随机游走路径 $W \in R$（第 2 行），要遍历其中的每一个节点。对于 W 中的第 t 时间的节点 v_t，在滑动窗口 $|w|$ 范围内，对每一个节点 $j = 1, \cdots, w$，将 (v_{t-j}, v_t) 和 (v_{t+j}, v_t)（第 3 行到第 8 行）添加到共现表 I。当 $t - j$ 和 $t + j$ 的值超出随机游走的窗口之外时，则直接丢弃。

为了确保式(6.8)取得最大值，在训练中，我们通过最大化似然函数来学习整个模型的参数。最大化似然函数等价于最小化损失函数，具体如下[①]：

$$J_{\varphi} = -\sum_{-w \leqslant k \leqslant w, k \neq 0} \log P\left(v_{t+k} \mid v_t\right) \tag{6.11}$$

式中，v_t 是中心节点；w 为窗口大小。

在前面的讨论中，为了简化模型，给定了中心节点，我们力争让在中心节点滑动窗口内的上下游节点概率最大。这仅仅是从正样本的角度来考虑问题的。所谓正样本，就是出现在滑动窗口之内，理应共同出现的节点。通常来说，滑动窗口的大小相对有限，因此负样本是大量存在的。所谓负样本，可以简单认为是游离于中心节点窗口之外的节点。

事实上，式(6.10)所代表的损失函数是不完整的，完整的描述应该是最大化正样本出现的概率，同时还要最小化负样本出现的概率[4]。举例来说，我们对正负样本定义一个二分类的标签，1 表示正样本，0 表示负样本。

$$\text{label} = \begin{cases} y = 1 & \left(v_c, v\right) \in D \\ y = 0 & \left(v_c, v\right) \in \overline{D} \end{cases} \tag{6.12}$$

式中，D 表示正样本集合；$\overline{D}$ 表示负样本集合。

以图 6-5 所示的跳元模型中的正样本与负样本中的数据为例，中心节点 v_c 就是 v_3，在滑动窗口之内的节点，如 $\left(v_3, v_1\right)$、$\left(v_3, v_2\right)$ 等就是正样本，而 $\left(v_3, v_0\right)$、$\left(v_3, v_7\right)$ 等就是负样本，需要注意的是，当节点个数众多时，由于滑动窗口大小有限，正样本的数量要远远小于负样本。

于是，我们的目标变成，在约束条件 $P\left(y = 1 \mid \left(v_c, v\right)\right)$ 和 $P\left(y = 0 \mid \left(v_c, v_{\text{neg}}\right)\right)$ 下，最大化参数 φ，即：

$$\varPhi^* = \arg\max \prod_{\left(v_c, v\right) \in D} P\left(y = 1 \mid \left(v_c, v\right)\right) \prod_{\left(v_c, v\right) \in \overline{D}} P\left(y = 0 \mid \left(v_c, v_{\text{neg}}\right)\right) \tag{6.13}$$

式中，$\varPhi^*$ 是 $\varPhi$ 的最优参数估计；v_c 就是中心节点；v_{neg} 就是负样本节点。

对于二分类问题，通常我们可以使用 Logistics 回归来解决这个问题。在 Logistics 回归中，常用 Sigmoid 函数作为激活函数，简记为 σ，其目的就是进行非线性变换。激活函数 σ 操作的参数就是嵌入域中两个节点的内积[②]：

$$P\left(y \mid \left(v_c, v\right)\right) = \begin{cases} \sigma\left(\boldsymbol{u}_o^T \boldsymbol{v}_c\right) & y = 1 \\ 1 - \sigma\left(\boldsymbol{u}_o^T \boldsymbol{v}_c\right) & y = 0 \end{cases} \tag{6.14}$$

① 公式前使用 "–" 表示将求最大值转换为求最小值；使用 log 是将连乘转换为求和。这两个操作仅仅是为了让求解更加方便，在数学上，转换前和转换后二者是等价的。

② 内积大小在某种程度上代表了二者的相似度。

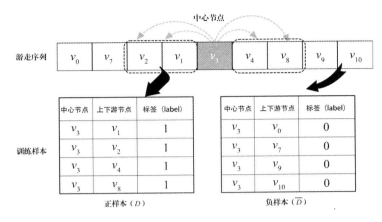

图 6-5　跳元模型中的正样本与负样本

为了计算方便，常对式(6.12)取负对数。取负值是为了满足"最小化损失函数"的通用习惯，取对数为了计算方便。对数能够把容易计算溢出的乘法操作变成彼此相加的加法操作。

倘若我们想要求得式(6.12)的极大值，联立式(6.12)和式(6.13)可知，它就等价于求如下损失函数的极小值（因为损失函数前的负号），这也是跳元模型的目标函数：

$$L = -\sum_{(v_c,v)\in D} \log\left(\sigma\left(\boldsymbol{u}_o^{\mathrm{T}}\boldsymbol{v}_c\right)\right) - \sum_{(v_c,v)\in \bar{D}} \log\left(1-\sigma\left(\boldsymbol{u}_o^{\mathrm{T}}\boldsymbol{v}_c\right)\right)$$
$$= -\sum_{(v_c,v)\in D} \log\left(\sigma\left(\boldsymbol{u}_o^{\mathrm{T}}\boldsymbol{v}_c\right)\right) - \sum_{(v_c,v)\in \bar{D}} \log\left(\sigma\left(-\boldsymbol{u}_o^{\mathrm{T}}\boldsymbol{v}_c\right)\right) \tag{6.15}$$

需要注意的是，在式(6.15)的推导过程中，$1-\sigma\left(\boldsymbol{u}_o^{\mathrm{T}}\boldsymbol{v}_c\right)$ 等价于 $\sigma\left(-\boldsymbol{u}_o^{\mathrm{T}}\boldsymbol{v}_c\right)$，这是由于激活函数 $\sigma(x) = \dfrac{1}{1+\mathrm{e}^{-x}}$，所以可以推导得到：

$$1-\sigma(x) = 1 - \frac{1}{1+\mathrm{e}^{-x}}$$
$$= \frac{\mathrm{e}^{-x}}{1+\mathrm{e}^{-x}}$$
$$= \frac{\mathrm{e}^{-x}\cdot\mathrm{e}^{x}}{(1+\mathrm{e}^{-x})\cdot\mathrm{e}^{x}} \tag{6.16}$$
$$= \frac{1}{1+\mathrm{e}^{x}}$$
$$= \sigma(x)$$

观察式(6.15)，如果想获得式(6.15)的最小化形式，就意味着让中心节点上下游节点的内积 $\left(\boldsymbol{u}_o^{\mathrm{T}}\boldsymbol{v}_c\right)$ 增大，即相似度提升，与此同时，式(6.15)还力求减小负样本之间的内积（相似度）。通过这个监督信号的指引，当模型收敛时，$\boldsymbol{u}$ 和 $\boldsymbol{v}$ 就是我们所需的节点向量表示，通常我们会把中心节点对应的向量 *u* 作为所求向量。

在给定节点本身的情况下，我们对随机游走集进行迭代，并通过梯度下降更新节点嵌入参数，以最大限度地提高节点的邻居概率，其伪代码实现如【算法 6-3】所示。

【算法 6-3】利用跳元模型更新节点嵌入参数

```
输入：路径集合 W
      窗口大小 w
输出：节点的嵌入表示向量 Φ ∈ ℝ^{|V|×d}
1 foreach  v_j ∈ W_{v_i}  do
2 │   foreach  u_k ∈ W_{v_i}[j-w:j+w]  do
3 │   │   J(Φ) = -log P(u_k | Φ(v_j));
4 │   │   Φ = Φ - α * ∂J/∂Φ ;
5 │   end
6 end
```

在【算法 6-3】中，第 1 行和第 2 行代码为在窗口 *w* 内的随机遍历中所有可能的"共现"搭配。在 **foreach** 循环中，每个节点 v_j 被映射到它的嵌入表示向量 $\boldsymbol{\Phi}(v_j) \in \mathbb{R}^d$（见图 6-6）。对于给定 v_j 的嵌入表示，【算法 6-3】的目的在于最大化它在游走相邻节点中的概率（第 3 行）。在训练过程中，常使用随机梯度下降（SGD）优化这些参数，使用反向传播算法估计导数（第 4 行）。

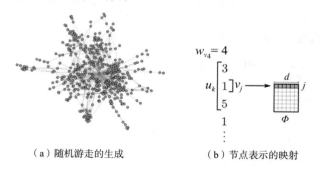

（a）随机游走的生成　　　　　　（b）节点表示的映射

图 6-6　DeepWalk 的两个步骤[2]

DeepWalk 通过随机游走的方式建立起了图嵌入与词嵌入之间的联系。将图的节点结构转换为一个个随机游走的序列问题，并充分利用了当时最为成熟的技术 Word2vec，它为后续的图表示学习研究开辟了一个新视角。

基于随机游走模型的节点嵌入表示学习有如下优点。

（1）并行性高：多个随机游走彼此独立，不存在依赖关系，因此可以并行实现，这大大减少了采样的时间。

（2）适应性强：可以动态适应图结构的局部变化。图结构的局部变化只会影响部分采样路径，节点的嵌入表示不需要整体重新计算。

在训练过程中，由于 Softmax 操作的性质，上下游节点可以是节点集合 V 中的任意项，式(6.10)所示的概率计算包含与整个节点集合大小一样的项的求和项，当图中节点较多时，计算难以承受"计算"之重。为了降低上述计算复杂度，人们通常采用两种近似训练方法：负采样技术和分层 Softmax（Hierarchical Softmax）技术。下面我们简要介绍这两种近似训练技巧。

6.2.4　负采样

通过第 5 章的讨论我们知道，在定义目标函数时，Word2vec 采用的是对比损失（Constrastive Loss）策略，即需要最大化正样本作为上下文出现的概率，同时要最小化负样本作为上下文出现的概率。

通常来说，负样本的数量要远远大于正样本的数量。比如说，对于中心节点而言，只有滑动窗口内的少量节点才能和它构成正样本，而滑动窗口之外的节点，与中心节点之间构成的节点对都是负样本。

如何降低负样本带来的计算负担，同时还能保证模型的效果呢？这就涉及采样技术[5]。负采样技术可以让每次训练仅仅更新一小部分的权重，这样就会降低梯度下降过程中的计算量[6]。该技术最早是从"噪声对比评估①（Noise Contrastive Estimation，NCE[7]）"模型简化而来的。NCE 已被证实可以得到接近最大化 Softmax 函数表示的概率的对数。这是一种计算非正态分布的配分函数（Partition Function）②的有效方法，通过大幅减少计算量可以加速 Word2vec 的训练。

训练大规模的神经语言模型基本上都采用 NCE 或类似的损失函数。我们知道，图嵌入的最终目标是提高中心节点表示的质量，而非最大化 Softmax 的概率，因此只要保证节点的嵌入表示质量，对 NCE 进行简化是合情合理的。基于 NCE 的负采样框架如图 6-7 所示。

我们先用自然语言处理中的案例来说明负采样技术的应用，它在 DeepWalk 中的应用也是完全类似的，不过前者处理的数据源为单词序列，后者处理的数据源为节点序列。在自然语言处理中，假设一个训练样本是这样的：输入词为"fox"，预期输出词为

① 噪声对比评估的基本思想就是将概率评估转化为二分类问题，区分样本是来自观察到的数据分布 $P(x)$ 是噪声分布 $Q(x)$。该评估方法的价值在于，在没法直接完成归一化因子（配分函数）的计算时，能够估算出概率分布的参数。

② 配分函数是一个平衡态统计物理学中经常用到的概念，经由计算配分函数可以将微观物理状态与宏观物理量相互联系起来。在机器学习领域，它也叫归一化因子。NCE 是一个迂回但精美的技巧，它使我们在没办法直接完成归一化因子的计算时，能够估算出概率分布的参数。

"jumps"，"fox"和"jumps"都是经过独热编码的。设字典大小$|V| = 10\,000$，在输出层，我们期望的是，单词"jumps"对应的那个神经元节点输出 1（严格说是一个类似于概率的最大值），其余 9 999 个节点都应输出 0。在这里，这 9 999 个期望输出为 0 的神经元节点所对应的单词我们称之为"负样本"单词。

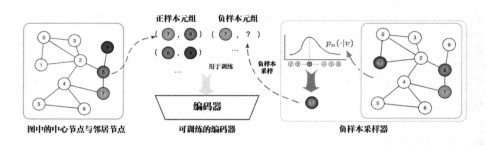

图 6-7　基于 NCE 的负采样框架[5]

在训练时，自然会对"正样本"单词（本例指的是"jumps"）所对应的权重进行必要的更新，那还有 9 999 个"负样本"单词对应的权值该如何处理呢？如果使用负采样技术，这 9999 个"负样本"集合中，仅有很小一部分的"负样本"单词（比如说选 5 个）被采样到，并更新它们对应的权重，而大多数没有被采样到的负样本都会被"置之不理"，其对应的权值自然也不会被更新。Tomas Mikolov 等人[3]的论文指出，对于较小的数据集，选择 5～20 个负样本即可保证算法的性能，而对于大型数据集，只选择 2～5 个单词即可。

回顾一下图 5-15 所示的场景。隐含层—输出层拥有 300×10 000（300 万）的权重矩阵。如果使用了负采样技术，我们挑选出正样本"quick"（jumps 滑动窗口之内的单词），并以某个随机概率 p 从众多负样本中挑选 5 个负样本（jumps 滑动窗口之外的单词），构成权值更新集合，也就是说，共有 6 个神经元的权值需要更新，更新权值的数量为 6×300。如果未采用负采样，需要 300×10 000 个权值有待更新，而采用负采样技术，权值更新的比例仅是之前的 0.06%，这无疑大大提升了计算效率。

使用负采样技术之后，原来的目标函数发生变化。相比式(6.15)，损失函数修订为如下形式[3]：

$$L = -\sum_{(v_c, v) \in D} \log(\sigma(\boldsymbol{u}_o^{\mathsf{T}} \boldsymbol{v}_c)) - \sum_{i=1, v_{\text{NEG}} \sim P_n(v)}^{K} \log(\sigma(-\boldsymbol{u}_o^{\mathsf{T}} \boldsymbol{v}_{\text{NEG}(v_c)})) \tag{6.17}$$

式中，$\text{NEG}(v_c)$ 表示 v_c 的负样本集合。

在 Word2vec 的采样策略中，每个单词被选为"负样本"的概率计算公式与其出现

的频次有关。每个负样本单词的挑选概率是这样产生的：如果词汇表的大小为 $|V|$，那么我们就将一段长度为 1 的线段分成 $|V|$ 份，每份对应词汇表中的一个词。当然，不同单词对应的线段长度是不尽相同的，高频词对应的线段长，低频词对应的线段短。每个词 w 的线段长度（用数学描述就是概率）由式(6.18)决定：

$$\text{len}(w_i) = \frac{\text{count}(w_i)}{\sum_{j=0}^{|V|-1} \text{count}(w_j)} \qquad (6.18)$$

事实上，式(6.18)就是归一化的概率，高频词汇有较高的抽样概率（分子部分较大）。然而，这样"中规中矩"的归一化概率对性能的影响并不是最佳的。通过反复的探索，研究人员发现，在 Word2vec 中，分子和分母都取了 3/4 次方[①]。于是，负样本的抽样概率符合如下分布：

$$P(w_i) = \frac{f(w_i)^{3/4}}{\sum_{j=0}^{n}\left(f(w_j)^{3/4}\right)} \qquad (6.19)$$

需要说明的是，式(6.19)中的 $P(w_i)$ 与式(6.18)中的 $\text{len}(w_i)$ 的物理意义完全一样，所不同的是，人们更喜欢用 $P(w_i)$ 表示标记概率，$f(w_i)$ 表示单词 w_i 出现的频次（Frequency）。

DeepWalk 中获取节点向量的技术完全"照搬"了跳元模型的负采样策略。二者仅仅是数据源不一样而已：原生态的跳元模型使用单词的出现频率作为计算负样本的采样概率，而 DeepWalk 使用节点的度数作为负样本的采样概率。根据文献[3]和文献[8]的建议，通常令 $P_n \sim d(v)^{3/4}$，其中 P_n 表示概率分布，概率的计算完全遵循式(6.19)，所不同的是，将 $f(w_i)$ 换成 $d(v)$ 即可，$d(v)$ 表示节点 v 的度。

通过负采样可使计算复杂度从 $O(|V|)$ 下降到 $O(K)$，其中 $K \ll |V|$。理论上可以证明[9]，这种负采样方式优化的不但是节点的内积，还有节点向量间的互信息，因此这样采样不仅没有降低模型的性能，反而可以得到更好的嵌入域表示。

6.2.5　分层 Softmax

在跳元模型中用一个中心节点当作前置条件，去预测它的上下游节点。显然，它的上下游节点不止一个，于是这种预测就是多分类问题。最常用的多分类模型莫过于 Softmax 回归（Softmax Regression）[②]。然而，当分类个数很多时，Softmax 层的计算将非常困难，这是因为，当节点数 $|V|$ 的值非常大时，通过遍历每个样本的所有节点来计

① 需要说明的是，式(6.19)中开 3/4 次方是完全基于经验探索出来的"最佳"超参数数值，并无太多理论依据。

② Softmax 回归是 Logistic 回归在多分类问题上的推广。

算式(6.10)中的分母部分，在计算上是不切实际的。为满足更高效的条件概率估计需求，就需要利用分层 Softmax。

Morin 和 Bengio(2005)提出了层次化的 Softmax[10]。下面我们简要说明分层 Softmax 的思路。在本质上，Softmax 就是一个多分类器。在输出层输出各个分类的概率，然后择其大者而分之。而分层 Softmax 采用了多个二分类器组合起来，近似代替完全的 Softmax。

分层 Softmax 用到了经典的数据结构——哈夫曼树(Huffman Tree)。哈夫曼树是一种带权路径长度最短的二叉树，也称为最优二叉树。树的每个叶子节点对应原图 G 中 $|V|$ 的一个节点。对二叉树而言，从根节点向下进发，每遇到一个分岔路口都面临着"向左转"或"向右转"的选择，这种选择恰好就是一个二分类，向左转就是负类（标记为 -1，或"−"），向右转就是正类（标记为+1，或"+"）。

而二分类又是 Logistic 回归的主战场。Logistic 回归的思路很简单，利用 Sigmoid 函数把任意值映射到（0,1）的区间上，主要用来实现二分类。

$$P(+) = \sigma(v^{\mathrm{T}}\theta) = \frac{1}{1 + e^{-v^{\mathrm{T}}\theta}} \qquad (6.20)$$

式中，v 是当前内部节点的节点向量；θ 是我们需要从训练样本中求出的 Logistics 回归的模型参数。

在某种意义上，分层 Softmax 回归的多分类被化整为零，被一个个 Logistics 回归的二分类替代了。

很容易理解，由于是二分类场景，非此即彼，全概率为 100%，如果右子树（正类）的概率为 $P(+)$，那么被划分为左子树（负类）的概率为 $P(-) = 1 - P(+)$。在某一个内部节点，要判断是沿左子树还是右子树走的标准就是看 $P(-)$ 和 $P(+)$ 谁的概率值大。而决定 $P(-)$、$P(+)$ 谁的概率值大的因素有两个：一个是当前节点的节点向量 v，另一个是当前节点的模型参数 θ。

分层 Softmax 的二叉树示例图如图 6-7 所示。下面我们简要说明它的工作原理。为简化起见，我们假设有一棵拥有 8 个叶子节点的哈夫曼树。这 8 个叶子节点对应原图 G 中的 8 个节点。假设 v_c 为中心节点，现在以从根节点到上下文节点 v_o 的路径作为输入信息，对条件概率 $p(v_o|v_c)$ 进行建模①。

① 具体内容可参考《动手学深度学习》一书。

我们用 $L(v)$ 表示在二叉树中从根节点到叶子节点的路径上的节点数（包括起始两端）。设 $n(v,j)$ 为这条路径上第 j 个的节点，其对应的上下文向量为 $u_{n(v,j)}$。例如，在图 6-8 中，从根节点到叶子节点 v_4 的路径为：$n(v_4,1), n(v_4,2), n(v_4,3), v_4$，于是其路径

长度 $L(v_4)=4$。从根节点抵达上下文节点的条件概率 $P(v_o|v_c)$，从式(6.10)所描述的完全 Softmax，演变为式（6.21）所示的分层 Softmax 表达：

$$P(\boldsymbol{v}_o \mid \boldsymbol{v}_c) = \prod_{j=1}^{L(\boldsymbol{v}_o)-1} \sigma\left(\left[\!\left[n(\boldsymbol{v}_o, j+1) = \text{leftChild}\left(n(\boldsymbol{v}_o, j)\right) \right]\!\right] \cdot \boldsymbol{u}_{n(\boldsymbol{v}_o, j)}^{\mathrm{T}} \boldsymbol{v}_c \right) \qquad （6.21）$$

式中，激活函数 σ 就是前文提到的 Sigmoid 函数；LeftChild(n)是节点 n 的左子节点；$[\![x]\!]$ 是一个判别函数：如果 x 为真，则 $[\![x]\!]=1$，否则 $[\![x]\!]=-1$。

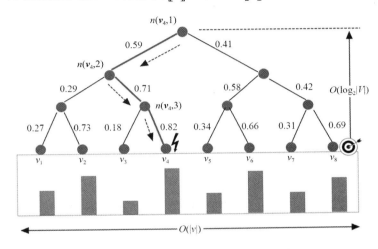

图 6-8　分层 Softmax 的二叉树示例图

具体来说，式(6.21)描述的是对于每个内部节点（二叉树中的非叶子节点），用二分类器（Logistics 回归）来判断在哈夫曼树中走左子树还是右子树，其输出的值就是走某一条路径的概率。由于式（6.21）理解起来很抽象，下面我们举例说明，假设在图 6-8 中，以 v_8 为中心节点，现在要以它为前置条件计算到 v_4 的概率，即 $P(v_4|v_8)$。它可以通过如下方式计算得到：它需要计算 v_8 的节点向量与 $L(v_4)$路径上所有非叶节点向量之间的点积（图 6-8 中加粗的路径）。该路径依次向左、向右和向右遍历，如公式（6.22）所描述：

$$\begin{aligned} P(v_4 \mid v_8) &= p\big(n(v_4,1) \mid v_8\big) \cdot p\big(n(v_4,2) \mid v_8\big) \cdot p\big(n(v_4,3) \mid v_8\big) \\ &= p\big(\text{left} \mid n(v_4,1), v_8\big) \cdot p\big(\text{right} \mid n(v_4,2), v_8\big) \cdot p\big(\text{right} \mid n(v_4,3), v_8\big) \qquad （6.22）\\ &= \sigma\big(\boldsymbol{u}_{n(v_4,1)}^{\mathrm{T}} \boldsymbol{v}_c\big) \cdot \sigma\big(-\boldsymbol{u}_{n(v_4,2)}^{\mathrm{T}} \boldsymbol{v}_c\big) \cdot \sigma\big(-\boldsymbol{u}_{n(v_4,3)}^{\mathrm{T}} \boldsymbol{v}_c\big) \end{aligned}$$

式中，$\boldsymbol{u}_{n(v,j)}$是路径对应的 j 节点的向量；$p()$表示某个节点的输出概率，通常它是由激活函数 Sigmoid（简记 σ）的输出模拟而来的。基于 Sigmoid 函数自身的特性，我们可以得到一个隐含条件 $\sigma(x) + \sigma(-x) = 1$。

因此，在上述公式推导过程中，第 2 个节点会有这样的计算：

$$p\left(\text{right} \mid n(v_4, 2), v_8\right) = 1 - p\left(\text{left} \mid n(v_4, 2), v_8\right) = \sigma\left(-\boldsymbol{u}_{n(v_4,2)}^{\mathrm{T}} \boldsymbol{v}_c\right) \quad （6.23）$$

第 3 个节点也有类似的变换。基于任意中心节点 v_c 生成所有节点集合 $|v|$ 的条件概率总和为 1：

$$\sum_{v \in V} P(v \mid v_c) = 1 \quad （6.24）$$

使用分层 Softmax 回归到底有什么好处呢？

首先是计算量下降了，使用分层 Softmax 回归之前，计算量为 $O(|V|)$，它正比于节点数量，使用分层 Softmax 回归之后计算量变成了 $O(\log_2 |V|)$，正比于树的高度（见图 6-8）。当节点集合 V 很大时，使用分层 Softmax 回归的每个训练步的计算代价显著降低。

其次是由于使用了哈夫曼树使最高频的节点靠近树根，这样的高频节点在更少的时间内会被找到，这符合贪心优化的思想[①]。

① 若一个优化问题的全局优化解可以通过局部优化选择得到，则该问题称为具有贪心选择性。

6.3　基于 DeepWalk 的维基百科相似网页检测

如前所示，随机游走的核心思想在于：对图中的每个节点，模型会生成一个连接节点的随机路径。一旦我们获得了这些节点的随机路径，DeepWalk 就利用跳元模型（Skip-Gram）训练获得各个节点的嵌入表示。

理论是灰色的，实践之树长青。为了更加透彻地理解随机游走算法的内涵，下面我们用一个简单的实战案例来说明它的应用方法。为便于理解，下面的代码做了部分简化，并不适合大规模应用程序。

6.3.1　数据准备

下面我们使用维基百科文档的相互连接构建图数据，并使用 DeepWalk 从中提取节点的嵌入式表达。基于这些嵌入向量，做一个简易的推荐系统——使用嵌入向量找到类似的维基百科页面。本例中我们不会触及这些维基百科文档中的任何文本，纯粹是根据图的结构来计算页面之间的相似性[②]。

② 参考资料：Prateek Joshi. Learn How to Perform Feature Extraction from Graphs using DeepWalk.

维基百科的图形数据集数据从何而来呢？这就要利用一个名为 Seealsology 的在线数据获取工具了。Seealsology 能帮助我们快速而粗略地探索与任何维基百科页面相关的语义区域。为了简单起见，我们仅仅提取了维基百科"See also（参见）"部分的所有链接，从而形成一个关系图。Seealsology 能帮助我们为任何维基百科页面创建图表。
我们甚至可以提供多个维基百科页面作为输入。Seealsology 维基百科在线获取工具
如图 6-9 所示。

图 6-9　Seealsology 维基百科在线获取工具

　　输入 Space_Race、Space_exploration 两个维基百科词条的链接后，单击"START
CRAWLING"按钮，开始爬取，片刻之间，就可以得到它所爬取的数据，并形成一
个可视化图。Seealsology 生成的可视化图如图 6-10 所示。

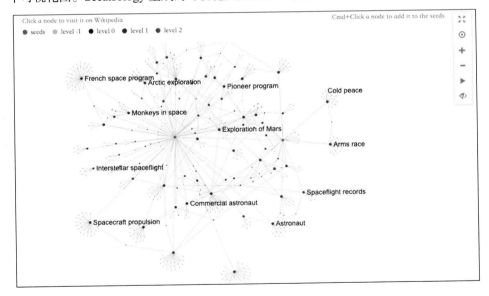

图 6-10　Seealsology 生成的可视化图

　　此外，除了给出可视化图，Seealsology 还会给出关键词（如 Space race 和 Space
exploration）与相关连接词条（如 Discovery and exploration of the Solar System 和
Spacecraft propulsion 等）之间的关系。每个词条都对应一个网络页面。这样一来，多个

彼此关联的词条就构成了一个多对多的网络（见图 6-11）。

Source	Target	Level
Space exploration	Discovery and exploration of the Solar System	1
Space exploration	Spacecraft propulsion	1
Space exploration	Robotic spacecraft	1
Space exploration	Timeline of planetary exploration	1
Space exploration	Landings on other planets	1
Space exploration	Pioneer program	1
Space exploration	Luna program	1
Space exploration	Zond program	1
Space exploration	Venera program	1
Space exploration	Mars probe program	1
Space exploration	Ranger program	1
Space exploration	Mariner program	1
Space exploration	Surveyor program	1

图 6-11　Seealsology 给出的连接词条

如果我们把图 6-11 所示的部分数据采集起来，就构成了本实验所用的文件（space_data.tsv，实验数据和完整源代码参见本书随书资源中的【范例 6-1】）。

为了便于读者理解代码，下面我们采用 Jupyter 文档格式，逐步加载代码并给予必要的解释。首先要导入必要的库①。

① 由于数据源是在线获得的，读者每次获取的数据源可能与本书略有不同，比如 Pandas 的列名称大小写，读者可根据实际情况进行适当的调整。

```
In [1]:
01    import pandas as pd
02    import random
03    from tqdm import tqdm
```

然后，我们用 Pandas 的 read_csv 方法读取关系数据，并显示前 5 行数据。

```
In [2]:
01    df = pd.read_csv("space_data.tsv", sep = "\t")
02    df.head(5)
```

```
Out[2]:
```

	Source	Target	Level
0	space exploration	discovery and exploration of the solar system	1
1	space exploration	in-space propulsion technologies	1
2	space exploration	robotic spacecraft	1
3	space exploration	timeline of planetary exploration	1
4	space exploration	landings on other planets	1

在加载数据时请注意，TSV 文件和 CSV 文件基本类似，只不过 TSV 文件的默认分隔符是用 Tab 键，而非逗号，所以显式指定分隔符为 "\t"。Source 和 Target 两列分别对应维基百科的词条和衍生解释。比如，"space exploration" 就有 70 个 Target 词条页面与之对应（上述代码仅仅显示了 5 条）。

6.3.2　图的构建

下面我们用 networkx 来构建图。networkx 是一个用 Python 语言开发的图与复杂网络建模工具，内置了常用的图与复杂网络分析算法，可以方便地进行复杂网络数据分析、仿真建模等。

```
In [3]:
01    import networkx as nx
02    G = nx.from_pandas_edgelist(df, "Source", "Target", edge_attr = True,
            create_using = nx.Graph())
```

顾名思义，nx.from_pandas_edgelist 是 networkx 库中一种非常有用的方法，其功能就是以一个 DataFrame 对象来构建一个包含边列表的图。nx.from_pandas_edgelist 方法的第一个参数就是 DataFrame 对象的名称（如本例中的 df），DataFrame 对象应该至少包含两列节点名称，分别表示边的起点、终点。如有必要，还可以用另外一列表示路径权重（如 df 对象的第三列 level）。edge_attr 设置为 True 表示将添加所有剩余的列。create_using 表示用何种方法来创建图，其默认值为 nx.Graph()。

下面我们查看所构建的图中共有多少个节点。

```
In [4]: len(df.Source.append(df.Target).unique())
```

```
Out[4]: 2088
```

事实上，求节点数更简单的方法是使用如下指令，直接对图对象求长度。

```
In [5]: len(G)
```

```
Out[5]: 2088
```

6.3.3　构建随机游走节点序列

下面的任务是构建随机游走节点序列。为此，我们首先定义一个函数，它将以一个节点和指定遍历路径长度作为输入参数；然后以随机方式从指定的输入节点选择下一个遍历连接的节点；最后该函数将返回遍历的节点序列。

```
In [6]:
01    def get_randomwalk(node, path_length):
02        random_walk = [node]
03
04        for i in range(path_length - 1):
05            temp = list(G.neighbors(node))
06            temp = list(set(temp) - set(random_walk))
07            if len(temp) == 0:
08                break
09
10            random_node = random.choice(temp)
11            random_walk.append(random_node)
12            node = random_node
13
14        return random_walk
```

在上述代码中，random_walk 存储的是随机游走的节点序列。第 06 行代码的功能是利用集合（set）的差集操作[①]，将用 temp 函数（当前节点的邻居节点训练）中已经存在节点删除掉，表明的是随机游走的序列"不走回头路"（本例简化了模型，实际上 DeepWalk 中的随机游走路径中允许存在重复节点）。第 10 行代码利用了 random 函数库中的 choice 方法，从当前邻居节点中随机挑选一个，这里仅仅是一个随机选取的模拟。在 DeepWalk 原始算法中，是以当前节点度数的倒数为概率来挑选下一个节点的，与随机挑选一个邻居节点有所不同。

下面我们以 "space exploration" 为节点，设随机游走的路径长度为 10，调用 get_randomwalk()。

```
In [7]: get_randomwalk('space exploration', 10)
```

得到的运行结果如下。

```
Out[7]:
['space exploration',
 'mariner program',
 'mariner mark ii',
 'pioneer program',
 'timeline of solar system exploration',
 'timeline of discovery of solar system planets and their moons',
 'timeline of planetary exploration',
 'discovery and exploration of the solar system',
 'sample return mission',
 'robotic exploration of the moon']
```

由于我们使用了随机选择函数 choice()，因此上述语句每次的运行结果都不尽相

① 在 Python 中，集合的差集操作是利用减法实现的。由于差集的结果依然是一个集合，不利于后续的操作，所以需要将集合转换为列表（List）。

同。下面我们为每个节点都生成 5 个长度不超过 10 的随机游走路径，这样共获得 10 440
个随机游走节点序列，代码如下所示。

```
In [8]:
01   all_nodes = list(G.nodes())
02
03   random_walks = []
04   for node in tqdm(all_nodes):
05       for i in range(5):
06           random_walks.append(get_randomwalk(node,10))

In [9]: len(random_walks)

Out[9]: 10440
```

6.3.4　利用 Word2vec 实现 DeepWalk

接下来，我们可以使用这些序列作为跳元模型的输入，通过训练提取模型学习到
的权值（节点嵌入表示）。为了不重复造轮子，我们还是使用大名鼎鼎的 Gensim 库①，
这个库提供了 Word2vec 的高层实现，也就是说我们只要调用包中的应用程序接口
（Application Programming Interface，API）即可完成 Word2vec 的实现。

① 如没有安装 Gensim，可
在命令行输入 "pip install
--upgrade gensim" 进行
安装。

```
In [10]:
01   import multiprocessing                          #导入多线程包
02   cores = multiprocessing.cpu_count()             #获取当前 CPU 的核数
03   from gensim.models import Word2vec              #导入 Word2vec 包
04   import warnings                                 #导入警告信息管理包
05   warnings.filterwarnings('ignore')               #不显示警告信息
06   from time import time                           #导入时间包
07   # (1) 构建模型
08   model = Word2vec(window = 4, sg = 1, hs = 1,
09                    negative = 10,                 #设置负采样的个数为 10
10                    vector_size = 50,
11                    alpha = 0.03,
12                    min_alpha = 0.0007,
13                    sample = 6e-5,
14                    workers = cores -1 ,
15                    seed = 15)
16   # (2) 构建词汇表
17   model.build_vocab(random_walks, progress_per = 20)
18   # (3) 训练模型
19   t = time()
20   model.train(random_walks, total_examples = model.corpus_count, epochs=20,
```

```
21                    report_delay=1)
22   print(f'训练所需时间：{(time() - t):.2} 秒') #保留两位小数
```

Out[10]:
训练所需时间：0.69 秒

为了让训练流程更加清晰和可控，我们把 Word2vec 的调用流程细分为如下三个不同的步骤。

（1）构建模型。此阶段利用 Word2vec 类，在这个阶段我们逐一设置自己所需的模型参数。其中可能用到的若干参数的含义如下。

① window：窗口大小，表示当前词与预测词在一个句子中的最大距离。

② vector_size：特征向量的维度，默认为 100。

③ alpha：初始的学习速率，在训练过程中会线性地递减到 min_alpha。

④ min_alpha：学习率的最小值。

⑤ min_count：对字典做截断，词频少于 min_count 次数的单词会被丢弃掉，默认值为 5。

⑥ sg：用于设置训练模型是否采用跳元（Skip-Gram，sg）模型，默认为 0，对应 CBOW 模型；如果设置 sg=1，则采用跳元模型。

⑦ hs：如果设置为 1，则采用分层 Softmax（hierarchica·softmax，在参数中简称 hs）策略，如果设置为 0（默认），则不使用这个近似训练技巧。

⑧ negative：如果所设置的值大于 0，则会采用负采样（一般取值范围为 5～20）。

⑨ sample：配置高频词汇随机下采样的阈值[①]，这个值通常很小（1e-5）。该参数对模型的性能影响很大。

⑩ seed：用于随机数发生器，与初始化词向量有关。

⑪ workers：用于设置训练的并发进程数。

（2）构建词汇表。此阶段利用到 build_vocab 方法，在这个节点，模型从一系列句子构建词汇表，进而初始化模型。

build_vocab 方法有两个比较重要的参数。

① corpus_iterable：位置参数，因此无须显式给出，它表示需要训练的、可迭代的语料库，在本例中就是随机游走的路径集合 random_walks。

② progress_per：用于提示要处理多少个单词之后才显示进度，默认值为 10 000，由于本范例语料库不大，故设置为 20。

---

① 下采样（Downsampled），又称降采样或减采集，通过抽样技术，以部分数据代替整体数据，通常用于降低数据集的大小。

（3）训练模型。此阶段利用 train 方法，下面我们解释代码中的相关参数。

① corpus_iterable：表示需要训练的、可迭代的语料库，同上。

② total_examples：文档的总数量，它来自 build_vocab 统计的结果，在本例就是那 10 440 个随机路径。

③ epochs：训练的轮数。

训练完毕，我们很容易输出某个节点的嵌入向量。以"space exploration（太空探索）"为例，它的嵌入向量可以用如下指令输出。

```
In [11]: model.wv['space exploration']
```

```
Out[11]:
array([ 0.28232864,  0.19727348,  0.11594789,  0.01733935, -0.23966856,
0.08091889, -0.3437701 , -0.06159946,  0.31892905,  0.22655289, -
0.14973278, 0.50540006, 0.14715515, 0.08584355, 0.25932685, 0.05287019,
0.5517574 , -0.09279949,  0.12006009,  0.2554263 , -0.40871254,
0.5670437 `,  0.13268588,  0.10626646,  0.06867035,  0.4343102 , -
0.16185282,  0.34650564, -0.15609606,  0.14092782, -0.13666727, -
0.02390795, -0.6119726 ,  0.5562562 , -0.02626768,  0.0118084 , -
0.22070216,  0.42872602,  0.87477934, -0.23118751, -0.02032603, -
0.0988723 , -0.20872538,  0.05459199, -0.31994507, -0.08358254,
0.01522228, 0.24482681, -0.03899729, 0.02229033],       dtype=float32)
```

按照前面的模型设定，这是一个长度为 50 的向量。有了节点的嵌入向量，利用嵌入域的相似度（如余弦相似度），我们也很容易找到与"space exploration"最相似的若干（节点）页面，这时需要用到 wv.most_similar 方法，代码如下。

```
In [12]: model.wv.most_similar(positive = 'space exploration')
```

```
Out[12]:
[('scaled composites tier one', 0.8339921832084656),
 ('timeline of solar system exploration', 0.8122889399528503),
 ('mercury program', 0.809716522693634),
 ('sample return mission', 0.7951911091804504),
 ('robotic exploration of the moon', 0.7943196296691895),
 ('phobos program', 0.7939968705177307),
 ('mars scout program', 0.7932114005088806),
 ('discovery program', 0.7820747494697571),
 ('vostok program', 0.7797415256500244),
 ('zond program', 0.7695260047912598)]
```

从上面的运行结果可以看出，Gensim 库中的 Word2vec 不仅能给出相似的节点，还能给出相似度。我们简单看一下它给出"太空探索"的前三名相似节点：scaled composites tier one（复合材料第一层）、timeline of solar system exploration(太阳系探索时间轴)和 mercury program（水星计划）。

6.3.5 模型的保存与加载

我们辛辛苦苦训练好的模型，一旦关机就不能用了，岂不可惜？为避免此问题，我们可以把训练好的模型保存到本地，在需要的时候二次加载使用即可。Gensim 库为我们提供了专业的 API 来完成这样的任务。

```
In [13]:
01   model.save("deepwalk.model")   #保存模型
02   model.save("model.bin")
```

解释上面的代码，第 01 行和第 02 行的功能是相似的。第 01 行代码是将模型以.model 文件的形式保存。第 02 行代码是将模型以.bin 文件的形式保存。

模型保存在本地后，我们再次加载该模型并进行测试。使用下面的代码加载模型。

```
In [14]: model2 = Word2Vec.load('model.bin')   #加载模型
```

如果想查看早期的词汇表（实际上是节点列表），可以使用下面的命令。

```
In [15]: model2.wv.key_to_index
```

```
Out[15]:
{'space exploration': 0,
 'space science': 1,
 'space colonization': 2,
 'private spaceflight': 3,
 'newspace': 4,
...#省略部分输出数据
}
```

让我们以'space science'为例提取与它最相似的前 5 个节点单词。

```
In [16]:
01   similar_words = model2.wv.most_similar('space science')[:5]
02   print(similar_words)
```

```
Out[16]:
[('space-based radar', 0.7923504114151001), ('space industry of russia',
0.7377722859382629),   ('comparison   of   orbital   launch   systems',
0.7258631587028503),    ('space    launch    market    competition',
0.7246398329734802), ('batteries in space', 0.7231742739677429)]
```

从输出的结果可以看到，二次加载的模型是可以正常运行的。

6.3.6　DeepWalk 的应用领域

DeepWalk 理论简洁而优美，但到底有什么实际的应用呢？一个简单而直观的应用就是做一个推荐系统。一个推荐系统可以依据如下步骤构建起来[11]。

（1）首先，基于原始的用户行为序列（用户的购买物品序列、观看视频序列等）来构建物品关系图；从图 6-12 所示的 DeepWalk 的应用场景中可以看出，因为用户 U1 先后购买了物品 A 和物品 B，所以产生了一条由 A 到 B 的有向边。如果后续产生了多条相同的有向边，则有向边的权重被加强。在将所有用户行为序列都转换成物品关系图中的边之后，全局的物品关系图就建立起来了。

（2）接下来采用随机游走的方式随机选择起始点，重新生成物品序列（类似 NLP 中的句子）。

（3）将第（2）步这些随机游走生成的物品序列输入 Word2vec 模型，生成最终的物品嵌入向量。

（4）根据嵌入向量的相似度，找到和用户选择的物品"和而不同"的物品，并推荐给用户。于是，这样一个基于物品序列的推荐系统原型就完成了。

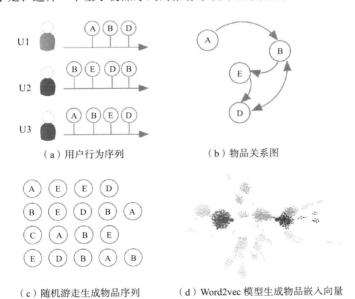

（a）用户行为序列　　　　（b）物品关系图

（c）随机游走生成物品序列　　（d）Word2vec 模型生成物品嵌入向量

图 6-12　DeepWalk 的应用场景

6.4　LINE 模型

DeepWalk 的出现引起了一阵关于图嵌入研究的热潮，但也逐渐暴露出了它的不足。如何改进 DeepWalk 的缺点呢？人们先后提出了多种变种算法，LINE 模型便是其中的佼佼者之一。

6.4.1　LINE 模型的发展背景

① 国际万维网大会（International World Wide Web Conference），是 ACM（美国计算机协会）组织的一年一度的知名国际学术会议。

DeepWalk 采用的是随机游走的算法，因此仅适用于无权图中，且运行效率不高。为了弥补 DeepWalk 的不足，LINE 模型随后就被提出了。LINE 模型是唐建等人在 2015 年的 WWW 会议①上发表的论文"LINE: Large-scale Information Network Embedding"中所提出的一种新的嵌入算法模型[9]。与 DeepWalk 类似，LINE 模型也可以将每个节点用低维向量表示，但与 DeepWalk 所不同的是，LINE 模型适用范围更广，不仅仅适用于无向图，还适用于有向图和加权图。此外，相比 DeepWalk 中通过 Random Walk 这种 DFS（深度优先搜索）的方式进行采样训练，LINE 模型则采取 BFS（广度优先搜索）的方式来进行采样训练。

不同的图嵌入表示对节点间的相似度定义有所不同。LINE 模型采用了两个层面的节点相似度定义：一阶相似度（First-order Proximity）和二阶相似度（Second-order Proximity）（见图 6-13）。

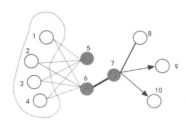

图 6-13　一阶相似度与二阶相似度示意图

6.4.2　一阶相似度

一阶相似度用于描述图中成对节点之间的局部相似度，也就是假如两个节点是直接相连的，那么这个连接的边的权重就是这两个节点的相似度，假如不是直接相连的，则一阶相似度等于 0。

在图 6-13 中，我们给节点编了号，并且节点之间的连接边粗细代表权重，线条越粗说明权重越高。我们可以看到节点 6 和节点 7 是直接相连的，而且它们的连接边权重较大，因此可以认为节点 6 和节点 7 的一阶相似度较高。而节点 5 和节点 6 由于没有直接相连的边，于是可以认为节点 5 和节点 6 的一阶相似度为 0。

两个节点（设其节点编号分别为 i 和 j）的一阶经验概率可以定义如下：

$$\hat{p}_1(i,j) = \frac{w_{ij}}{W} \qquad (6.25)$$

式中，w_{ij} 为节点 i 和节点 j 之间的连接权值（两点之间边的权值越大，经验概率越大）；W 为所有边权重之和。

两个节点之间的一阶相似度用节点 v_i 和 v_j 之间的联合概率表示：

$$p_1(v_i, v_j) = \frac{1}{1 + \exp(-\boldsymbol{u}_i^{\mathrm{T}} \cdot \boldsymbol{u}_j)} \qquad (6.26)$$

式中，$\boldsymbol{u}_i^{\mathrm{T}} \cdot \boldsymbol{u}_j$ 表示两个节点嵌入向量之间的点积（又称内积）。点积的大小本身就代表一定的相似度，点积越大，两个向量相似度就越高。然后，这个点积的值被 Sigmoid 函数做了归一化，因此它的输出值域为 [0,1]。由于这个特性，经过 Sigmoid 函数归一化后的值常被当作概率来用①。

> ① 事实上，经过 Softmax 归一化操作后的结果，也被用作概率。

式(6.25)（经验概率）和式(6.26)（估算出来的联合概率）是存在差异的。而衡量两种概率分布之间的差异，又常用 KL 散度。这样一来，一种很直观的想法就是，只要最小化 KL 散度，就能保证表示估算的联合概率尽量接近实际的经验概率。省略一些常数，目标函数如下所示：

$$O_1 = -\sum_{(i,j) \in E} w_{ij} \log p_1(v_i, v_j) \qquad (6.27)$$

式中，(i,j) 表示以 i 节点为起点，以 j 节点为终点的边（Edge，E）；v_i 和 v_j 分别对应向量 $\boldsymbol{u}_i$ 和 $\boldsymbol{u}_j$。

在只考虑一阶相似度的情况下，改变同一条边的方向对于最终结果没有什么影响。因此，一阶相似度只能用于无向图，不能用于有向图。

此外，一阶相似度表达能力不足。比如，在图 6-13 中，我们可以看见节点 5 和节点 6 虽然一阶相似度等于 0，但它们之间还是存在着一定的联系的。比如说，它们之间都有共同的邻居节点 1、2、3、4，那是不是说明它们也有一定的相似度呢？

6.4.3　二阶相似度

LINE 模型遵循这样的哲学理念：“我朋友的朋友，也可能是我的朋友。”二阶相似度正是描述这种关系的。如果将邻居看作当前节点赖以生存的上下文环境（Context，类似于朋友关系），那么两个二阶相似度高的节点之间就拥有一定的相似性（至少是在地位上如此）。

例如，图 6-13 中的节点 5 和节点 6 拥有相同的上下文——邻居节点 1、2、3、4，这表明他们可能会有很高的二阶相似度。基于经验的二阶相似度概率表达式如下：

$$\widehat{p}_2 = (v_j \mid v_i) = \frac{w_{ij}}{d_i} \tag{6.28}$$

式中，w_{ij} 是边 (i, j) 的权重；d_i 是节点 i 的出边度数（Out-Degree）之和，其定义如式 (6.29) 所示。

$$d_i = \sum_{k \in N(i)} w_{ik} \tag{6.29}$$

式中，$N(i)$ 为在有向图中的出边邻居（Out-Neighbors）集合。这里的"度"不再是简单的"1"（连接）或"0"（不连接），而是更为广义的权值（节点之间的连接权值，可以为任意实数）。

通过嵌入相似度如何来计算二阶相似度呢？在图中，每个节点都分饰两种角色：中心节点和其他节点的邻居节点（其他节点的上下文）。因此，为每个节点引入两个向量表示 $\boldsymbol{u}_i$ 和 $\boldsymbol{u}_i'$，$\boldsymbol{u}_i$ 是 v_i 被视为中心节点时的表示，$\boldsymbol{u}_i'$ 是当 v_i 被视为上下文节点时的表示。基于嵌入向量评估的二阶相似度定义如下（通过 Softmax 进行归一化）：

$$p_2(v_j \mid v_i) = \frac{\exp\left(\boldsymbol{u}_j'^{\mathrm{T}} \cdot \boldsymbol{u}_i\right)}{\sum\limits_{k=1}^{|V|} \exp\left(\boldsymbol{u}_k'^{\mathrm{T}} \cdot \boldsymbol{u}_i\right)} \tag{6.30}$$

式 (6.30) 所定义的是，从某中心节点 v_i 出发，可能抵达的上下文节点 v_j 的概率，$|V|$ 为节点 v_i 的所有邻居节点个数。式 (6.30) 所定义的概率实际上就是两个相邻节点的嵌入向量内积作为 Softmax 输入，Softmax 将这个内积做了归一化处理，故当作概率来用。

二阶相似度反映的是，如果节点 v_j 和节点 v_i 相似，那么对应的向量点积越大，v_j 是 v_i 的邻居节点的概率就越大。与一阶相似度不同的地方在于，二阶相似度对所有邻居节点都使用式 (6.30) 来计算相似度。在这个过程中，每个节点只有在遍历它所有邻居节点之后，才会访问下一级的节点，这就暗合"广度优先"的思想。

二阶相似度的目标函数依旧是最小化二阶经验概率分布和估算的二阶近似概率分布，这依然是 KL 散度的"势力范围"：

$$O_2 = -\sum_{(i,j) \in E} w_{ij} \log p_2(v_j \mid v_i) \tag{6.31}$$

通过训练后，得到的预期结果就是，拥有相似邻居的节点将会拥有相近的嵌入向量。最终的节点向量就是由通过一阶相似度获得的嵌入向量与通过二阶相似度获得的嵌入向量简单拼接而成的。

为了避免计算二阶相似度时需要遍历每个节点，LINE 模型同样使用负采样的策略来简化计算。计算一阶相似度时改变同一条边的方向对于最终结果没有影响，所以一阶相似度只适合无向图。而二阶相似度中的节点有出度、入度之分，因此能够实现有向图的节点表示学习。无向图可视为特殊的有向图——双向连接且权值相同，因此二阶相似度也适用于无向图的计算。

按照上面的推演，DeepWalk 仅属于一阶相似度的算法。如果将图 6-13 所示的图数据放入 DeepWalk 中进行训练，可能得出的结果是只将邻居节点如节点 6 和节点 7 放置在一起（或是二者具有较高相似度）。但若是放入 LINE 模型中训练，不仅节点 6 和节点 7 被放置在一起，有着相似邻居的节点 5 和节点 6 也会被放置在一起。这是因为节点 5 和节点 6 有较高的二阶相似度。实验结果证明[8]，在有效性上，LINE 模型比 DeepWalk 性能更佳。

6.5　Node2vec

如果说 DeepWalk 倾向于 DFS（深度优先搜索），LINE 模型倾向于 BFS（广度优先搜索），它们各有各的优点。那可能就会有人想到，有没有什么方法，能同时结合 DFS 和 BFS，以进行更好地搜索呢？这就是 Node2vec 的核心思想[12]。

6.5.1　Node2vec 的由来

在 DeepWalk 被提出两年后的 2016 年，斯坦福大学的 Jure 和 Aditya 等人提出了 Node2vec[12]。如果说 DeepWalk 是 Word2vec 在图嵌入领域的一次"跨界应用"，那么 Node2vec 可以算是对 DeepWalk 的另一种改进。

回顾一下 DeepWalk 的大致工作流程：给定一个节点，从该节点的众多邻居节点中随机挑选一个作为下一个遍历的节点，重复此过程直至获得设定长度的节点序列；之后，就使用这些节点序列作为"原材料"，使用 Word2vec 中的跳元模型来训练，从而得到节点的嵌入向量。

DeepWalk 中的随机游走是从当前节点以等概率的概率挑选下一个邻居节点，我们不禁要问，这种等概率的"随机"真的好吗？是不是利用一些"额外"信息指导随机游走的路径更加合理呢？事实上，这正是 Node2vec 思考并要解决的问题。

Node2vec 的核心思想就是用一个有偏的随机游走来替代 DeepWalk 当中的随机游

走。给定当前节点，首先基于所有边的权重计算出遍历下一个节点的概率，然后加入两个超参数 p 和 q 来控制游走的策略。这样一来，就能够将 DFS 与 BFS 两种搜索方式进行结合，体现出一种"中庸之道"。

6.5.2　同质性与结构性

Node2vec 的提出者在论文[12]中提出了图的同质性（Homophily）和结构对等性（Structural Equivalence，简称结构性）概念。通过调整随机游走跳转概率的方法，Node2vec 让图嵌入的结果在网络的同质性和结构性中进行权衡。Node2vec 的提出者还认为，深度优先搜索的游走策略更擅长刻画图的同质性，而广度优先搜索的游走策略更擅长描述图的结构性。什么是同质性？什么又是网络的结构①性呢？为什么深度优先搜索与广度优先搜索的游走策略不同呢？下面我们就来讨论这些问题。

① 这里的"结构"更多是指微观结构，而不是大范围甚至整个网络范围内的宏观结构。

在图中，很多节点都有一些类似的结构特征。比如，很多节点聚集在一起，内部的连接比外部的连接多，具备这样结构特征的局部图称为社区。社区特性就是网络的"同质性"。类似于"物以类聚，人以群分"，具有同质性（距离相近）的节点，它们的嵌入向量（Embedding）表达应该尽量近似。例如，在图 6-14 所示的网络的深度优先和广度优先示意图中，节点 u 与同其相连的节点 s_1、s_2、s_3、s_4 的嵌入向量表达理应是接近的。同质性在商品推荐中应用较好，例如在电商网站中，同质性的商品很可能是同品类、同属性，或者经常被一同购买的物品。

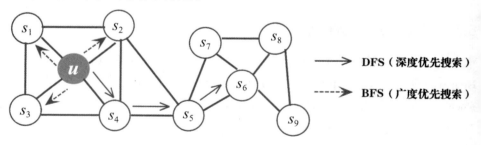

图 6-14　网络的深度优先和广度优先示意图

还有一种结构特征是：在图中即使相距很远的点，但在边的连接上却有着相似的特征。如在图 6-14 中，我们能很直观地看到节点 u 与 s_6 在边的连接上有着相似特征——它们都是社区的"中心"节点。具有相似结构性的节点的嵌入向量理应相似。比如，在电商网站中，结构性相似的商品一般是各品类的爆款、最佳凑单商品等，它们都是拥有类似趋势或结构性属性的商品。

那么，图嵌入表示应该如何体现出图的同质性和结构性呢？

先来讨论结构性特征。为了让嵌入向量的结果能体现出网络的同质性，在随机游走的过程中，我们还要让游走的过程具备广度优先搜索特性。对于广度优先搜索来说，其搜索行为往往是在当前节点的邻域进行的，特别是在 Node2vec 中，由于存在所谓的"返回概率"（这里还是以在图 6-14 中的节点 u 为例，即使从节点 u 采样遍历到了节点 s_1，还是有很大概率从 s_1 再次返回节点 u），所以广度优先搜索产生的序列有可能在 u 附近的节点间进行"徘徊"，这相当于在"宽度"方向对当前节点周边结构进行一次"微观扫描"，从而让最终节点的嵌入向量抓取到更多局部的结构性信息[12]。

再举一个例子加深感性认知。比如，对于节点 u 和节点 s_8 这两个节点来说，节点 u 是局部网络的中心节点，而节点 s_8 则是一个边缘节点。那么在对这个网络进行多次广度优先搜索随机游走的过程中，节点 u 毫无意外会被多次遍历到，且会与 $s_1 \sim s_4$ 几个节点发生联系，而边缘节点 s_8 无论是从遍历次数，还是从邻接点的丰富程度来说都远不及节点 u，因此两者的嵌入向量表达自然有着"天壤之别"。

接下来我们讨论网络的结构性。结构性关注的是特定节点在系统中的相对位置（居于中心还是边缘），而不关心节点本身特有的属性。类似每个品类的热门商品、热销商品、凑单商品等容易有这样的特点。同质性则相反，更多关注内容之间的相似性，所以同品类、同店铺、同价格区间等内容更容易表现同质性。

想要发现结构性就必须走出"局部舒适圈"，它要在相对较广的范围内能够发现一个新社区、一个新群、一个新聚集。它有点"天外有天"的意思。如果想找到"天外之天"，就不能只在自己的"天下"转悠。但如果想"浪迹天涯"，游走就要倾向于深度优先搜索，因为深度优化先搜索更善于游走到远方节点，从而使得生成的节点序列包含更多网络的整体结构信息。深度优先搜索相当于对网络结构进行了一次宏观扫描，只有在宏观的视角，才能发现类似结构的社区，进而探索社区内部节点的"同质性"。

6.5.3　Node2vec 的工作原理

现在问题来了，在 Node2vec 算法中，它是如何控制广度优先搜索和深度优先搜索的倾向性的呢？简单来说，Node2vec 主要是通过节点间的跳转概率来控制采样的倾向性。

我们来看图 6-15 所示的 Node2vec 的随机游走过程示例，假设从左下角的 t 点出发，到达节点 v，那么接下来节点该往哪里走呢？假如采用前文所述的 DeepWalk 策略，它就会从 $\{t, x_1, x_2, x_3\}$ 这 4 个节点中以等概率的方式随机在其中选择一个节点。但在 Node2vec 里，访问下一个节点的概率是有偏的。假设随机游走从节点 $v^{(t-1)}$ 遍历到节点

$v^{(t)}$，Node2vec 基于前一个节点 $v^{(t-1)}$ 和当前节点 $v^{(t)}$ 的一些"额外"信息，来定义访问下一个节点的概率：

$$\alpha_{qp}\left(v^{(t+1)} \mid v^{(t-1)}, v^{(t)}\right) = \begin{cases} \dfrac{1}{p}, & \operatorname{dist}\left(v^{(t-1)}, v^{(t+1)}\right) = 0 \\ 1, & \operatorname{dist}\left(v^{(t-1)}, v^{(t+1)}\right) = 1 \\ \dfrac{1}{q}, & \operatorname{dist}\left(v^{(t-1)}, v^{(t+1)}\right) = 2 \end{cases} \quad （6.32）$$

式中，$\operatorname{dist}\left(v^{(t-1)}, v^{(t+1)}\right)$ 表示当前节点的前一个节点 $v^{(t-1)}$ 和即将前往的下一个节点 $v^{(t+1)}$ 之间的最短距离。

概率计算需要用到两个超参数 p 和 q（人为设定的参数）。参数 p 控制节点周围微观视图的发现。参数 q 控制较大邻域的发现，它可以推断出社区和复杂的依赖关系。

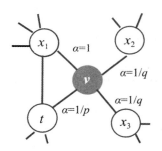

图 6-15 Node2vec 的随机游走过程示例

对式(6.32)的解释如下。

（1）如果 $v^{(t-1)}$ 和 $v^{(t+1)}$ 等同，即 dist $= 0$，那么采样概率为 $1/p$。在图 6-15 中，如果节点 v 的下一个节点是起始节点 t，那么这种情况的采样概率是 $1/p$。

（2）如果 $v^{(t-1)}$ 和 $v^{(t+1)}$ 直接相连，dist $= 1$，那么采样概率为 1。在图 6-15 中，如果节点 v 的下一个节点是 x_1，由于下一个将要访问的节点 x_1 和前一个节点 t 是直连的，因此这种情况下的采样概率为 1。

（3）如果 $v^{(t-1)}$ 和 $v^{(t+1)}$ 不相连，dist $= 2$，那么采样概率为 $1/q$。在图 6-15 中，如果节点 v 的下一个节点是 x_2 或 x_3，由于下一个将要访问的节点和前一个节点 t 没有直接相连，因此这种情况下的采样概率为 $1/q$。

计算完毕后，式(6.32)中未归一化的概率通过归一化形成下一个节点 $v^{(t+1)}$ 的采样概率。相比 DeepWalk 仅仅考虑当前节点而构成一阶随机游走，Node2vec 的随机游走可称为二阶随机有偏游走（Second order biased walk），因为它在决策下一个采样节点 $v^{(t+1)}$ 时会同时考虑当前节点 $v^{(t)}$ 和前一个节点 $v^{(t-1)}$，考虑的方面更加广泛。如果说 DeepWalk 是只"考虑当下"，那么 Node2vec 就非常类似于成语——瞻前顾后。

Node2vec 的"瞻前顾后"主要靠超参数 p 和 q 来调节。首先说明超参数 p 的作用，简单来说，它是一个返回参数（Return Parameter），控制着返回一个节点 $v^{(t-1)}$ 的概率（"顾后"的概率）：

（1）当 $p > \max(q,1)$，p 越大，$1/p$ 的值就小，在这种情况下，下一个访问的节点不太可能返回。对应图 6-15 中，从节点 v 返回起始节点 t 的概率就很小。

（2）反之，如果 $p < \max(q,1)$，那么采样会更倾向于返回前一个节点 $v^{(t-1)}$，这样就会产生在某些节点之间来回往复的情况。

接下来，我们来说明超参数 q 的作用，它是一个管控进出的参数，q 允许随机游走区分"向内"和"向外"节点。当 $q > 1$ 时，随机游走倾向于接近于前一个节点 $v^{(t-1)}$，在图 6-15 中，随机游走倾向于回到节点 t。在这样的游走方案下，游走序列由局部小范围的节点组成，在这种情况下，采样体现出广度优先搜索（BFS）策略。

相比之下，如果 $q < 1$，游走更倾向于访问离节点较远的节点。这种行为反映了 DFS 鼓励向外探索。当 $p = 1$ 且 $q = 1$ 时，游走方式就等同于 DeepWalk。总之，采样策略可以直接反映模型设计者对哪部分信息更加重视。通过控制超参数 p 和 q，Node2vec 可以生成不同侧重点的随机游走序列。

在经过随机采样操作之后，Node2vec 还选用了 Alias 算法[8]进行采样，通过很少的预处理操作，Node2vec 就能够推广到加权网络。在根据式(6.32)中的归一化概率生成随机游走之后，Node2vec 的剩余步骤就与 DeepWalk 如出一辙了，即利用 Word2vec 来获得节点的嵌入式向量表达。

当然，Node2vec 也有它的缺陷，虽然它是 DeepWalk 的升级版，但由于它要获取当前节点和到上一个节点的信息，所以在空间复杂度上是 DeepWalk 的平方，会消耗更多内存，导致它在大规模图中的性能可能欠佳。

6.6　Metapath2vec

至此，我们已经讨论了基于图结构的表示学习中的几个常见算法。但是这些算法均只能适用于处理同构图（Homogeneous Graph）①，但现实生活中异构网络的应用更

① 同构图指的是在网络中节点只有一种类型，节点之间的边也只针对一种类型的节点。

加广泛，面对异构图，传统基于同构网络的节点嵌入表示方法很难有效地直接应用在异构网络上。

6.6.1 异构图的定义与问题

异构图（Heterogeneous Graph）的定义已经在第 2 章中给出，简单来说，网络节点类型与边类型的总量大于 2 的图就是异构图。在异构图中，不同类型的节点和边具有不同的语义信息，因此对于异构图的嵌入，不仅要考虑节点之间的结构相关性，还要考虑节点之间的语义相关性。之前讨论的图嵌入算法（如 DeepWalk、LINE 模型和 Node2vec 等）都只能处理同构图。为了处理异构图，Dong 等人[12]于 2017 年提出了 Metapath2vec 方法。

6.6.2 基于 Meta-path 的随机游走

Metapath2vec 使用基于 Meta-path（元路径）的随机游走策略来构建每个节点的异质邻域。那什么是元路径呢？通俗地讲，元路径可以视作"关于路径的知识"①，它是游走路径的模式，是一种人为设定的路径模板，这也是它命名的由来。不同的元路径能够捕捉不同类型节点之间的语义信息。下面给出元路径的正式定义。

定义 2（元路径，Meta-path） 给定如定义 1 所述的异构网络 G，其中元路径模式 P 可表示为 $P: V_1 \xrightarrow{R_1} V_2 \cdots V_t \xrightarrow{R_t} V_{t+1} \cdots V_{l-1} \xrightarrow{R_{l-1}} V_l$。其中，$V_i \in T_n$，$V_e \in T_e$，分别表示不同类型的节点和边。元路径模式定义了来自不同节点类型 V_1 至 V_l 之间的复合关系，其中这些关系可以简单描述为 $R = R_1 \circ R_2 \circ \dots \circ R_{l-1} \circ R_l$。这里的操作符"$\circ$"表示关系之间的复合。

一个元路径模式 ψ 的含义为：它的每个节点和边都遵循模式 ψ 中相应类型的路径。元路径与实际游走路径之间的关系，就好比面向对象编程中"类"与"对象"之间的关系——一个定义设计蓝图，一个负责具体实施，这是一个一对多的关系。

比如，在图 6-16 所示的元路径示意图中，O 表示节点的类型为机构（Organization），A 表示节点的类型为作者（Author），P 表示节点的类型为论文（Paper），C 表示节点的类型为学术会议（Conference）。那么我们就可以设定一个元路径——APA，它表示的含义是两个作者共同合作写了一篇论文。需要注意的是，这里作者（A）并没有指明是哪个作者，论文也没有指明是哪篇论文（P），所以凡是符合 APA 模式的，语义都是类似的——两人合写一篇论文。再比如元路径"APCPA"，它表示的含义是，两个作者合作了一篇论文并投给了某个学术会议。读者可以根据这个来思考一下其他的元路径，如 OAPCPAO 的含义。

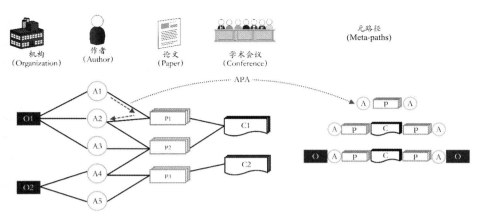

图 6-16 元路径示意图

元路径通常是对称的，只要首尾节点类型相同，就可以一直游走下去。结束游走的条件有两个：一是无法找到下一个指定类型的节点，二是达到最大游走长度。

从以上分析可知，元路径的选取是有意义的，因此元路径的选择需要一定的先验知识，这需要人工完成。元路径指明了随机游走的模式，倘若选取的元路径没有意义，那训练出来的模型其实也就与同构网络差不多。而选取了元路径之后，它将不同类型的节点联系在了一起，蕴含了丰富的语义信息，相当于确定了一系列节点类型的游走规律。

Metapath2vec 的下一项工作就是选择节点，这项工作类似于前面介绍的 Node2vec，也是一种有偏游走（每个节点选取的概率不同），但所用的方法有所不同。Metapath2vec 的转移概率定义为：

$$p\left(v^{i+1}|v^i,P\right)=\begin{cases}\dfrac{1}{\left|N_{t+1}^{R_t}\left(v_t^i\right)\right|},v^{i+1}\in N_{i+1}^{R_t}\left(v^i\right)\\ 0\qquad\qquad,\text{其他}\end{cases} \qquad (6.33)$$

上述公式看起来很烦琐，其实原理十分朴实且直观。v_t 表示一个类型为 V_t 的节点。v_t^i 的下标表示第 t 个类型的节点（记作 V_t），上标表示在 V_t 类型的节点走到了第 i 步；$N_{t+1}^{R_t}\left(v_t^i\right)$ 表示的是节点 v_t^i 通过边关系 R_t 相连且下一个节点类型为 V_{t+1} 的邻居节点集合；$\left|N_{t+1}^{R_t}\left(v_t^i\right)\right|$ 表示的前述节点集合的个数。理解了符号含义后，其实式(6.33)可以按以下方式解释：

（1）如果两个点之间有边，且下一个节点恰好是定义好的元路径上的下一个类型的节点，那么转移的概率就是该类型节点个数的倒数，这一点类似于 DeepWalk。

（2）两个节点之间有边，但下一个节点如果不是定义好的元路径上的下一个类型的节点，那么此路不通，遍历不同类型节点的概率为0。

完成了游走过程，累积到足够多的游走序列后，后面的步骤就是将游走序列数据放入跳元模型中进行训练，从而获得不同节点的嵌入向量。

从上面的描述可以看出，Metapath2vec 也同样借鉴了 DeepWalk 和 Node2vec 的思想，但对所遍历的节点类型做了进一步的细分。从 Word2vec 到 DeepWalk，再到 LINE 模型、Node2vec 及 Metapath2vec，无不证明，技术的进步是累进叠加，是站在前人肩膀之上的结果。

6.7　本章小结

本章主要讲解了图表示学习的相关知识，简单地介绍了几种图表示学习的方法，介绍了它们的基本原理。

首先，我们介绍了 DeepWalk，它是一种常见的面向图嵌入的表示学习方法。该方法的独到之处在于，利用随机游走在图中进行节点采样，从而获取节点序列，用以模拟自然语言处理的单词序列，然后利用跳元模型，用图中"节点共现"的关系来学习节点的向量表示。

然后，我们介绍了 LINE 模型，LINE 模型也是一种将每个节点用低维向量表示的算法模型，但与 DeepWalk 不同的是，LINE 模型适用范围更广，不仅适用于无向图，还适用于有向图和加权图。

接着，我们介绍了 Node2vec，它的核心思想是用一个有偏的随机游走来替代 DeepWalk 当中的随机游走。给定当前的节点，基于所有边的权重计算出访问下一个节点的概率，其中引入两个超参数 p 和 q 来控制游走的策略。这样一来，就能够将 DFS 与 BFS 两种采样方式进行结合。

最后，我们简要讨论了 Metapath2vec，之前讨论的方法均是处理同构网络的方法，但生活中异构网络的应用更加广泛。Metapath2vec 利用"元路径"能够很好地训练出不同类型节点的嵌入表示。

不论是 DeepWalk、LINE 模型，还是 Node2vec 及 Metapath2vec，它们的不同之处在于随机游走的策略不同，但相同之处在于一旦获得游走路径，随后都是通过跳元模型来训练出图的节点嵌入表示。

前面的章节属于图神经网络的预备知识铺垫，从下一章开始，我们正式进入图神经网络的学习。

参考资料

[1] 马耀，汤继良. 图深度学习[M]. 王怡琦，金卫，译. 北京：电子工业出版社，2021.

[2] PEROZZI B, Al-RFOE R, SKIENA S. Deepwalk: Online learning of social representations [C]// Proceedings of the 20th ACM SIGKDD international conference on Knowledge discovery and data mining. New York, USA: Association for Computing Machinery, 2014: 701-710.

[3] MIKOLOV T, SUTSKEVER I, KAI C, et al. Distributed Representations of Words and Phrases and their Compositionality: arXiv preprint arXiv:1310.4546, 2013.

[4] 刘忠雨，李彦霖，周洋. 深入浅出图神经网络：GNN 原理解析[M]. 北京：机械工业出版社，2020.

[5] YANG Z, DING M, ZHOUhou C, et al. Understanding negative sampling in graph representation learning[C]// Proceedings of the 26th ACM SIGKDD international conference on knowledge discovery & data mining. CA,USA: Association for Computing Machinery. 2020: 1666-1676.

[6] MNIH A, KAVUKCUOGLU K. Learning word embeddings efficiently with noise-contrastive estimation[C]// Proceedings of the 26th International Conference on Neural Information Processing Systems. Lake Tahoe, Nevada, USA. 2013: 2265-2273.

[7] GUTMANN M U, HYVÄRINEN A. Noise-contrastive estimation of unnormalized statistical models, with applications to natural image statistics.[J]. Journal of machine learning research, 2012, 13(2):307-361.

[8] TANG J, QU M, WANG M, et al. Line: large-scale information network embedding[C]// Proceedings of the 24th international conference on world wide web. New York, USA: Association for Computing Machinery. 2015: 1067-1077.

[9] HJELM R D, FEDOROV A, LAVOIE-MARCHILDON S, et al. Learning deep representations by mutual information estimation and maximization[J]. arXiv preprint arXiv:1808.06670, 2019.

[10] MORIN F, BENGIO Y. Hierarchical probabilistic neural network language model[C]// International workshop on artificial intelligence and statistics, New York, USA: PMLR, 2005: 246-252.

[11] 王喆. 深度学习推荐系统[M]. 北京：电子工业出版社，2020.

[12] GROVER A, LESKOVEC J. Node2vec:Scalable feature learning for networks[C]// Proceedings of the 22nd ACM SIGKDD international conference on Knowledge discovery and data mining. San Francisco, CA, USA: Association for Computing Machinery. 2016: 855-864.

第 7 章
初代图神经网络

图是借助节点和边描述关系的有力工具。但要想汇集邻域不同节点和边的信息，并不容易。借助神经网络的发展，通过对信息的传递、转换和聚合，实现特征的提取，这些重要元素就构成了初代的图神经网络（GNN）。本章主要介绍初代 GNN 的理论基础，这是拉开 GNN 研究序幕的重要内容。

图数据不同于图像和文本数据，其表示是不规则的。图中每个节点的领域结构各异，且节点具有无序性。因此，一些在图像处理中的重要运算（如卷积），不能再直接应用于图数据之上。图数据的复杂性，对现有机器学习算法提出了重大挑战[2]。

受到深度学习领域进展的驱动，研究人员在设计图神经网络的架构时借鉴了深度学习的思想。基于循序渐进的原则，下面我们介绍初代图神经网络的发展脉络和理论基础。

7.1　初代图神经网络的诞生

顾名思义，图神经网络主要由两部分组成，即"图"和"神经网络"。这里的"图"，就是前面章节中介绍的图数据。而"神经网络"是各种神经网络结构，如 MLP（多层感知机）、CNN（卷积神经网络）、RNN（循环神经网络）等。

图神经网络这个概念，最早是在 2005 年由锡耶纳大学（University of Siena）的 M.Gori 等人[3]提出的，当时深度学习还处在"蛰伏期"。直到 2006 年 Hinton 的研究团队才发表那篇开启深度学习时代的论文[4]。由于一开始 GNN 并没有受到深度学习的加持，因此 M.Gori 等人的工作并没有受到太多人的关注。

到了 2009 年，M.Gori 的研究团队再度出山[5]，不过这次是以 Scarselli 打头阵（第一作者），GNN 二度登场。随后，借着深度学习的"东风"，GNN 的研究也慢慢"好风凭借力，送我上青云"，逐渐获得了学界和业界的认可与重视，并掀起了图神经网络研究的热潮。在发展脉络上，M.Gori 等人提出的模型被称为初代图神经网络。在一些学术论文中，也常被称为基础版图神经网络模型（vanilla GNN）①。

① vanilla 一词本意为香草，自 20 世纪 70 年代起，冰激凌开始普及且为香草味。因此，vanilla 就衍生出"大众口味""普通的"等意。后来，这个词逐渐延伸至学术领域，如 vanilla RNN、vanilla GNN 等，常用来表示"原始的""最初版本的"之意。

他们对图神经网络的研究还是具有一定的开创性的，因此本章的内容也主要针对他们的研究论文展开介绍。初代 GNN 模型并不复杂，它的"初心"其实很纯粹，就是要扩展神经网络的适用范围，即将经典神经网络（如 CNN、RNN 及注意力机制等）应用于处理图数据。

7.2　GNN 中的数据聚合

常言道，"巧妇难为无米之炊"。对图神经网络而言，它的"米"自然就是各类图数据。因此，在图数据中研究如何实现不同节点之间的数据聚合，互通有无，是图神经网络研究的重点。

7.2.1　GNN 的本质

马克思在《关于费尔巴哈的提纲》中指出："人的本质不是单个人所固有的抽象物，在其现实性上它是一切社会关系的总和。"具体来说，人不仅仅被自己所定义，而是被自己及所处的社会网络协同定义。因此，我们会看到，同一个节点，对于不同的邻居节点，有多重角色要扮演。为人父母者，对子女节点要表现出"关爱"；为人师者，对学生体现出"博学"；为人同事者，对同仁要体现出"人情练达"，诸如此类。当然，子女、学生和同事等节点也会在很大程度上反过来塑造当前节点的内涵。

那么问题就来了。如此众多的角色要汇集起来，并体现在一个人身上，该如何来描绘这个相互塑造的过程呢？这当然需要日积月累地沟通和磨合。用学术些的话来说，就是在时间或空间尺度上经过多轮的信息迭代和交互。

其实，这也正是图神经网络的精髓所在。在图神经网络中，当前节点的特性也是由它自身的属性和它的邻居节点共同决定的。给定一张图 G，每个节点和边都有其自己的特征（Feature）。显然，身处在图中的节点和边并不能"独善其身"，它的属性值会受到它的邻居节点或边的影响。节点与节点之间是通过边沟通的，因此两个节点之间的边也可以有自己独属的特征。

我们把传播相邻节点信息的机制，称为消息传递（Message Passing）。节点 x_v 在充分获取其他邻居节点的信息之后，就可以用于加工输出 o_v。一旦节点的信息获取完成，信息加工方法的选取就比较"任性"了，可以是传统的机器学习算法，当然也可以是目前流行的神经网络学习算法。如果用节点或边的特征向量作为输入，而用神经网络来加工输出，这就是图和神经网络的结合，故称图神经网络。

为何要选择神经网络来加工信息呢？如前文所述，如果我们对信息加工的每个流程（如特征选择和特征表示等）都有清晰的认知，用传统的机器学习算法就好。而神经网络的优势在于，它给我们提供了新的一种方法，可以用一种高效的"端到端（End to End）"方式（黑箱模型）来表达特征和拟合函数，这在很大种程度上"松弛"了我们对事物模型的认知。

7.2.2　图中的消息传递

如前所述，GNN 的有效运作离不开不同节点间信息的传递。下面我们就来讨论在图中是如何传递信息的。不同于传统的神经网络，GNN 模型中的每个节点可以通过相互交换信息来更新节点状态，并影响彼此更新的嵌入表达，直到整个网络达到某一个稳定值。这个信息汇集的过程也被称为邻域聚合（Neighbourhood Aggregation）。下面我们简单介绍这个过程[6]。

假设有一个任意的图 G，它的节点和边如图 7-1（a）所示。为方便处理，每个节点的特征都可以用编码来表示，简单起见，我们假设特征向量就是当前节点的独热编码[①]。节点的标签（或称类别）简单地用节点的颜色（如红、绿、黄等）或不同纹理表示，如图 7-1（b）所示。

① 实际上，独热编码并不是最佳选择，因为独热编码是高维和稀疏的，且图中节点是乱序的。人们可用节点的嵌入表示来描绘点和边的特征，这方面的知识会在后续的章节提到。

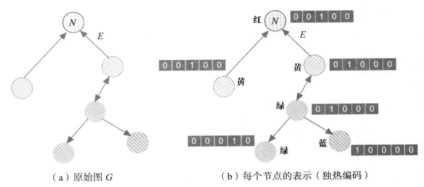

（a）原始图 G （b）每个节点的表示（独热编码）

图 7-1　图与其节点的特征表示

② 事实上，信息加工可以是任何合适的神经网络结构。只不过节点信息的更新涉及时间的迭代，故使用循环神经单元更为适合。

③ 前馈神经网络（Feedforward Neural Network，FNN），也叫作多层感知机（MLP），是深度学习模型的前身。

④ 亦有文献称之为参考节点，这类节点有自己的标签。

我们假设所有节点的数据都交由循环神经单元来加工处理[②]，所有边的数据加工都可以使用最为简单的前馈神经网络（FNN）[③]。在 GNN 中，对于监督节点[④]而言，它通过邻居节点的边聚合信息。这种聚合，最简单直观的方式莫过于对各个邻居边的值进行求和（sum 函数），然后与当前节点值叠加，于是就得到一个"焕然一新"的目标节点特征。在图 7-2 所示的图神经网络的信息传递过程中，假设最上方的节点为所考查的监督节点，我们可以用局部放大的方式来呈现这个过程。需要说明的是，图中各个节点的信息聚合过程是并发执行的。

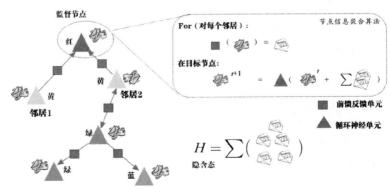

图 7-2　图神经网络中的信息传递过程

有时，聚合的信息还需经过必要的变换操作，再通过更新函数"刷新"各个节点的内部状态，图中的信息更迭过程如图 7-3 所示。在图神经网络中，主要有两种信息处理方式：一种是针对节点的，另一种是针对边的。在抽象层面，所有的更新都可视作一个函数操作，节点或边的信息聚合与更新都可以交由神经网络来完成。在执行了若干次消息传递、邻域聚合之后，各个节点单元就变成了一组全新的嵌入向量。

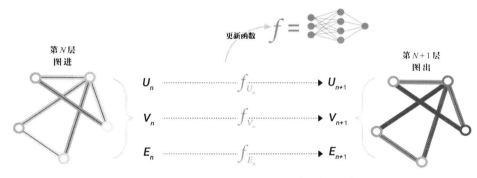

图 7-3　图中的信息更迭过程

需要注意的是，在图神经网络中，也有"层（Layer）"的概念，但它与普通的神经网络有所不同，它表示的是一轮的信息更迭。第 N 层的图进来，第 $N+1$ 层的图出来，变化的是图中边和点的信息更迭，不变的还是原来的图拓扑结构。

本质上，GNN 的消息传递和卷积"异曲同工"，都是聚合和处理节点邻居节点信息的操作，以便更新节点的值。需要说明的是，GNN 图中各个节点的信息聚合过程是并发执行的。通过多轮的信息迭代，当前节点对邻居节点的信息有了更多的了解——感受野越来越大。这时它就有可能以"一点"代表"一图"，此时就有一种"梧桐一叶而知天下秋"的味道蕴含其中。于是，我们通过对目标节点的判定（如分类），就可以间接对整个图实施判定。

图神经网络的"一叶知秋"能力，并不是我们的一种臆想，而是有坚实的理论依据的。这个理论依据叫作不动点定理（Fixed-Point Theorem，BFT）。我们会在后续的章节中讨论这部分内容。

7.3　初代 GNN 的工作原理

GNN 的学习目标就是，为每个节点学习一个状态表示 $h_v \in \mathbb{R}^s$，该状态编码能够

"浓缩"邻居节点的信息，我们也将其称为状态的嵌入编码（前面已经讨论过）。利用这个状态嵌入表示 h_v，通过神经网络的训练，就可以获得预期的输出 o_v。

7.3.1　图中节点的信息更新

如何让每个节点都能感知到图上其他节点呢？这就离不开图中节点的信息更新。假设图记作 $G=(V,E)$，其中 V 为图的节点（Vertex）集合，E 为边（Edge）集合。一个典型的初代图神经网络的结构如图 7-4 所示[1]。针对某个特定的目标节点 n，我们有如下符号约定。

（1）x_v：节点 v 的特征向量，维度为 $\mathbb{R}^{D_V}$。

（2）h_v：节点 v 的（隐）状态向量，维度为 $\mathbb{R}^{D_s}$。

（3）$\mathrm{ne}[v]$：节点 v 的邻居节点集合[2]。

（4）$\mathrm{co}[v]$：以节点 v 为顶点的边集合[3]。

（5）l_v：节点 v 的特征向量[4]，维度为 $\mathbb{R}^{l_v}$。

（6）$l_{(v_1,v_2)}$：边 (v_1,v_2) 的特征向量，维度为 $\mathbb{R}^{l_E}$。

（7）l：表示所有特征向量叠加在一起的向量。

① 为了保持和前面章节的一致性，我们使用的符号标记与初代 GNN 论文中的符号标记稍有不同。

② 需要注意的是，在 Scarselli 等人的论文中，作者用标记 l 表示 label，实际是特征的向量表示，这和传统机器学习中的标签（通常是分类信息）是不一致的，这容易造成读者在理解上的困难。

③ 这里的"co"为"connected"的缩写，表示与节点 v 相连接的边。

④ 在 Scarselli 等人的论文中，标记 l 表示 label，但实际上它的意思并不是我们常理解的"标签"，而是标记特征的向量。

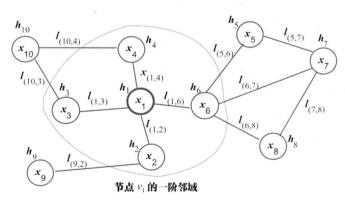

节点 v_1 的一阶邻域

图 7-4　一个典型的初代图神经网络的结构

在图 7-4 中，以节点 v_1 为例，它的状态表示为 x_1。这里，我们可以使用独热编码向量来表示节点的特征向量。假设总共有 10 个特征值，那么向量长度为 10，节点索引对应位置为 1，其他位置为 0，即节点的特征向量为：

$$x_1=[1,0,0,0,0,0,0,0,0,0]$$

节点 v_1 的邻居节点集合可以表示为 $\mathrm{ne}[1]=\{2,3,4,6\}$。

节点 v_1 的邻接边集合可以表示为 $\mathrm{co}[1] = \left\{l_{(1,2)}, l_{(1,3)}, l_{(1,4)}, l_{(1,6)}\right\}$。对于边的特征向量，如果需要，亦可按照与节点类似的方式设置。如果不需要，则可以忽略边的特征向量或令边的特征向量全部为 0。

初代 GNN 只能处理无向的同构图，图中每个节点都具有特征，同时每条边也有自己的特征。整个网络通过不断迭代来更新所有节点的隐含态，直到节点状态达到一个稳定状态。

为了根据输入节点的邻居节点来更新节点状态，初代 GNN 模型使用了一个带参数的更新函数 f_w 来更新节点的隐含态（Hidding State），使得隐含态更新：$\boldsymbol{h}_v^t \rightarrow \boldsymbol{h}_v^{t+1}$。在论文里[5]，这个函数也被称为局部转移函数（Local Transition Function）。在 $t+1$ 时刻，节点 v 的隐含态 $\boldsymbol{h}_v^{t+1}$ 按照式(7.1)所示的方法来更新：

$$\boldsymbol{h}_v^{t+1} = f_w\left(x_v, x_{\mathrm{co}[v]}, h_{\mathrm{ne}[v]}^t, x_{\mathrm{ne}[v]}\right), v \in \mathcal{V} \tag{7.1}$$

式(7.1)刻画了当前节点对邻居节点和相邻边的依赖关系，并描述了信息聚合的一般模式。具体来说，在式(7.1)中，$\boldsymbol{x}_v$ 表示节点 v 的特征向量，$\boldsymbol{x}_{\mathrm{co}[v]}$ 表示已与节点 v 相连的边的特征向量，$\boldsymbol{h}_{\mathrm{ne}[v]}^t$ 表示邻居节点在 t 时刻的隐含态，$\boldsymbol{x}_{\mathrm{ne}[v]}$ 表示节点 v 的邻居节点的特征向量。

公式(7.1)的表达看起来很复杂，但其反映的思想却非常朴素且自然，即不断地利用当前时刻自己和邻居节点的信息作为输入，来生成下一时刻节点的隐含态，直到每个节点的隐含态变化幅度很小，节点间的信息"势能"消失（也就是节点信息之间的差异较小），整个图的信息流动趋于平稳。至此，每个节点都"知晓"了其邻居的信息。举例来说，在图 7-4 中，节点 1 的隐含态 $\boldsymbol{h}_1$ 就可表示为：

$$\boldsymbol{h}_1 = f_w\left(\underbrace{x_1}_{\text{自身特征}}, \underbrace{l_{(1,2)}, l_{(1,3)}, l_{(1,4)}, l_{(1,6)}}_{\text{所连接边的特征} \boldsymbol{x}_{\mathrm{co}[1]}}, \underbrace{h_2, h_3, h_4, h_6}_{\text{邻居隐含态} \boldsymbol{x}_{\mathrm{ne}[1]}}, \underbrace{x_2, x_3, x_4, x_6}_{\text{邻居特征} \boldsymbol{x}_{\mathrm{ne}[n]}}\right) \tag{7.2}$$

当然，相邻节点也会按照这个范式更新自己的隐含态，就这样，信息流就如同波动的涟漪一般，一层一层地以自我为中心进行扩散和迭代。

现在的关键点在于，如何设计转化函数 f_w，使得该函数与相邻边 $\mathrm{co}[v]$ 的个数及相邻节点 $\mathrm{ne}[v]$ 的个数无关。最简单的想法是，对其周围的节点分别使用一个函数 $\boldsymbol{h}_w$ 进行聚合，而聚合中求和来得最直接，即：

$$\boldsymbol{h}_v^{t+1} = \sum_{u \in \mathrm{ne}[v]} \boldsymbol{h}_w^v\left(\boldsymbol{x}_v, \boldsymbol{x}_{(v,u)}, \boldsymbol{x}_u, \boldsymbol{h}_u^t\right) \tag{7.3}$$

式(7.3)一直迭代 T 次，这里的 T 是一个人为设置的超参数。节点的特征向量 $\boldsymbol{x}_v$ 在迭代过程中始终是不变的，而隐含态向量 $\boldsymbol{h}_v$ 是一直随时间变化而变化的，在迭代 T 次之后，隐含态向量会接近于函数的不动点。

一旦当前节点获得了更新版本的隐含态 $\boldsymbol{h}_v^{t+1}$，就可以配合自身特征向量 $\boldsymbol{x}_v$，定义它的输出 $\boldsymbol{o}_v$，以便用于下游任务[①]。

$$\boldsymbol{o}_v = g_w\left(\boldsymbol{h}_v^{t+1}, \boldsymbol{x}_v\right), v \in V \tag{7.4}$$

式中，g_w 被称为局部输出函数（Local Output Function）。不论是局部转移函数 f_w，还是此处的局部输出函数 g_w，都可以用神经网络来表达（或者说拟合）。整个信息的流程可以用图的形式来描绘。图结构的运算展开式如图 7-5 所示。在图 7-5 中，图 7-5（a）是简化版本的原始图结构，图 7-5（b）表示状态向量 $\boldsymbol{f}$ 和输出向量 $\boldsymbol{g}$ 的计算流图，每个节点的计算都按照式(7.1)和式(7.4)做了可视化呈现。图 7-5（c）表明图 7-5（b）中所用的函数 f 和 g 都可以用神经网络表达出来。由于每个节点都是独立输出的，所以直接使用多层神经网络（全连接）就可以直接输出。例如，对于节点 v，其神经网络的形式化表达如下：

$$g_w\left(\boldsymbol{x}_v, \boldsymbol{h}_v^t\right) = \boldsymbol{W}_v[\boldsymbol{x}_v \| \boldsymbol{h}_v^t] + \boldsymbol{b}_v \tag{7.5}$$

式中，$[\boldsymbol{a} \mid \boldsymbol{b}]$ 表示向量 $\boldsymbol{a}$ 和向量 $\boldsymbol{b}$ 的堆叠；$\boldsymbol{W}$ 为训练的参数矩阵。

① 举例来说，判定整个图代表的化学分子结构是否有害，社交网络中的节点是否为虚假账号等。

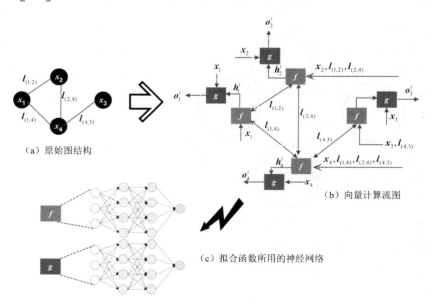

（a）原始图结构

（b）向量计算流图

（c）拟合函数所用的神经网络

图 7-5　图结构的运算展开式

在信息处理流程上，如果把整个 GNN 网络比作一个大的感知机，那么 f 就好比信息采集的"树突"，而 g 就好比信息深加工的工具，有点类似于神经元的激活函数。

上面有关 GNN 形式化的描述非常抽象，为增强读者的感性认识，下面我们举例来说明 GNN 在实际场景中应用。假设我们现在有这样一个任务，给定一个环烃化合物的分子结构（包括原子类型、原子属性、全局属性等），模型学习的目标是判断其是否有害。这是一个典型的二分类问题，基础 GNN 的应用场景如图 7-6 所示。

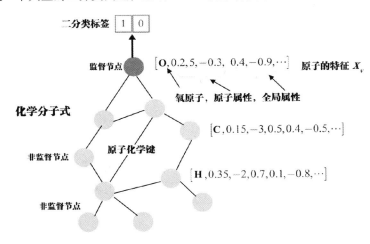

图 7-6　基础 GNN 的应用场景

化合物的分类属于图级别的分类。在参考文献[5]中，作者将化合物的根节点的表示作为整个图的表示。这样的节点也被称为参考节点或监督节点。节点的属性包括了每个原子的原子类型（如 Oxygen，氧原子）、原子属性、全局属性等。如果把每个原子看作图中的节点，化学键视作图中的边，一个化学分子（Molecule）就可以看作一张图。通过不断迭代，最后简单（氧原子节点）得到收敛的隐含态，这个隐含态其实蕴含了整个分子的信息。最后，监督节点再接一个前馈神经网络作为输出层（g 函数），g 就可以对整个化合物进行二分类了，比如"1"表示有害物，"0"表示无害物，诸如此类。

7.3.2　不动点理论

从上面的分析可知，初代图神经网络是直接从空域（节点上的信号）角度来考虑信息传递与更迭的。信息更迭需要收敛，并具有终止条件，其中的理论基础就是不动点理论（Fixed Point Theorem）[7]。这里的不动点理论特指巴拿赫不动点理论（Banach's Fixed Point Theorem）。下面我们简单介绍。

定理 1 （**巴拿赫不动点理论**）　设（X,d）是非空的完备度量空间，设$T:X \to X$为 X 上的一个压缩映射，则存在一个非负的实数 $0 \leqslant \mu < 1$，使得对于所有 X 内的 x 和 y 都有：

$$\| F(x), F(y) \| \leqslant \mu \cdot \| x, y \| \tag{7.6}$$

式中，μ 表示压缩因子；$\| \cdot \|$ 表示两点间的距离，它可以定义为 L2 范数。那么映射 T 在 X 内有且只有一个不动点 x^*，使得 $F(x^*) = x^*$。

简单来说，巴拿赫不动点理论是指，如果有一个压缩映射（Contraction Map），就可以从某个初始值开始，一直循环迭代，最终达到唯一的收敛点。

对压缩映射纯粹的数学解释，可以参阅相关图书[7]，这里给出一个形象的可视化解释（见图 7-7）。

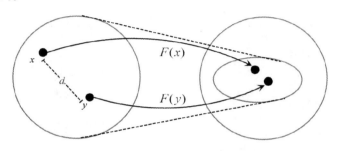

图 7-7　压缩映射

在压缩映射条件中，原始域中任意两个点 x 和 y 在经过 F 映射后，分别变成了 $F(x)$ 和 $F(y)$。经过 F 变换后的新空间一定比原先的空间要小，原先的空间被压缩了。可以想象，如果这种压缩过程不断迭代进行，空间不断缩小，最终就会把原空间中的所有点映射到一个点上。

Scarselli 等人[5]认为，图 G 中的每个节点都有一个隐含态（一个嵌入向量），这个隐含态需要包含它的所有邻居节点的信息，而 GNN 的目标就是学习这些节点的隐含态。又根据巴拿赫不动点理论，只要在图 G 中合理地定义一个压缩映射，并循环迭代各个节点的状态，最终一定可以使节点处于收敛状态。

假设所有隐含态记作 $\boldsymbol{H}$，所有输出记作 $\boldsymbol{O}$，所有特征记作 $\boldsymbol{X}$，所有节点的特征记作 $\boldsymbol{X}_V$，它们都是各个点或各个边特征堆叠而成的向量。这里需要说明的是，$\boldsymbol{X}$ 既包括节点的特征，也包括边的特征，而 $\boldsymbol{X}_V$ 仅仅包括节点特征，这里的下标"V"就是节点（Vertex）的缩写，并表示节点的编号。于是，图神经网络可以用一组更为紧凑的方程来描述：

$$H = F(H, X) \tag{7.7}$$

$$O = G(H, X_v) \tag{7.8}$$

式中，F 为全局转移函数（Global Transition Function），表示若干个 f 堆叠得到的一个函数集合，它用来汇聚邻域信息；G 为全局输出函数（Global Output Function），它们分别是各个节点上局部转移函数 f 和局部输出函数 g 的向量叠加形式，它用来管控网络节点的输出。如前所述，当前节点获取其他邻居节点的信息并不是"一蹴而就"的，而是在时间或空间维度上多次迭代而成的。

根据巴拿赫不动点理论，考虑时间维度的累积作用，初代的 GNN 使用了如下经典的迭代格式来计算状态，式(7.7)可改写为如下形式[8]：

$$H^{t+1} = F(H^t, X) \tag{7.9}$$

式中，H^t 就是第 t 次迭代的隐含态向量 H。如果按时间轴展开，式(7.9)所示的动态系统可得到图 7-5（b）中的网络图。图神经网络的时间维度的展开如图 7-8 所示。对于任意初始值 H^0，式(7.9)都以指数形式快速收敛于式(7.7)的解[9]。

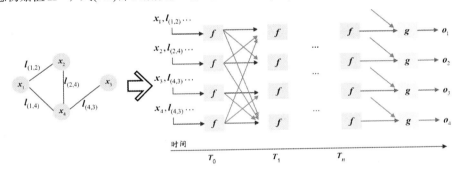

图 7-8　图神经网络的时间维度的展开

观察图 7-8 可以看到，相邻时刻之间的连线与图的拓扑结构密切相关。比如说在 T_1 时刻，对于节点 1 而言，其除了来自历史信息（上一轮状态）的影响，还受来自邻居节点 2 和节点 4 的上一时刻隐含态的影响。这样的信息传播与迭代一直进行下去，直到 T_n 时刻，各个节点状态收敛，每个节点后面接一个 g 即可得到对应的输出 o。可以看出，GNN 的这个训练过程和循环神经网络（Recurrent Neural Network，RNN）训练过程有相同之处。

图的收敛判定标准不尽相同，通常是通过两个时间节点的 p-范数的差值是否小于某个特定阈值 ε 来判定的[①]。比如比较前后两个时刻的隐含态 L2 范数：

$$\| H^{t+1} \|_2^2 - \| H^t \|_2^2 < \varepsilon \tag{7.10}$$

① 关于范数的描述，可以参考本书第 2 章的相关内容。

根据巴拿赫不动点理论，不论 H^0 的初始值为何值，只要全局转移函数 F 是一个压缩映射（Contraction Map），初始状态 H^0 经过不断迭代就一定会收敛到某一个固定的点，我们称之为不动点。这个点也就是式(7.9)的唯一解。

回到对图神经网络的讨论上，有了巴拿赫不动点理论的保证，就有可能用一个点的信息来刻画整张图，从而达到"一叶知秋"的效果。

7.3.3 压缩映射实现的条件

前文我们提到，巴拿赫不动点理论成立的前提是，要保证函数是一个压缩映射函数。该如何确保这个约束条件呢？

如前所述，在具体的图神经网络实现中，不论是转移函数 f，还是输出函数 g，都可通过一个神经网络来实现，这个神经网络可以是前馈神经网络（Feed-Forward Neural Network，FNN），也可以是循环神经网络（Recurrent Neural Network，RNN）。为简化讨论，我们假设不论是节点的信息加工，还是边的信息加工，都用前馈神经网络。这样一来，我们可以把每个节点的特征、隐含态、相连边的特征及邻居节点隐含态等众多信息简单拼接在一起，构造 FNN 的输入向量，在经过 FNN 的加工后，形成输出。

前面已经说明，聚合各个节点或边的信息，最简单的办法就是对各个信息源实施简单求和。

$$
\begin{aligned}
\boldsymbol{h}_v^{t+1} &= f\left(\boldsymbol{x}_v, \boldsymbol{x}_{\mathrm{co}}[v], \boldsymbol{h}_{\mathrm{ne}[v]}^t, \boldsymbol{x}_{\mathrm{ne}}[v]\right) \\
&= \sum_{u \in \mathrm{ne}[v]} \mathrm{FNN}\left(\left[\boldsymbol{x}_v; \boldsymbol{l}_{(u,v)}; \boldsymbol{h}_u^t; \boldsymbol{x}_u\right]\right)
\end{aligned}
\tag{7.11}
$$

那该如何保证函数 f 是一个压缩映射呢？其实使用的就是一种"削足适履"的方法，即通过限制 f 对 $\boldsymbol{H}$ 的偏导数矩阵大小来实现的。$\boldsymbol{H}$ 是所有节点的隐含态 $\boldsymbol{h}$ 汇集在一起构成的向量。这可通过一个对雅可比矩阵(Jacobian Matrix)的惩罚项(Penalty)来实现。

在矩阵理论中，雅可比矩阵为输出向量的每个分量对输入向量的每个分量的一阶偏导数构成的矩阵，它可以简化链式法则的表达[10]。

$$
\frac{\partial \boldsymbol{H}}{\partial f} = \begin{bmatrix}
\dfrac{\partial h_1}{\partial f_1} & \dfrac{\partial h_1}{\partial f_2} & \cdots & \dfrac{\partial h_1}{\partial f_n} \\[2mm]
\dfrac{\partial h_2}{\partial f_1} & \dfrac{\partial h_2}{\partial f_2} & \cdots & \dfrac{\partial h_2}{\partial f_n} \\[2mm]
\vdots & \vdots & & \vdots \\[2mm]
\dfrac{\partial h_m}{\partial f_1} & \dfrac{\partial h_m}{\partial f_2} & \cdots & \dfrac{\partial h_m}{\partial f_n}
\end{bmatrix}
\tag{7.12}
$$

　　在巴拿赫不动点理论中，f 为压缩映射的等价条件是 f 的梯度（或说导数）要小于 1。这个等价定理可以从压缩映射的形式化定义推导而来，这里我们使用 $\|x\|$ 表示向量 x 在空间中的范数（Norm）。在第 2 章中，我们已经讨论过，范数是一个标量，它是向量的长度（或称为模），$\|x\|$ 是 x 在有限空间中坐标的连续函数。

　　为了简化推理，这里不妨把 x 简化成一维。于是坐标向量之间差值的绝对值可以看作向量在空间中的距离（L1 范数），根据压缩映射的定义，可以推导出如下等价表达：

$$\|F(x)-F(y)\| \leqslant \mu\|x-y\|, \quad 0 \leqslant \mu < 1 \tag{7.13}$$

$$\frac{\|F(x)-F(y)\|}{\|x-y\|} \leqslant \mu \tag{7.14}$$

$$\frac{\|F(x)-F(x-\Delta x)\|}{\|\Delta x\|} \leqslant \mu \tag{7.15}$$

$$\|F(x)'\| = \|\frac{\partial F(x)}{\partial x}\| \leqslant \mu \tag{7.16}$$

　　在式 (7.14) 中，如果 x 和 y 的距离足够小，即相差 Δx，那么就可以推导出式 (7.15)，这其实就是导数的定义，于是我们就得到了式 (7.16) 的简洁表达形式。

　　式 (7.16) 在多维变量中的推广，就得到了对应场景下的雅可比矩阵。我们可以把式 (7.16) 作为惩罚项[①]，放到目标函数中。这个约束项满足范数小于或等于 μ，即等价于压缩映射的条件。根据拉格朗日乘子法（Lagrange Multiplier），将有约束问题变成带惩罚项的无约束优化问题，训练的目标函数 J 可表示成如下形式：

$$J = \mathrm{Loss} + \lambda \cdot \max\left(\|\frac{\partial \mathrm{FNN}}{\partial h}\| - \mu, 0\right), \mu \in (0,1) \tag{7.17}$$

式中，Loss 为我们定义的损失函数（后面的章节会有介绍）；λ 是一个超参数（根据经验而人为设定的参数），与其相乘的项即雅可比矩阵的惩罚项。

　　前面我们用到了拉格朗日乘子法，那什么是拉格朗日乘子法呢？下面也给予简单介绍。很多时候找到极值函数的显式表达是很困难的，特别是当函数有先决条件或约束时。拉格朗日乘子法（Lagrange Multiplier）则提供了一个非常便利的方法来解决这类问题，而避开显式引入约束和求解外部变量。在意向上可以这样理解，带有约束条件的优化问题就是"戴着镣铐跳舞"。这里的"镣铐"就是约束条件，"优美的舞蹈"就是我们想要的最优解。而拉格朗日乘子法提供了一种工具，让你感觉"镣铐"好像"内化"为身体的一部分，变相让你觉得去掉了约束条件。

　　用形式化的语言来说，拉格朗日乘子法可以将一个有 n 个变量与 k 个约束条件的最优化问题转换为一个求有 $n+k$ 个变量的方程组的解的问题。该方法中引入了一个或

① 所谓惩罚项，其实可以理解为对损失函数的补充调节，惩罚即修正。

一组新的未知数，即拉格朗日乘子 λ，又称拉格朗日乘数。拉格朗日乘子法所得的极值点会包含原问题的所有极值点，但并不保证每个极值点都是原问题的极值点。

7.3.4　图神经网络模型的训练

前面我们较为详细地论述了图神经网络的理论基础。下面我们来具体叙述一下图神经网络中的损失函数是如何定义的，以及模型是如何学习的。

图由点和边构成，虽然每个节点都会有隐藏状态及输出，但并不是每个节点都会有监督信号（或说标注有标签信息）。比如说，以社交网络举例，社交网络中只有部分用户被明确标记了是否为虚假账号。那么很自然地，模型的损失即通过这些监督节点计算得到。

但监督节点并不包含整个图的信息。汇集全图信息最简单的方式就是将所有节点的特征相加，作为整个图的表示，这样做的不足之处在于，并没有考虑图的拓扑结构信息。作为初代的基础版本 GNN，这种信息聚合的方式至少做到了"聊胜于无"。假设节点的信息会沿着边传递给邻居节点。这样在迭代 t 次之后，根据巴拿赫不动点理论，到达稳定状态之后，大致就包含了整个图的信息。

假设整个图中共有 p 个监督节点，t_i 表示第 i 个监督节点的预期目标值，o_i 就是第 i 个节点的实际输出值，二者存在差异，即损失。于是，较为宏观的损失函数可定义为：

$$\text{Loss} = \sum_{i=1}^{p}\left(t_i - o_i\right)^2 + \underbrace{\lambda\|w\|_2}_{\text{正则项}} \qquad (7.18)$$

图神经网络的学习算法通常也是基于梯度下降策略的，过程如下。

（1）前向传播。根据迭代方程式(7.7)迭代，执行 T 个时间步，更新状态 $\boldsymbol{h}_v^t$，直到求得近似不动点解 $\boldsymbol{H}^T \approx \boldsymbol{H}$。

（2）计算损失。对于有监督信号的节点，通过输出函数 g 得到输出，和预期值进行比较（式(7.18)），算出模型的损失。

（3）反向更新。利用 BP 算法计算出参数权值矩阵 $\boldsymbol{W}$ 的梯度，更新权值矩阵 $\boldsymbol{W}$。跳转到第（1）步。

在反向传播过程中使用的算法就是 Almeida-Pineda 算法[11]，该算法是传统的反向传播算法在循环神经网络的应用扩展，其特点在于，首先通过传播过程使整个图收敛，然后在收敛解上计算相应的梯度。这样一来，就无须存储梯度计算过程所需的中间状态，从而可以独立计算每个节点的梯度。

初代基础版的 GNN 模型为图数据建模与分析提供了一套行之有效的方法，它是将神经网络引入图域的开端。在该模型中，局部输出函数 g 不需要满足特定的约束，直接使用多层前馈神经网络来拟合。但对于局部转移函数 f 则需要慎重，因为 f 需要满足压缩映射的条件，而且与不动点计算相关①。

7.4　初代图神经网络的局限性

初代 GNN 虽然是一种强大的结构化图数据建模工具，但它存在如下局限性[12]。

首先，理论约束性强，导致训练过慢。早期 GNN 的理论基础是巴拿赫不动点理论。为获取不动点，模型以迭代的方式通过循环神经单元传播邻居节点信息来学习监督节点的特征表示，直到获得稳定的固定点。这个迭代过程所需的计算量庞大。近来也有许多研究致力于解决这个难题。如果松弛这个不动点的假设，则可以设计一个多层的 GNN 来得到节点及其邻居节点的稳定表示。

其次，没有充分挖掘神经网络的特性。在初代 GNN 中，虽然也使用了神经网络，但每一层都使用相同的网络权值参数。这与大多数流行的神经网络结构大相径庭。在主流的神经网络结构中，不同的网络层中使用不同的参数，这是一种分层特征提取方法，该方法更为高效。显然，初代 GNN 并没有充分挖掘神经网络的潜能。此外，节点状态的更新是一个循序渐进的过程，人们可以借鉴 RNN（包括其变种 GRU 和 LSTM）的核心思想来提升模型的性能。

再次，边特征处理火候欠佳。在图中，边上也蕴含了非常丰富的特征信息，而初代 GNN 对图中边的特征建模过于粗略。要知道，节点之间的边信息是构成知识的重要元素。例如，在知识图谱中，不同的边类型代表的知识类型不同，因此使用的边传播策略也是不同的。而初代 GNN 对边的处理是"大一统"的，没有区分性。

最后，理论基础适用范围有限。如果把初代 GNN 应用在图表示的场景中，使用巴拿赫不动点理论并不合适。主要是因为，如迭代次数 T 足够大，基于不动点理论的收敛会导致节点之间的状态趋同，也就是节点之间的隐含态太过光滑（Over Smooth），节点丧失"个性化"的特征信息，从而缺乏足以区分不同节点的信息。

7.5　本章小结

本章主要讨论了初代 GNN。GNN 的本质就是聚合邻居节点的信息，实现监督节点的特征提取。一旦获取充分的特征信息，即可使用诸如多层感知机之类的算法来实现分类任务。

　　从现在的视角来看，作为 GNN 领域的开创者，初代 GNN 自然有各种不足，如训练耗时、存在理论约束（需满足不动点理论）等。但正是基于对这些问题的改良，人们不断尝试和探索，因而催生了后续的各种改良版本 GNN 模型。2013 年，GNN 的研究有了较大突破，这是因为杨立昆（Yann LeCun）的团队提出了基于频域（Spectral-Domain）和基于空域（Spatial-Domain）的图神经网络[13]，这正是我们接下来讨论的重点。

参考资料

[1] 徐冰冰，岑科廷，黄俊杰，等. 图卷积神经网络综述[J]. 计算机学报，2020, 43(5): 755-780.

[2] WU Z, PAN S, CHEN F, et al. A comprehensive survey on graph neural networks[J]. IEEE Transactions on Neural Networks and Learning Systems, 2020, 32(1): 4-24.

[3] GORI M, MONFARDINI G, SCARSELLI F. A new model for learning in graph domains[C]// Proceedings of 2005 IEEE International Joint Conference on Neural Networks, Montreal, QC, Canada: IEEE, 2005: 729-734.

[4] HINTON G E, SALAKHUTDINOV R R. Reducing the dimensionality of data with neural networks[J]. science, 2006, 313(5786): 504-507.

[5] SCARSELLI F, GORI M, TSOI A C, et al. The graph neural network model[J]. IEEE transactions on neural networks, 2008, 20(1): 61-80.

[6] LIU M, GAO H, JI S. Towards deeper graph neural networks[C]// Proceedings of the 26th ACM SIGKDD international conference on knowledge discovery & data mining. New York; NY, USA: Association for Computing Machinery. 2020: 338-348.

[7] KHAMSI M A, KIRK W A. An introduction to metric spaces and fixed point theory[M]. Hoboken, New Jersey, USA:John Wiley & Sons, 2011.

[8] 刘知远，周界. 图神经网络导论[M]. 李泺秋，译. 北京：人民邮电出版社，2021.

[9] ZHOU J, CUI G, ZHANG Z, et al. Graph neural networks: A review of methods and applications[J]. arXiv preprint arXiv:1812.08434, 2018.

[10] 雷明. 机器学习的数学[M]. 北京：人民邮电出版社，2021.

[11] PINEDA F J. Recurrent backpropagation and the dynamical approach to adaptive neural computation[J]. Neural Computation, 1989, 1(2): 161-172.

[12] LIU Z, ZHOU J. Introduction to Graph Neural Networks[M]. California: Morgan and Claypool Publishers, 2020.

[13] BRUNA J, ZAREMBA W, SZLAM A, et al. Spectral networks and locally connected networks on graphs[J]. arXiv preprint arXiv:1312.6203, 2014.

第 8 章
空域图卷积神经网络

　　卷积是一种有效的特征提取方式。图神经网络同样需要特征提取，这就涉及图卷积神经网络（GCN）。本章首先介绍 GCN 的来龙去脉，然后介绍基于空域的 GCN 的基本原理，最后编程实现部分 GCN 的功能，以提升读者的感性认识。

卷积在本质上就是一种特征提取方式。由于图数据不具备欧氏空间的性质，导致传统的基于欧氏空间的卷积神经网络（CNN）不能直接作用在图数据上。于是，研究人员通过不断尝试，成功将卷积的理念应用在图数据的处理上，提出了图卷积神经网络（Graph Convolutional Network，GCN）。

8.1　图卷积神经网络概述

概括来说，图卷积神经网络是一种能对图数据进行深度学习的方法。在本节，我们先阐明图卷积神经网络的诞生背景，接着讨论它的大体框架，以便读者对其建立一个宏观的认知。

8.1.1　图卷积神经网络的诞生

在第 7 章中，我们简单介绍了初代图神经网络。它的核心特征在于，通过递归神经网络（Recursive Neural Networks，RNN）[①]的方式，利用中心节点的邻域来递归更新状态，直到获得不动点，然后利用"浓缩版"的节点特征作为输入，再用普通神经网络完成某种预测任务。

客观来讲，初代 GNN 的实用性并不强。具体来说，初代 GNN 是基于巴拿赫不动点理论的，它通过传播节点信息而使整张图达到收敛。这种收敛并不总是好的，它会导致相邻节点的状态趋于"过度光滑"（Over Smooth）。

"过于光滑"意味着什么呢？它意味着，同一连通分量内的节点表示全部趋向于收敛到同一个值，也就是说所有节点逐渐丧失"个性"，自身特征信息逐渐"泯灭"。失去了节点特征的多样性，图的表征能力就会大打折扣。因此，图神经网络若想获得新生，必须在理论上有所突破。

与此同时，近年来，深度学习一直被卷积神经网络（CNN）、循环神经网络（RNN）等经典网络架构所统治。这些网络在图像、语音、文本处理等领域取得了令人惊叹的成就。人们不禁思考，既然 CNN、RNN 如此成功，那能不能把这些理念迁移至图数据的处理上？

但人们很快就发现，无论是 CNN 还是 RNN，都无法直接用于图数据的处理。CNN 擅长处理的对象是规规矩矩的欧氏空间中的张量，如图像或视频中的像素点（Pixel），它们都是排列整齐的矩阵，如图 8-1（a）所示。但当数据从整齐划一的结构，一下子上升为图这样的非欧氏结构（Non Euclidean Structure）[②]时，如图 8-1（b）所示，传统的深

① 请注意，虽然它的缩写也是 RNN，但不是更为普及的"循环神经网络"。

② 非欧氏结构就是图论中抽象意义上的拓扑图。

度学习模型就捉襟见肘了。

为什么传统的卷积不能直接用在图上？要理解这个问题，我们首先要理解能够应用传统卷积神经网络的图像（欧氏结构）与图（非欧氏结构）的区别。如果把图像中的每个像素点视作一个节点，如图 8-1（a）所示，图像可看作一个非常稠密的图，阴影部分代表卷积核。从图中可以看到，在以图像为代表的欧氏结构中，节点的邻居节点数量都是固定的，卷积核大小自然也是固定的。

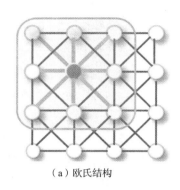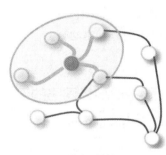

（a）欧氏结构   （b）非欧氏结构

图 8-1　欧氏结构与非欧氏结构[1]

在欧氏空间中，图像、文本或语音等数据具有平移不变性（Translation Invariance）。平移不变性意味着即使目标的外观发生了某种变化（如平移、旋转、缩放，包括改变光照条件），也可以将它识别出来。这对图像分类来说是一种很好的特性。有了平移不变性做担保，就可以在输入空间定义全局共享的卷积核[2]。在 CNN 中，整个图像应用相同的卷积核，如图 8-2 所示。

相比而言，图 8-1（b）则是一个图论意义上的图。图中阴影部分是一个图卷积核。对于这种非欧氏结构，图的拓扑关系复杂多变（如邻居节点数量不确定、节点顺序不确定等），因此图不再具备图像那样相对固定的空间局部性。这就意味着，我们无法再用同一个卷积核"包打天下"，即传统意义上的卷积核并不能直接用于抽取图的特征。

在基于巴拿赫不动点理论的基础版图神经网络受挫之后，图神经网络的发展走了另一条不同源但"殊途同归"的道路。为了解决空间域的不规则性，纽约大学的 Bruna 等人①从谱空间进行尝试，提出了图结构上的谱网络[3]（在后面我们会详细讨论这个内容），但由此得到的网络的计算复杂度非常高。

① 值得一提的是，图卷积神经网络（GCN）提出者团队中有一位是 CNN 的重要开拓者、图灵奖得主杨立昆（Yann LeCun）。

图 8-2　在 CNN 中，整个图像应用相同的卷积核

为了降低计算复杂度，瑞士洛桑联邦理工学院的 Defferrard 等人提出了切比雪夫网络（ChebyNet）[4]，他们将卷积核定义为多项式，并用切比雪夫多项式展开（Chebyshev Polynomials）来近似计算卷积核，从而降低了卷积的复杂度。

随后，荷兰阿姆斯特丹大学的 Kipf 和 Welling 顺着 Defferrard 等人的思路，进一步简化了切比雪夫网，他们只采用切比雪夫多项式的一阶近似来构建卷积核，并做了部分数学符号的优化，提出了目前广为人知的图卷积神经网络。

8.1.2　图卷积神经网络的框架

简单来说，图卷积神经网络是一种以图数据为研究对象，以卷积为核心加工方式的神经网络模型。如前面章节所描述的那样，所谓卷积，从广义角度来看，就是一种在局部范围内提取特征的方法。

根据上述逻辑，图卷积神经网络中的"卷积"就是用来提取邻居节点特征的函数。例如，在图 8-3 中，节点 5 的卷积就可以广义表达为：$h_5 = g(x_2, x_7, x_6)$，式中 g 为广义的卷积函数。

图 8-3　图中的卷积

现有的图卷积神经网络主要分为两大类：基于空间域（简称空域，Spatial Domain）的图卷积神经网络和基于谱域的图卷积神经网络。基于空域的图卷积神经网络，是从

空间视角（节点上的信号）出发，利用卷积从节点的邻域提取信息的。基于谱域的图卷积神经网络希望借助图谱的理论来实现拓扑图上的卷积操作。概括来说，它的原理是将图信号通过傅里叶变换后，再在谱域进行卷积。

本章主要说明基于空域的图卷积神经网络，基于谱域的图卷积神经网络在后面的章节将进行系统讨论。给定图 $G = (V, E)$，图卷积神经网络的输入特征由两部分构成：结构特征和节点特征（见图 8-4）。

（1）结构特征：通道维度为 $N \times N$ 的表征图拓扑结构的矩阵，如图 G 的邻接矩阵 A 或一般意义上的连接权值矩阵 W。

（2）节点特征：每个节点都有自己的特征（图信号），表现为一个输入维度为 $N \times F$ 的特征矩阵 X，其中 N 是图中的节点数，F 是每个节点的输入特征数。

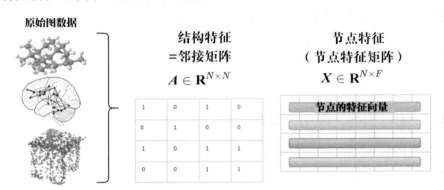

图 8-4　图数据的表征

图卷积神经网络的核心思想非常朴素，就是利用"边的信息"对"节点信息"进行"聚合"，进而生成信息更为全面的新的"节点表示"。基于空域的 GCN 的框架大致如图 8-5 所示。

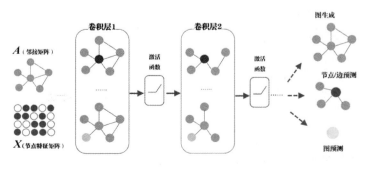

图 8-5　基于空域的 GCN 的框架

在图 8-5 中可以看到，输入层数据包括矩阵的拓扑结构（如邻接矩阵 A）和节点特征矩阵 X，在第一个卷积层中，每个节点的邻居节点都进行一次卷积操作，并用卷积的结果（空间局部区域的特征）更新该节点。

卷积（提取邻域特征）之后，为了提高整个系统的拟合能力，还要通过激活函数（如 ReLU 等）做一定程度上的非线性变换，接着使用汇聚策略稀疏化部分节点[①]。上述组合操作可以重复若干次，图信号经过一轮轮卷积层、激活层和汇聚层的"数据蒸馏"，直到可以直接利用 MLP（多层感知机）完成预期的任务（如分类或回归等）。

在抽象层面，图卷积神经网络的每一层可以写成如下所示的形式：

$$H^{(l+1)} = f\left(H^{(l)}, A\right) \tag{8.1}$$

式中，H 是图中节点状态（隐含态）；$H^{(l)}$ 是图神经网络第 l 层的节点状态。

节点特征矩阵 X 可视为起始输入，它作为节点状态 H 的起始表达，记作 $H^{(0)}$。L 表示图神经网络总层数。Z 被视为节点状态的终极表达，即图级别的输出：

$$H^{(0)} = X \tag{8.2}$$

$$H^{(L)} = Z \tag{8.3}$$

空域 GCN 模型的核心在于，使用怎样的传播规则 $f(\bullet)$ 将邻域的信息聚合起来，从而形成下一层的输入特征。在这种宏观视角下，各种变体的 GCN 之间的区别在于，如何利用传播规则 $f(\bullet)$ 来聚合邻域信息。

我们知道，一个普通的神经网络隐含态可表达为：

$$H = \sigma(XW + b) \tag{8.4}$$

式中，X 为节点特征矩阵；W 为待学习的权值矩阵；b 为待学习的偏置参数；σ 为激活函数。

相比神经网络，GCN 除了有节点特征矩阵 X，它的输入还多了一个元素——邻接矩阵 A，A 代表的是图的结构信息，它的形式化表达如式(8.5)所示：

$$H = \sigma(AXW + b) \tag{8.5}$$

在式(8.5)中，σ 依然表示的是激活函数，它可以是传统的 Sigmoid、Tanh，也可以是 ReLU 等近些年出现的新激活函数，其目的都是非线性变换，以更"细腻"的方式拟合所需的函数。

在 CNN 中，我们可以通过多层卷积操作来扩大感受野。类似地，为使 GCN 能够捕捉到多阶邻居节点的信息，自然我们也可以堆叠更多的 GCN 网络层。对比式(8.4)和式(8.5)可以发现，图卷积神经网络与神经网络的理念几乎同出一脉，都是对节点特征进行不同程度的"深加工"[②]。

① 大致流程如下：先通过软聚类将部分图节点归属为某一个簇，然后在簇中选取超级节点作为代表，从而粗略化各个小聚类，经过层层粗略化后，最后整个图坍缩为一个节点。

② 从第一性原理出发，X 与矩阵 W 相乘，就表示它被做了一次线性变换，再多左乘一次矩阵 A，相当于多做了一次变换。这种"变换"，实际上也可以理解为对数据的萃取。图卷积神经网络通过邻接矩阵 A 聚合信息，能对原始节点特征矩阵 X 做更深程度的"加工"。

需要说明的是，如果不考虑汇聚层的作用，GCN 输入的图，通过若干层卷积，每个节点的特征矩阵表示可能从 X 更新为 Z，但无论中间有多少层计算，节点之间的连接关系（体现为邻接矩阵 A）是不变的，也就是说结构信息是多层共享的。

如前所述，一旦当前节点到信息聚合的标准之后，这些汇集的信息，就可以当作普通神经网络的输入，然后通过一种"端到端"的模式加工输出，完成分类等预测。GCN 中的节点预测如图 8-6 所示。

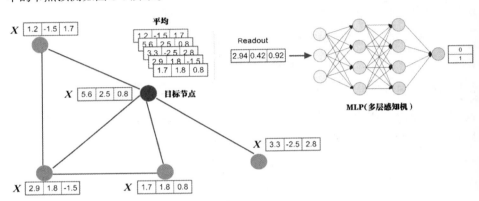

图 8-6　GCN 中的节点预测

在广义层面，图 8-6 中对邻居节点状态求平均值，同样也可以被视作"卷积"。只不过这个卷积核配备的权值均为 $1/n$，这里 n 为邻居（包括自身）节点的个数。此外，Readout 在 GCN 中是一个常见的表达，它表示的含义是把所有节点的特征汇聚起来以代表整个图。

8.2　MPNN 模型

对于图卷积神经网络而言，不论它们的形态有多不同，它们都共享了一个底层逻辑：通过消息传递，图中的每个节点，无时无刻不受邻居节点的影响而在改变着自己的状态，直到整个网络趋于平衡。GCN 也不例外。

2017 年，谷歌的工程师 Gilmer 等人提出了一种名叫消息传递神经网络（Message Passing Neural Network，MPNN）的模型[5]，它把几乎所有基于空域的图卷积神经网络的消息聚合，统一成了消息传递模式。严格意义上来说，MPNN 模型不是一种具体的模型，而是一种空域卷积的形式化表达框架。它将空域卷积分解为两个阶段，即消息传递 M_t 与状态更新 U_t。对于节点 v 有：

$$m_v^{t+1} = \sum_{w \in N(v)} M_t\left(\boldsymbol{h}_v^t, \boldsymbol{h}_w^t, \boldsymbol{e}_{vw}\right) \tag{8.6}$$

$$\boldsymbol{h}_v^{t+1} = U_t\left(\boldsymbol{h}_v^t, \boldsymbol{m}_v^{t+1}\right) \tag{8.7}$$

式中，t 表示时间步；$M_t(\bullet)$ 是消息传递函数；$U_t(\bullet)$ 是状态更新函数，具体到 GCN，按照时序先后顺序，它表示第 t 次（层）操作：$\boldsymbol{e}_{vw}$ 是节点 v 和节点 w 之间的边特征；$\boldsymbol{h}_v^t$ 表示节点 v 在第 t 层（时间步）的隐含态；$\boldsymbol{h}_w^t$ 表示节点 w 在第 t 层的隐含态；$N(v)$ 表示节点 v 的邻居节点。

图卷积操作就是通过一个消息传递函数 M_t 与状态更新函数 U_t 来完成的。

上面两个公式的物理意义其实并不复杂，和初代 GNN 思想基本类似。

初代 GNN 侧重的是时域关系，它通过"不同时间段"来捕捉邻居节点的消息。与初代 GNN 不同的是，GCN 更强调空域关系，在神经网络的帮助下，捕捉周围邻居的消息构成"不同层次"的网络。

在消息传递和状态更新之后，MPNN 还有一个读取阶段（Readout）。在第 t 层，Readout 使用一个标记为 R 的函数来读取整张图的特征向量：

$$\hat{\boldsymbol{y}} = R\left(\left\{\boldsymbol{h}_v^t \mid v \in G\right\}\right) \tag{8.8}$$

式中，R 作用于节点的状态集合 $\left\{\boldsymbol{h}_v^t\right\}$，同时它对节点的排列并不敏感，这样才能保证 MPNN 对同构图的操作保持不变。

为了便于模型训练，消息传递函数 M_t、节点更新函数 U_t 和读取函数 R 都是可微的。

8.3　GCN 与 CNN 的关联

从上面的分析可知，图卷积神经网络（GCN）和传统的深度学习有着"千丝万缕"的联系，它同样具备深度学习的三种性质。

（1）端到端（End-to-End）训练。在汇集足够的邻域信息后，人们不需要再去定义任何"显式"规则，让模型自己融合特征信息和结构信息，直到达到预期结果即可。

（2）非线性变换。GCN 在本质上就是在"拟合"一个复杂函数，为了增强函数的拟合能力，需要添加激活函数来提供非线性表达能力。

（3）层级结构。GCN 同样需要提取数据中的特征来为分类或聚类任务服务，在特征提取上，也类似于 CNN，逐层抽取特征，一层比一层更抽象、更高级。

在前面的章节中我们提到，CNN 的核心特征包括局部连接、分层次表达。在抽象层面，GCN 都以"批判与继承"的方式吸纳了这些思想。下面我们来具体总结它们的区别与联系[6]。

8.3.1 局部连接性

局部连接（Local Connection）说的是，卷积计算只在与卷积核大小对应的区域进行。从单个节点来看，CNN 的离散卷积在本质上就是一种加权求和，可以表达为：

$$\operatorname{con}(v_i) = \sum_{v_j \in [-3,3]} w_j x_{i+j} \qquad (8.9)$$

我们假设卷积核大小为 3×3，那么式(8.9)所表达的含义就是，计算中心像素 3×3 栅格内的加权求和。这里的加权系数就是卷积核的权值矩阵（W）。它需要通过数据学习得到。在 CNN 的卷积过程中，抽取的特征（作为下一层的输入）只依赖于方方正正（如 3×3，或 5×5）的邻居节点，如图 8-7（a）所示。

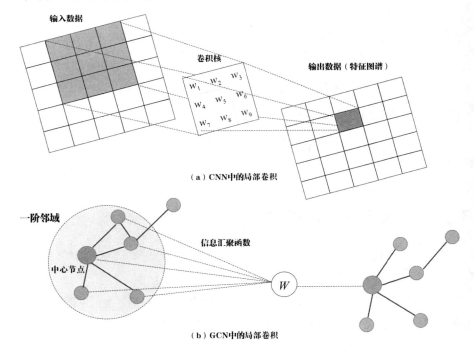

（a）CNN中的局部卷积

（b）GCN中的局部卷积

图 8-7　CNN 和 GCN 中的局部连接

对比而言，GCN 的卷积也可以表达对邻居节点信息的加权聚合，可表达为：

$$\text{con}(v_i) = \sum_{v_j \in N(v_i)} w_j x_j \tag{8.10}$$

式中，$N(v_i)$ 表示节点 v_i 的邻居节点。

式(8.10)的含义在于，抽取特征的范围局限于它的邻居节点。这种卷积方式称为空域卷积（Spatial Convolution），如图 8-7（b）所示。

从设计理念上看，GCN 与 CNN 的卷积理念是类似的，核心都在于聚合邻居节点的信息。它们的不同之处在于，CNN 的邻居节点"方方正正"地分布在当前节点周围，而 GCN 的邻居节点则通过边进行联系，邻居节点有多有少，没有定数。

此外，CNN 的卷积核可以包括 9 组或 25 组权值参数（分别对应 3×3 或 5×5 尺寸的卷积核）。而为了适应不同的图数据拓扑结构，GCN 的卷积核权值通常退化为一组（比如简单取均值，权值就是 $1/n$，n 为邻居节点个数），从图 8-7 中可以直观感受到其中的差别。由于 CNN 的卷积核权值更多，因此从拟合能力和提取特征能力来看，CNN 更胜一筹。

无论是式(8.9)，还是式(8.10)，在网络连接上，它们表现出的都是一种局部连接性。相比全连接，局部连接无疑大大减少了连接的数量，进而降低了计算复杂度。

8.3.2 层次化表达

如果说局部连接就是"聚焦当下"，那么层次化表达就是"逐步向前，展望未来"。每多一层卷积计算，都是把更高级也更抽象的特征提交给下一层处理，下一层的任务与未来真正要实施的任务（如分类预测等）更靠近。反过来看，靠后层的每个节点都融合了前一层的局部区域特征，有"以一当十"之效，实际上就是感受野放大了，看得更全面了。这样层层递进，感受野也被层层放大，后面的层次也就更有"大局观"，预测任务自然也就更靠谱。

在 CNN 中，对于一个 3×3 的卷积核，中心的感受野从第一层的 3×3，过渡到下一层就变成了 5×5，以此类推，不断扩展。与此类似，在 GCN 中，当前的中心节点可以从一阶邻域的节点中获取信息，而一阶邻域也有自己的一阶邻域（对中心节点来说，就属于二阶邻域），它们也可以采用相同的策略获取邻域信息，以此类推，犹如石子（中心节点）投入池塘泛起的层层涟漪，中心节点的感受野也会随着卷积层的增大而扩大。CNN 与 GCN 的感受野对比如图 8-8 所示。

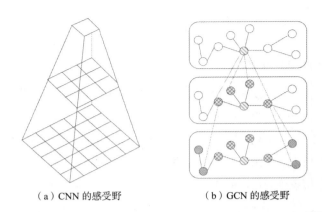

（a）CNN 的感受野　　　　　（b）GCN 的感受野

图 8-8　CNN 与 GCN 的感受野对比

从图 8-8 可以看出，CNN 和 GCN 都有共通的特点，即其自身的特征更新和卷积运算是紧密耦合的，每一次卷积运算的实施，都使得当前节点获取的特征更加抽象（或说更加浓缩），这对提高模型的泛化能力是有帮助的。

8.4　图卷积节点分类实践

为增强读者的感性认识，下面我们结合代码来示范图卷积神经网络在谱域的信息聚合过程。事实上，空域的信息聚合也有一定的谱域解释意义，详见后续章节的分析。

8.4.1　图数据的生成

假设有如图 8-9（a）所示的原始图 G，其邻接矩阵如图 8-9（b）所示。

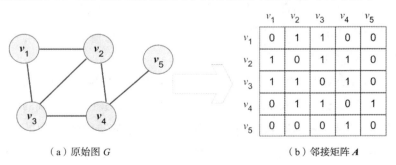

（a）原始图 G　　　　　　　　　　（b）邻接矩阵 A

图 8-9　原始图与其邻接矩阵

① 可在命令行通过指令 pip install networkx 来安装。

为了在 Python 中方便地操作图数据，我们使用流行的 NetworkX 库[①]。首先创建一个无向图 $G = (N, E)$，其中 N 为节点集合，E 为边集合，运行代码如下。生成的简易图如图 8-10 所示。

```
In [1]
01    import networkx as nx
02    import matplotlib.pyplot as plt
03    #在下面的代码中，"\"表示续行符号,不是功能代码的一部分
04    N = [(f"v{i}", 0 for i in range(1,3)] + \
05        (f"v{i}", 1)) for i in range(3,5)] + \
06        (f"v{i}", 2)) for i in range(5,6)]
07    #定义边集合
08    E = [("v1","v2"), ("v1","v3"),
09        ("v2","v1"),("v2","v3"),("v2","v4"),
10        ("v3","v1"), ("v3","v2"),("v3","v4"),
11        ("v4","v2"), ("v4","v3"), ("v4","v5"),
12        ("v5","v4")
13        ]
14    G = nx.Graph()
15    G.add_nodes_from(list(map(lambda x: x[0], N)))
16    G.add_edges_from(E)
17    #设置图显示属性，包括颜色、大小
18    ncolor = ['r'] * 2 + ['b'] * 2 + ['g'] * 1
19    nsize = [700] * 2 + [700] * 2 + [700] * 1
20    #显示图
21    nx.draw(G, with_labels=True, font_weight='bold', font_color='w',
22            node_color=ncolor, node_size = nsize)
23    plt.show()
```

【运行结果】

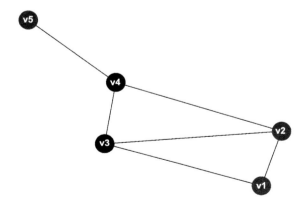

图 8-10　生成的简易图

【代码讲解】

在上述代码中，第 01 行代码的功能是导入 NetworkX 库。NetworkX 库是一个用 Python 语言开发的图与网络建模工具，它内置很多常用的图与网络分析算法。第 02 行代码的功能是导入常用的绘图库 Matplotlib，用以绘制图 G。

第 04~13 行手动定义了节点（N）和边（E）集合。在这些输入代码中，我们可以体会到，构建一个 5 节点的简单图尚且如此麻烦，更何况复杂图。好在还有一些专业的工具帮助我们来生成图。

第 14~23 行代码就是设置必要的参数，用以辅助生成简易的图。从输出结果可以看出，它的模样和图 8-9（a）有所不同，且每次运行的结果都不太一样，但这些图都是同构的，也就是说本质上它们是同一个图。

8.4.2　传递规则的实现

为简化演示，下面我们定义一个"极简版"的消息传递规则。先假定激活函数为恒等函数 $\sigma(x) = x$，即不做任何变换。此外，暂不考虑网络权值的影响。于是，我们得到如下简化版的传递函数：

$$f(X, A) = AX \tag{8.11}$$

该传递规则可能过于简单，后面会逐步补充其他缺失的功能。这里的 AX 中的 "A" 就是邻接矩阵，如前所述，它相当于一阶图位移算子，可以聚合邻居节点的信息。为了方便讲解，下面我们借用 Jupyter Notebook 逐步演示消息的传递过程。首先构造图 8-9 所示的邻接矩阵。

```
In [2]:
01   import numpy as np
02   A = np.array([                        #手工构造邻接矩阵
03      [0, 1, 1, 0, 0],
04      [1, 0, 1, 1, 0],
05      [1, 1, 0, 1, 0],
06      [0, 1, 1, 0, 1],
07      [0, 0, 0, 1, 0]]
08   )
```

除了上述方法，事实上，我们还可以借助 NetworkX 库来构造邻接矩阵。假设我们借用了 In [1] 中图 G 的数据。

```
In [3]:
01   import numpy as np
```

```
02   A = np.array(nx.adjacency_matrix(G).todense())
03   print(A)                        #输出验证
[[0 1 1 0 0]
 [1 0 1 1 0]
 [1 1 0 1 0]
 [0 1 1 0 1]
 [0 0 0 1 0]]
```

从上面 print 的输出结果可以看出，从 NetworkX 库导出的邻接矩阵和我们手工构造的邻接矩阵是一致的。

接下来，我们要聚合邻居节点的特征矩阵 X。为了说明问题，我们简单地用 Python 中的列表推导式来手动生成数据，用来模拟图中的特征矩阵 X，这里 X 的每一行代表一个节点的特征，现在假设每个特征有三个维度的信息。做这些前期工作是为了方便后面的验证计算。

```
In [4]:
01   X = np.array([              #构造节点的特征矩阵 X
02       [i, -i, i + 2]
03       for i in range(A.shape[0])])
```

下面我们来查验所构造的特征矩阵 X。

```
In [5]: print(X)
[[ 0  0  2]
 [ 1 -1  3]
 [ 2 -2  4]
 [ 3 -3  5]
 [ 4 -4  6]]
```

在前面的章节我们提到过邻居节点信息的简单求和，其实"求和"也可以视作一种特殊的卷积。该卷积核的权值可以简单认为：两个节点之间有连接，则权值为 1，否则为 0。而这样一来，邻接矩阵就是一个权值矩阵（见图 8-11）。

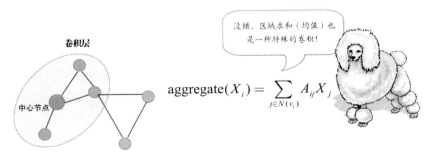

没错，区域求和（均值）也是一种特殊的卷积！

$$\text{aggregate}(X_i) = \sum_{j \in N(v_i)} A_{ij} X_j$$

图 8-11　卷积的本质

如果从空域角度理解，那么最简单的信息聚合（卷积）方式，就是邻接矩阵和特征矩阵之间的乘法 AX。最简单的信息聚合如图 8-12 所示。

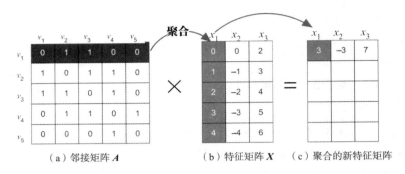

图 8-12　最简单的信息聚合

我们来解释图 8-12 所示的信息聚合过程。对于节点 v_1 来说，它的邻接关系可以表示为[0,1,1,0,0]，即邻接矩阵 A 的第一行，它表明 v_1 与 v_2、v_3 相连[参见图 8-12（a）]。特征矩阵中的特征向量 x_1 为[0,1,2,3,4]。二者的点积：

$$0 \times 0 + 1 \times 1 + 1 \times 2 + 0 \times 3 + 0 \times 4 = 3 \tag{8.12}$$

式(8.12)的物理含义为：由于节点 v_1 与 v_2、v_3 相连，这两个节点在 x_1 维度上的特征值分别为 1 和 2，于是通过加权（权值即连接与否：非 0 即 1）求和的方式，把这两个特征值汇集起来，结果为 3。对一维卷积形式较为熟悉的读者此时就会豁然发现，式(8.12)就是典型的一维卷积。

式(8.12)完成的仅仅是节点 v_1 在 x_1 维度上的信息聚合。类似地，我们还可以接着用邻接矩阵 A 的第 1 行分别和特征矩阵 X 的第 2 列和第 3 列相乘，即可得到节点 v_1 分别在 x_2 和 x_3 维度上的信息聚合，它们的值分别为-3 和 7，如图 8-12（c）所示。

在抽象层面，我们可以将第 i 个节点的信息聚合表示为向量 A_i 与特征矩阵 X 的乘积形式，如式(8.13)所示：

$$\mathrm{Aggregate}(A, X)_i = A_i X \tag{8.13}$$

比如对图 8-12，我们可以理解为节点 v_1 的图结构向量[0,1,1,0,0]和特征矩阵 X 相乘，通过信息聚合，获得了新的节点向量 $[3, -3, 7]$。我们也可以把上述向量与矩阵的乘积改写成一个简单的加权求和（就是将 $A_{i,j}$ 视作权值），如式(8.14)所示。

$$\mathrm{Aggregate}(A, X)_i = \sum_{j=1}^{N} A_{i,j} X_{j,:} \tag{8.14}$$

基于上述分析，AX 的物理意义就是，通过矩阵乘法操作，批量地把图中相邻节点的信息汇集到当前节点。对应的代码如下所示。

```
In [6]: A @ X    #等价于A.dot(X)
```

```
Out[6]:
array([[ 3, -3,  7],
       [ 5, -5, 11],
       [ 4, -4, 10],
       [ 7, -7, 13],
       [ 3, -3,  5]])
```

在上述代码中，"@" 是 NumPy 中矩阵乘法的操作符。

由以上分析可知，邻接矩阵 A 的确能反映图的拓扑结构，通过 AX 操作，也的确能获得邻居节点的信息。但在图神经网络中，如果直接使用"原生态"的邻接矩阵可能是有问题的。这是因为，当我们用 AX 来获取信息时，由于邻接矩阵 A 的对角线都是 0，因此当前节点自身的特征会被过滤掉，这不符合图神经网络的理念。

图神经网络的核心理念是，吸取邻居节点之"精华"，叠加自身，成就自我。而前面的方案，简单地将邻接矩阵 A 与特征矩阵 X 相乘，恰恰"丢失"了自己，失去本体。举例来说，在图 8-12（c）的右上角，v_1 节点关于 x_3 维度上的特征值"7"是这样汇集而来的：

$$\underbrace{0\times2+1\times3+1\times4+0\times5+0\times6}_{\text{连接权值}}=7 \qquad (8.15)$$

由于邻接矩阵对角线上的元素为 0，v_1 节点本身在 x_3 维度的特征值 2，0×2 之后特征被"无情"抛弃，这就是"舍本逐末"！

那该如何改进呢？方法也很简单，就是为每个节点人为地添加一个"自环（Self-Loop）"，即将邻接矩阵的对角线值均加上 1。改造邻接矩阵将自身信息也添加进去，我们用 $\widetilde{A}$ 来表示：

$$\widetilde{A}=A+I \qquad (8.16)$$

式中，I 为单位矩阵[①]。

图 8-12（a）所示的原始邻接矩阵的改进版本——带有自环的邻接矩阵如图 8-13 所示。

① 单位矩阵是一个方阵，从左上角到右下角，对角线（称为主对角线）上的元素均为 1。

图 8-13　带有自环的邻接矩阵

在新版邻接矩阵的作用下，v_1节点在x_3维度上的新特征值是这样汇集而来的：

$$1 \times 2 + 1 \times 3 + 1 \times 4 + 0 \times 5 + 0 \times 6 = 9$$

即把节点自身（v_1）和两个邻居节点（v_2和v_3）在x_3维度上特征值都汇集过来[①]。上述操作的代码如下：

① 当然，如果简单求和可能导致节点的特征值太大，也可以取节点的平均值，二者没有本质区别。如果邻居节点的连接是权值矩阵，那么AX就恰好实现了加权平均。

```
In [7]:
I = np.eye(A.shape[0])  #构造单位矩阵
A_hat = A + I   #构造带有自环的邻接矩阵
```

```
In [8]: A_hat        #输出验证
```

```
Out[8]:
array([[1., 1., 1., 0., 0.],
       [1., 1., 1., 1., 0.],
       [1., 1., 1., 1., 0.],
       [0., 1., 1., 1., 1.],
       [0., 0., 0., 1., 1.]])
```

如果说AX做到了聚合邻居节点的信息，那么$\tilde{A}X$便做到了聚合邻居节点信息并更新自身信息。下面我们再用改造版本的邻接矩阵聚合邻居节点的特征值，代码如下所示。

```
In [9]: A_hat @ X
```

```
Out[9]:
array([[  3.,  -3.,   9.],
       [  6.,  -6.,  14.],
       [  6.,  -6.,  14.],
       [ 10., -10.,  18.],
       [  7.,  -7.,  11.]])
```

从Out[9]的结果可以看到，新邻接矩阵的确把自身的特征值也汇集起来了。在前面，我们将相对简单的相邻节点特征求和（求平均值亦可）视作信息聚合的方式，在后面的章节，我们会涉及更为高级的、基于谱规则的信息聚合方式。

如上所述，包含节点自环的邻接矩阵 $\tilde{A}$，的确能更好地表达图的拓扑结构，从而更适用于图神经网络。但这还不够，当图结构复杂时，聚合邻居节点信息，会不断实施矩阵的加法或乘法操作，过多的矩阵操作可能会产生一些不可预测的问题（如特征值过大而导致计算溢出等）。因此，我们希望继续优化这个邻接矩阵的表达形式。

一个朴实的想法就是，既保留图的拓扑结构，又把邻接矩阵的值相对缩小，这就涉及邻接矩阵的归一化（Normalization）。也就是说，我们希望得到一个归一化的邻接矩阵。该如何归一化呢？归一化因子选择什么好呢？这时我们就需要用到图的"改良版"度数矩阵 $\tilde{D}$。下面我们来讨论它是如何构造的。

通过图论知识可以知道，有了邻接矩阵 A，可以很容易求得度数矩阵 D（它的对角线值就是邻接矩阵 A 按列求和的结果），该矩阵在拉普拉斯矩阵中被广泛使用。实现代码如下所示。

```
In [10]: A_sum = np.sum(A, axis = 0)   #度数矩阵的按列求和

In [11]: A_sum                          #输出验证

Out[11]:  array([2, 3, 3, 3, 1])

In [12]:  D = np.diag(A_sum)            #转换为对角形式的度数矩阵

In [13]:  D        #输出验证

Out[13]:
array([[2, 0, 0, 0, 0],
       [0, 3, 0, 0, 0],
       [0, 0, 3, 0, 0],
       [0, 0, 0, 3, 0],
       [0, 0, 0, 0, 1]])
```

为了适配图卷积神经网络的应用场景，邻接矩阵 A 变成了 $\tilde{A}$，那么对应的度数矩阵 D 也应做相应的调整，这里记作 $\tilde{D}$。相比原生态的度数矩阵 D，$\tilde{D}$ 中的对角线元素值分别+1，代码如下所示。

```
In [14]: D_hat = np.diag(np.sum(A_hat, axis= 0))

In [15]: D_hat           #输出验证

Out[15]:
array([[3., 0., 0., 0., 0.],
       [0., 4., 0., 0., 0.],
```

```
       [0., 0., 4., 0., 0.],
       [0., 0., 0., 4., 0.],
       [0., 0., 0., 0., 2.]])
```

现在回到邻接矩阵的归一化上。一种常见的策略就是要用度数矩阵的倒数 $\tilde{D}^{-1}$ 来作为缩放因子（Scale Factor），即：

$$A_{\text{scale}} = \tilde{D}^{-1}\tilde{A} \tag{8.17}$$

先来获取度数矩阵的倒数 $\tilde{D}^{-1}$（实际上也可视作度数矩阵 D 的逆矩阵），

其实现代码如下所示。

```
In [16]: D_1 = np.diag(D_hat) ** (-1) * np.eye(A_hat.shape[0])
```

```
In [17]: D_1          #输出验证
```

```
Out[17]:
array([[0.33, 0. , 0. , 0. , 0. ],
       [0. , 0.25, 0. , 0. , 0. ],
       [0. , 0. , 0.25, 0. , 0. ],
       [0. , 0. , 0. , 0.25, 0. ],
       [0. , 0. , 0. , 0. , 0.5 ]])
```

有了缩放因子 $\tilde{D}^{-1}$，我们就可以得到缩放版本的邻接矩阵：

```
In [18]: A_scale = D_1 @ A_hat
```

```
In [19]: A_scale          #缩放版本的邻接矩阵
```

```
Out[19]:
array([[0.33, 0.33, 0.33, 0. , 0. ],
       [0.25, 0.25, 0.25, 0.25, 0. ],
       [0.25, 0.25, 0.25, 0.25, 0. ],
       [0. , 0.25, 0.25, 0.25, 0.25],
       [0. , 0. , 0. , 0.5 , 0.5 ]])
```

然后，我们可以利用这个缩放版本的邻接矩阵 A_{scale} 来"收割"邻居节点的信息，具体来说，就是通过矩阵乘法操作来获取邻居节点信息并更新本节点信息，如式(8.18)所示，具体过程如图 8-14 所示。

$$\begin{aligned}\text{aggregate}(A, X)_i &= \tilde{D}^{-1}\tilde{A}X \\ &= \sum_{j=1}^{N}\frac{1}{\tilde{D}_{i,i}}A_{i,j}X_{j,:}\end{aligned} \tag{8.18}$$

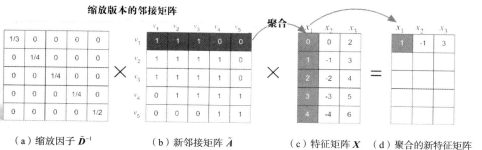

（a）缩放因子 $\tilde{D}^{-1}$　　　（b）新邻接矩阵 $\tilde{A}$　　　（c）特征矩阵 X　　（d）聚合的新特征矩阵

图 8-14　缩放版本的邻接矩阵聚合邻居节点信息

式(8.18)对应的代码如下所示。

```
In [20]: X_new = A_scale @ X
```

```
In [21]: X_new                    #输出验证
```

```
Out[21]:
array([[ 1. , -1. ,  3. ],
       [ 1.5, -1.5,  3.5],
       [ 1.5, -1.5,  3.5],
       [ 2.5, -2.5,  4.5],
       [ 3.5, -3.5,  5.5]])
```

当我们对比 Out[9]处的 X 输出（完成的是 A_hat @ X 操作），就可以发现，Out[21]完成的操作是 A_scale @ X）输出 X_new 的元素值更加"谨小慎微"了。我们知道，对于很多任务（如分类），节点特征值的绝对值大小并不重要，只要保证它们之间相对的差异即可。

如果我们观察矩阵 A_scale 的值就会发现，它还有继续优化的空间。这是因为，邻接矩阵 $\tilde{A}$ 是一个对称矩阵，这意味着它的第 i 行和第 i 列的元素是相同的。但 $\tilde{D}^{-1}\tilde{A}$ 仅又对矩阵 A 在列方向进行了缩放，操作之后，$\tilde{D}^{-1}\tilde{A}$ 中的元素值是不对称的，这在某种度上破坏了图结构的对称性。

该如何修复这种不对称性呢？一个很直观的想法是，我们在行的方向也进行对等缩放，即让邻接矩阵 $\tilde{A}$ 同时右乘一个缩放因子 $\tilde{D}^{-1}$，这样就能使得缩放版本的邻接矩重新恢复对称性。于是信息聚合方式从式(8.18)升级为式(8.19)所示的方式。新的缩放版本的邻接矩阵如图 8-15 所示。

$$\text{aggregate}(A, X)_i = \tilde{D}^{-1}\tilde{A}\tilde{D}^{-1}X$$

$$= \sum_{j=1}^{N}\frac{1}{\tilde{D}_{i,i}}A_{i,j}\frac{1}{\tilde{D}_{j,j}}X_{j,:} \tag{8.19}$$

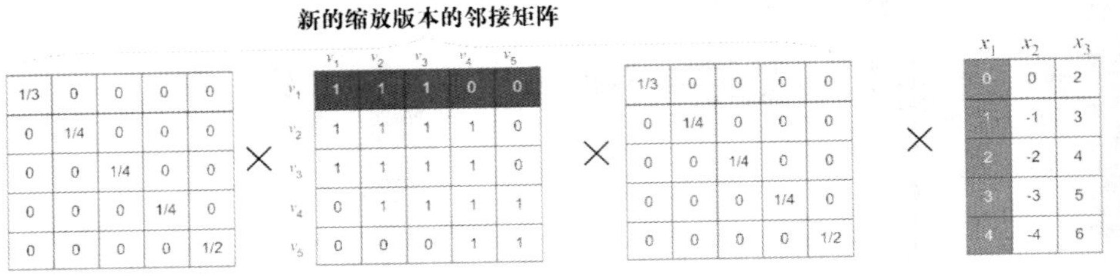

新的缩放版本的邻接矩阵

（a）缩放因子 $\tilde{D}^{-1}$　　　　（b）新邻接矩阵 $\tilde{A}$　　　　（c）缩放因子 $\tilde{D}^{-1}$　　　　（d）特征矩阵 X

图 8-15　新的缩放版本的邻接矩阵

下面我们用代码示范上述过程并查看结果。

```
In [22]: scale_factor = D_1 @ A_hat @ D_1        #对称归一化
```

```
In [23]: scale_factor                           #输出验证
```

```
Out[23]:
array([[0.11, 0.08, 0.08, 0.  , 0.  ],
       [0.08, 0.06, 0.06, 0.06, 0.  ],
       [0.08, 0.06, 0.06, 0.06, 0.  ],
       [0.  , 0.06, 0.06, 0.06, 0.12],
       [0.  , 0.  , 0.  , 0.12, 0.25]])
```

观察 Out[23]的输出可以发现，新的缩放版本邻接矩阵 scale_factor 是对称的。为什么我们一定要强调对称性呢？其实这是有原因的。如前所述，实对称矩阵有一个良好的品质——一定是半正定的，而半正定矩阵的潜在含义是，矩阵的特征值是大于等于0的。矩阵的特征值实际上就是矩阵的"谱"，如果这些谱很"靠谱（≥0）"，就便于基于图实施卷积策略[①]（在后续的章节中，我们会详细讨论这个议题）。

下面我们再感受一下，在邻接矩阵经过两次缩放后（一次是对列，一次是对行），聚合邻居节点信息的情况。

```
In [24]: scale_factor @ X
```

```
Out[24]:
array([[ 0.25, -0.25,  0.81],
       [ 0.38, -0.38,  0.92],
       [ 0.38, -0.38,  0.92],
       [ 0.88, -0.88,  1.5 ],
       [ 1.38, -1.38,  2.12]])
```

① 需要注意的是，矩阵的特征值（Eigenvalue）和节点的特征值（Feature）是不同的概念。前者是矩阵的内在品质，而后者是节点的外部属性，是对象存在性丰度的一种体现。

再次对比最初版本 A_hat@X 的输出，可以发现，scale_factor @ X 操作将聚合的特征值再次缩小了很多（这都是托了左右对称"归一化"的福）。

现在邻接矩阵的优化之路走完了吗？事实上，并没有。研究人员发现，$\tilde{D}^{-1}\tilde{A}\tilde{D}^{-1}$ 的确能很好地缩放邻接矩阵，既然度数矩阵的"-1"次幂可以完成缩放，何不尝试一下"-1/2"次幂版本的缩放呢？事实上，对于邻接矩阵的每个元素都实施如下操作：

$$\tilde{D}^{-\frac{1}{2}}\tilde{D}^{-\frac{1}{2}} = \frac{1}{\sqrt{\deg(v_i)}\sqrt{\deg(v_j)}}$$

这种操作能够对邻接矩阵的每行和每列"无偏差"地做一次归一化，以防止相邻节点间度数不匹配对归一化的影响[①]。

于是，就出现了被众多学术论文广泛采纳的邻接矩阵缩放形式，如式(8.20)所示。

$$\begin{aligned}\text{aggregate}(\boldsymbol{A},\boldsymbol{X})_i &= \tilde{\boldsymbol{D}}^{-1/2}\tilde{\boldsymbol{A}}\tilde{\boldsymbol{D}}^{-1/2}\boldsymbol{X} \\ &= \sum_{j=1}^{N}\frac{1}{\tilde{D}_{i,i}^{1/2}}A_{i,j}\frac{1}{\tilde{D}_{j,j}^{1/2}}X_{j,:}\end{aligned} \quad (8.20)$$

相应的实现代码如下所示。

```
In [25]: D_sq_half = np.diag(D_hat) ** (-0.5) * np.eye(A_hat.shape[0])

In [26]: D_sq_half        #验证 D̃^{-1/2} 的输出

Out[26]:
array([[0.58, 0.  , 0.  , 0.  , 0.  ],
       [0.  , 0.5 , 0.  , 0.  , 0.  ],
       [0.  , 0.  , 0.5 , 0.  , 0.  ],
       [0.  , 0.  , 0.  , 0.5 , 0.  ],
       [0.  , 0.  , 0.  , 0.  , 0.71]])

In [27]: scale_factor2 = D_sq_half @ A_hat @ D_sq_half

In [28]: scale_factor2        #验证 In [27]所表达的 D̃^{-1/2}ÃD̃^{-1/2} 的输出

Out[28]:
array([[0.33, 0.29, 0.29, 0.  , 0.  ],
       [0.29, 0.25, 0.25, 0.25, 0.  ],
       [0.29, 0.25, 0.25, 0.25, 0.  ],
       [0.  , 0.25, 0.25, 0.25, 0.35],
       [0.  , 0.  , 0.  , 0.35, 0.5 ]])

In [29]: X_new2 = scale_factor2 @ X
```

① 需要说明的是，在实际项目的性能上，对称归一化或取平方根的对称归一化未必比只用 $\boldsymbol{D}^{-1}$ 进行归一化的效果好。TORCH GEOMETRIC 就提供了对称归一化和非对称归一化两个选项供用户使用，用户可以根据自己的项目特性选择使用。

```
In [30]: X_new2                      #验证缩放版本邻接矩阵聚合的特征向量
```

```
Out[30]:
array([[ 0.87, -0.87,  2.69],        #节点 1 的特征向量
       [ 1.5 , -1.5 ,  3.58],        #节点 2 的特征向量
       [ 1.5 , -1.5 ,  3.58],        #节点 3 的特征向量
       [ 2.91, -2.91,  5.12],        #节点 4 的特征向量
       [ 3.06, -3.06,  4.77]])       #节点 5 的特征向量
```

8.4.3　考虑权值影响的信息聚合

在上面的分析中，我们仅仅考虑邻接矩阵对获取邻居节点的影响，即只考虑图的拓扑结构施加的影响。仅邻接矩阵 A 做了很多优化工作还不够，事实上，对于某个特定节点而言，不同维度的特征值对给定任务的影响程度是不同的，对它们不能搞"一视同仁"。如果想对各个特征值都打一个分，这就要涉及权值矩阵 W 了，也就是要构造更为完整的图神经网络模型：AXW。这里的权值矩阵 W，通常是学习得到的，为了演示方便，在下面的代码中直接给出了。

```
In [31]:
W = np.array([                  #给定的特征权值
            [0.13, 0.24],
            [0.37, -0.23],
            [0.14, -0.15]])
```

```
In [32]: X_new2 @ W
```

```
Out[32]:
array([[ 0.17, -0.29],
       [ 0.14,  0.17],
       [ 0.14,  0.17],
       [ 0.02,  0.6 ],
       [-0.07,  0.72]])
```

权值矩阵 W 每一列的各个元素，分别对节点特征矩阵 X 的每一行的各个特征值进行"打分"，借此对各个特征值进行"轻重有别"的区分。而 X 中的每一行实际上代表的就是图中的一个节点。通过权值打分后，每个节点属性值就"浓缩"为一个值，这便于为后续的分类任务做准备。比如说，节点 v_1 中的 0.17 就是这样计算出来的：

$$0.87 \times 0.13 + (-0.87) \times 0.37 + 2.69 \times 0.14 = 0.17$$

↑　　　　↑　　　　↑
打分权值

In [32]所示的权值矩阵 **W** 有两列，这表明我们要刻画在两类情况下各个特征值的加权平均。如果我们想压缩节点输出的维度，也可以缩减权值矩阵的尺寸，比如只考虑一种情况的加权平均，代码如下所示。

```
In [33]:
W1 = np.array([
        [0.13],
        [0.37],
        [0.14]])
```

```
In [34]:  X_new2 @ W1   #单一权值情况下
```

```
Out[34]:
array([[ 0.17],
       [ 0.14],
       [ 0.14],
       [ 0.02],
       [-0.07]])
```

上面输出的列向量值 0.17、0.14、0.14、0.02 和-0.07 的物理意义非凡，这些值就是我们"费尽周折"不断进行信息聚合和数据萃取的结果，这些值在一些场合也叫 logits，再对它们实施 Readout 操作，输送给分类器（通常是一个多层感知机），就能为一些多分类任务提供重要依据。

8.4.4　添加激活函数

在上面的分析中，我们并没有考虑激活函数的影响，或者说只使用了 $\sigma(x) = x$ 这样"直进直出"式的激活函数。如前面的章节所述，神经网络本质就是在拟合一个函数，而激活函数可以提升整个神经网络的非线性变换能力，为函数的拟合提供更大的灵活度。所以，"直进直出"式的激活函数不适用于神经网络。通常，我们使用 Sigmoid、Tanh 或 ReLU 函数作为激活函数。下面我们就使用常见的 ReLU 激活函数，看看它的影响如何。

```
In [35]:
01   logits = X_new2 @ W1              #计算 logits
02   y = logits * (logits > 0)        #使用激活函数
```

```
In [36]: y                            #输出验证
```

```
Out[36]: y
array([[ 0.17],
```

```
         [ 0.14],
         [ 0.14],
         [ 0.02],
         [-0.  ]])
```

由于 ReLU 激活函数的功能非常简单，即当 $x > 0$ 时，返回 x 本身，否则返回 0，所以我们自行设计了这个简易函数：logits > 0。在 In [35] 处我们使用了一个布尔索引数组很巧妙地完成了 ReLU 操作——仅仅遴选大于 0 的数据元素。在代码层面，"logits > 0" 操作会返回一个布尔数组，大于 0 的元素返回 True，否则返回 False。在 Python 中，True 可以当作 1 来用，而 False 可以当作 0 来用，如果这个布尔数组和原始数组做按位相乘运算，就能把大于 0 的元素值保留下来，而小于 0 的元素，则直接赋值为 0。

事实上，我们还可以调用计算框架（如 PyTorch）的激活函数模块 torch.nn.functional 或 torch.clamp 来完成这个工作，这就留给爱"折腾"、爱学习的你来完成吧！

ReLU 激活函数输出的是一系列"未经修饰"的 logits，有时它们不能直接应用于分类任务。这时我们还需要将这些 logits 变换概率模样，以便分类决策。这项工作通常就使用 Softmax 函数（在前面的章节中，我们讨论过这个函数的作用）完成。我们可以在 PyTorch 或 TensorFlow 中直接调用这个函数，也可以自行设计一个 Softmax 函数。为了了解 Softmax 函数的原理，我们选择利用 NumPy 来设计实现。

```
In [37]:
01   import numpy as np
02   def softmax(x):
03       return np.exp(x) / np.sum(np.exp(x), axis = 0)
04   prob = softmax(y)
05   prob               #输出验证
```

```
Out[37]:
array([[0.22],
       [0.21],
       [0.21],
       [0.18],
       [0.18]])
```

8.4.5 模拟一个分类输出

有了这些"概率"值，我们可以进一步分析，这取决于具体的任务。比如说，上述 5 个概率值分别对应 5 个类，那么概率最大值对应的类就是节点的分类。我们可以利用 NumPy 中的 argmax( ) 来找到这个最大值的位置，从而完成模拟一个分类的过程。

```
In [38]:  pred = np.argmax(prob)
```

```
In [39]:  print(f'预测的分类为：第{pred}类')
```

```
Out[39]:
预测的分类为：第 0 类
```

In [38]代码的含义是，概率最大的值处于向量的第 0 个位置，那么该节点的分类结果就是属于第 0 类。在代码层面，np.argmax(prob)返回最大概率值的索引。

至此，我们用最简单的案例说明了图神经网络中的信息聚合、更新及分类。下面我们用真实的数据来完整完成 GCN 的信息聚合过程。

8.5 GraphSAGE

从前面的讨论可知，如果从空域视角来审视 GCN，它无非就是一个信息聚合器，通过聚合邻居节点的信息来辅助系统做出更好的决策。这个思路很具启发性——人们重新设计各式各样的信息聚合器，从而大大加强了图神经网络在各种图数据和应用场景下的适应性，其中 GraphSAGE 便是佼佼者。在讨论 GraphSAGE 之前，我们先来介绍两个相关的基础概念。

8.5.1 归纳式学习与直推式学习

在机器学习中常有两种模式，它们分别是归纳式学习（Inductive Learning）和直推式学习（Transductive Learning）。图卷积神经网络的算法也常涉及这两个概念，下面给予简要介绍。

归纳式学习，顾名思义，就是从已有数据（训练集）中归纳出模式与规律，然后将这些模式或规律应用于新数据（测试集）上。训练集与测试集之间是相斥的，即测试集中的任何信息都是没有在训练集中出现过的，模型本身具备一定的通用性和泛化能力。其形式化的定义如下。

定义 1（归纳式学习） 设训练集 $D = \left\{ \boldsymbol{X}_{\text{train}}, \boldsymbol{y}_{\text{train}} \right\}$，其中 $\boldsymbol{X}_{\text{train}}$ 为训练集的特征矩阵，$\boldsymbol{y}_{\text{train}}$ 为训练集样本对应的标签；测试集为 $\left\{ \boldsymbol{X}_{\text{test}} \right\}$，其中 $\boldsymbol{X}_{\text{test}}$ 为测试集的特征矩阵，测试集样本没有标签。如果 $\boldsymbol{X}_{\text{test}}$ 没有出现在训练集中，而仅仅利用 $\left\{ \boldsymbol{X}_{\text{train}}, \boldsymbol{y}_{\text{train}} \right\}$ 中发现的规律去预测 $\boldsymbol{X}_{\text{test}}$，那么这种学习称为归纳式学习。

归纳式学习是基于"开放世界"的假设。它认为，利用训练样本的规律可以泛化[①]未知的新样本，因此对新样本可以快速预测，而无须额外的训练过程。传统的监督学习算法都可归属于归纳式学习。

半监督学习是监督学习与无监督学习相结合的一种学习方法，它主要考虑如何对少量的标注样本和大量的未标注样本进行训练从而解决分类问题。其形式化定义如下。

定义 2（半监督学习） 设训练集 $D = \{X_{\text{train}}, y_{\text{train}}, X_{\text{un}}\}$，训练时，无标签数据 X_{un} 也参与训练，通过训练模型习得数据特性，模型根据数据特性为 X_{un} 打标签（分类），并在测试集 X_{test} 中进行测试，这种学习称为半监督学习。

相比而言，直推式学习是基于"封闭世界"的假设，即假设模型不具备对未知数据的泛化能力，所以，如果想要模型具有预测能力，所有数据（包括训练集和测试集）必须"全员上阵"参与训练。其形式化定义如下。

定义 3（直推式学习） 设训练集 $D = \{X_{\text{train}}, y_{\text{train}}, X_{\text{un}}\}$，训练时，无标签数据 X_{un} 亦参与训练。由于在训练时模型已熟悉 X_{un}，因此在预测 X_{un} 的标签时，会利用它的特征信息，这种学习称为直推式学习。

简单来说，"直推式学习"的"直推"是指从特定数据中来（训练），到特定数据中去（预测）。模型训练和模型预测都是同一批特定数据。在训练时，无标签数据 X_{un} 起什么作用呢？X_{un} 为模型"贡献"自己的数据特征。

下面我们用一个例子来说明归纳式学习与直推式学习的不同。假设有如图 8-16 所示的待标记的数据，其中 4 个数据（A、B、C 和 D）是有标签的（两种阴影样式），剩下 12 个数据是不带有标签的。我们需要用这 4 个带标签的数据来预测剩下 12 个数据的分类（阴影样式）。

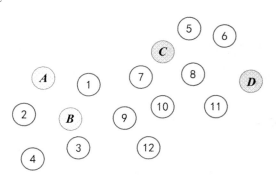

图 8-16　待标记的数据

如果我们采用归纳式学习，需要使用这 4 个有标签数据去构建一个监督学习模型。但由于训练数据较少，我们构建的模型可能不能准确反映数据的特性。假设我们使用了 k 近邻算法，该算法的规律是：距离标签点近的点，与标签点理应归为一类。因此，从图 8-16 来看，相比 C 和 D，9 和 12 这两个数据离 B 要更近一点，所以我们得到的归纳式学习（k 近邻算法）的分类结果就会如图 8-17 所示。在训练期间仅 A、B、C、D 参与，数据 1~12 不参与，它们都是被预测的对象。

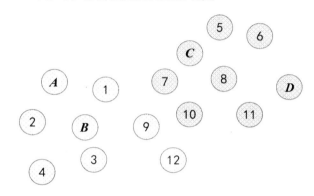

图 8-17　归纳式学习（k 近邻算法）的分类结果

如果我们有一些额外信息（但非标签），比如判断两个数据间的相似性（可以是嵌入式向量或其他的特征），如果相似就用线把两者连接起来（见图 8-18），这样可以使用这些额外信息来标记未知数据。在训练过程中，数据 A~D 和 1~12 均参与训练，这些数据均提供自己的特征，同样只有 A~D 提供自己的标签，直推式学习模型会根据学习到的数据特征（如嵌入相似性）将 A~D 的标签推广到数据 1~12。

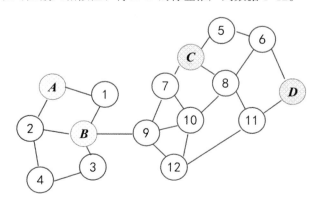

图 8-18　具有相似性的数据连接图

基于半监督学习的标签传播算法（Semi-Supervised Graph-Based Label Propagation Algorithm）就属于直推式学习。直推式学习的应用如图 8-19 所示，除了已知标签数据（A、B、C 和 D），无标签数据的特征信息（数据间的相似性）同样可以帮助我们对标签进行预测。由于 9 和 12 两个数据和深底色的数据连接更多，所以我们有更充分的理由推测这两个数据属于深底色类别，而非浅底色类别。

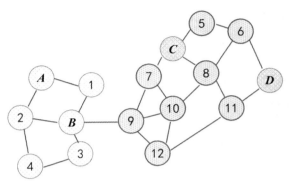

图 8-19　直推式学习的应用

从上述分析可知，直推式学习是一个特殊化的半监督学习。归纳式学习与直推式学习的差别如表 8-1 所示。

表 8-1　归纳式学习与直推式学习的差别

归纳式学习	直推式学习
可以标记从未出现过的数据	仅能标记在训练时出现过的数据
能够构建预测模型，当出现新的待测样本时，可以用原有的训练模型直接预测新样本的标签	不能构建预测模型，当出现新的测试样本时，需要重新运行整个算法
计算开销小	计算开销大

从表 8-1 可以看出，归纳式学习与直推式学习有各自的优势和应用场景。比如归纳式学习泛化能力强且更具有预测力，但如果只有训练数据而无测试数据，就只能使用直推式学习。

8.5.2　GraphSAGE 所为何来

从前面的分析可知，直推式学习是从特定数据到特定数据的学习方式。具体到图卷积神经网络中，学习目标是在特定的图上直接生成节点的嵌入表示，如前面章节提到的 DeepWalk、LINE 模型，都是一类在拓扑结构固定的图（Fixed Graph）上利用图的拓扑结构及节点属性信息学习节点的嵌入表示的方法。

　　然而，现实世界不是这样的。比如在社交网络中，各种节点"去留无意，也无风雨也无晴"。这就要求图机器学习算法能够处理拓扑结构动态变化的图，能对从未见过的新节点生成嵌入表示——这显然是归纳式学习的范畴。这种归纳能力对于高吞吐量、大规模的机器学习系统（如视频网站上的用户和视频，外卖软件上的商品和评论）至关重要，这些系统的推荐算法在不断变化的大图（Large Graph）上运行，并不断遇到涌现的新节点和失活的老节点。

　　一个很直观的想法是这样的，我们利用归纳式学习方法生成节点的嵌入表示，这样具有相似嵌入表示的节点可能具有类似的特征，从而泛化节点的预测能力。然而，与直推式学习相比，归纳式学习生成节点嵌入表示非常困难，这是因为，将新观察到的子图"规整"到已经优化好的图算法上有很大的算法摩擦力。

　　一个性能可靠的归纳式学习框架必须学会识别节点邻域的结构属性，这些属性揭示了节点在图中的局部角色和它的全局定位。然而，目前大多数生成节点嵌入表示的方法都具有潜在的直推式学习属性，而且需要大量的额外训练（如随机梯度下降）才可能预测新的节点。

　　前面章节提到的图算法，如 DeepWalk，Node2vec、LINE 模型及图卷积神经网络（GCN）[7,8]，都可归属于直推式学习范畴。这些算法多数是基于邻接矩阵的，而邻接矩阵本质上就是图拓扑结构（各种点的连接关系）。反过来说，只有图的拓扑结构固定了，才能运行算法，自然这类算法不能处理动态图。

　　那么该如何在动态的图数据中实施归纳式学习呢？GraphSAGE 给我们提供了一种很好的思路[9]。GraphSAGE 是一种归纳式学习框架。其全称为"Graph SAmple and aggreGatE"①，从它的名称中依稀可以看出它的创新之处：它是一种有关图数据的采样和信息聚合算法。它对传统的 GCN 进行了扩展，并适配于归纳式学习任务，从而使得算法的功效能泛化到未知节点。下面我们来讨论它的工作机制。

8.5.3　GraphSAGE 的框架

　　概括来说，GraphSAGE 对 GCN 有两个方面的改进。

　　（1）取代 GCN 的全图加载模式，通过采样（Sampling）策略获取部分邻居节点的信息，从而将训练模式改造为以节点为中心的小批量的训练，这使得大规模图数据的分布式训练成为可能。

① GraphSAGE 的英文字面意义就是"图圣"，其中"Graph"就是研究对象（图），而"SAGE"（圣贤）则来自"SAmple and aggreGatE"不同位置字母（并非首字母）的拼接。

（2）不是对每个节点都训练并生成单独的嵌入表示，而是在更高层面训练一组聚合函数，这些函数学习如何从一个节点的邻域聚合特征信息。

GraphSAGE 算法的运行流程（见图 8-20）可以分为如下三个步骤。

（1）对图中每个节点的邻居节点进行采样。

（2）根据聚合函数汇聚邻居节点信息。

（3）从聚合函数中推理出图中各节点的嵌入表示，以供下游任务（如神经网络的分类等）使用。

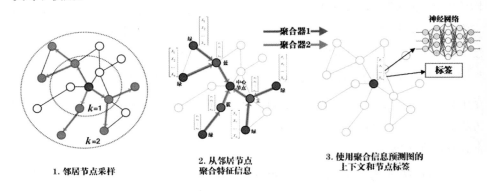

1. 邻居节点采样　　　　2. 从邻居节点聚合特征信息　　　　3. 使用聚合信息预测图的上下文和节点标签

图 8-20　GraphSAGE 的运行流程

8.5.4　邻居节点采样

在普通 GCN 模型中，如果要生成节点的嵌入表示，则需要聚合邻居节点的特征信息，这时可以设置一个超参数 k 来控制邻域访问的深度。k 代表着每个节点能够访问的最远的跳数（Hops），也可以视为当前节点的势力圈层，因为每增加一层，可以聚合更远一层的邻居节点信息。

例如，在图 8-21（a）中，当 $k=1$ 时，只有一阶邻居节点被认为是与中心节点相似的。如果 k 设置为 2，距离为 2（从中心节点经历 2 跳）的节点在同一个邻域内。每次迭代，节点从它们的局部邻居节点聚合信息，并且随着这个过程，节点会从越来越远的地方获得信息。

如果是小规模的图数据，模型通常是能够胜任的，但对于大规模的图数据而言，随着 k 值的增大，子图的节点随着层数的增加而呈现指数级增长，如图 8-21（b）所示，这将导致信息聚合的代价变得非常高昂。

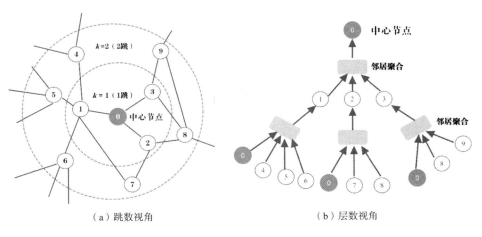

（a）跳数视角　　　　　　　　　　　　（b）层数视角

图 8-21　邻居节点采样

　　此外，在真实世界中，节点的度数往往呈幂律分布。也就是说，一些节点的度（连接其他节点的个数）会非常大，这样的节点被称为超级节点，超级节点比较难以处理，比如说由于度数太大难以加载内存或 GPU[6]。在这种情况下，遍历子图的时间开销、模型的训练成本、存储代价都可能存在"难以承受之痛"。

　　为缓解上述问题，GraphSAGE 虽然延续采用了 k 阶"势力"圈层的操作，但使用了采样技术来控制子图的节点个数。具体做法是：设每个节点在第 k 层的采样数为 S_k（这是超参数，需用户自行设计和调节），即每个节点在该层采样的邻居节点个数不超过 S_k [①]，那么对于任意中心节点，所涉及的邻居节点采样复杂度为 $O\left(\prod_{k=1}^{k} S_k\right)$。例如，对于一个两层的模型来说，设 $S_1 = 2, S_2 = 3$，包括中心节点本身，总的节点个数不超过 $1 + 2 + 2 \times 3 = 9$ 个。

　　增加 k 值可能会导致在节点之间引入不必要的信息共享，从而让所有节点的嵌入表示趋于相同，所以 k 值不易设置太大。GraphSAGE 的提出者建议 $k=2$，这样算法便能达到最高性能。

8.5.5　特征信息聚合

　　在定义了邻居节点采样流程之后，现在我们需要聚合邻居节点信息，即设计必要的 Aggregator（聚合）算子。通过聚合操作，得到图中各节点的嵌入表示以供下游任务使用。

　　GraphSAGE 提出了几种聚合函数，它们需要满足如下性质。

① 若邻居节点数少于 S_k，则采用有放回的抽样方法，直到采样出 S_k 个节点。若邻居节点数大于 S_k，则采用无放回的抽样方法，从而保证每个节点采样后的邻居节点个数一致，方便把多个节点及它们的邻居节点拼成规则的张量送入 CPU 或 GPU 中训练。

（1）聚合操作不能受限于邻居节点的数量。不管邻居节点数量如何变换，聚合操作后的输出向量维度必须保持一致。

（2）聚合操作对节点的排列不敏感。我们知道，对于 1D 的语言序列，2D 的图像，除了数据本身的信息，它们在时域和空域也是有含义的。但图数据是无序的数据结构，因此对于聚合操作而言，它应该无感于图节点的顺序，即无论节点的排列如何，它们的输出结果都是一致的，如 $\text{AGG}(v_1, v_2, v_3) = \text{AGG}(v_3, v_2, v_1)$。

（3）由于训练的需要，聚合操作必须是可导的。

具备了上述条件，聚合算子就能对任意输入的节点做到自适应。下面我们列出 GraphSAGE 给出的几种聚合算子。

1. 均值/加和（Mean/Sum）算子

均值或加和算子是最为朴素的聚合算子。由于在图中节点的邻居节点是天然无序的，所以我们希望构造出的聚合算子是对称的（改变输入的顺序，输出结果不变），以均值为例，其形式化表达为：

$$h_v^k = \sigma\left(\boldsymbol{W} \cdot \text{Mean}\left(\left\{h_v^{k-1}\right\} \cup \left\{h_u^{k-1}, \forall u \in N(v)\right\}\right)\right) \tag{8.21}$$

式中，σ 是激活函数；$\boldsymbol{W}$ 是归一化的权值矩阵；$\cup$ 表示拼接操作。

均值算子将中心节点和邻居节点的第 $k-1$ 层向量拼接起来，然后对向量的每个维度进行求均值的操作，最后将得到的结果用 σ 做一次非线性变换。

举例来说，假设当前的中心节点嵌入表示向量为 $[1,1,1,1]$，它的三个邻居节点向量分别为 $[1,2,3,4]$、$[2,3,4,5]$ 和 $[3,4,5,6]$，按照每一维分别求均值就得到了聚合后的嵌入表示向量 $[1.75, 2.5, 3.25, 4.0]$。下面我们用一段简单的代码模拟上述向量拼接和求均值的过程。

```
In [40]:
01    import numpy as np
02    h0 = np.array([[1,1,1,1]])
03
04    h_n1 = np.array([[1,2,3,4]])
05    h_n2 = np.array([[2,3,4, 5]])
06    h_n3 = np.array([[3,4,5,6]])
07    n_concat = np.concatenate([h0, h_n1, h_n2, h_n3], axis = 0)
08    n_concat          #向量拼接验证
```

```
Out[40]:
array([[1, 1, 1, 1],
```

```
        [1, 2, 3, 4],
        [2, 3, 4, 5],
        [3, 4, 5, 6]])
```

```
In [41]: n_concat.mean(axis = 0)        #均值聚合
```

```
Out[41]: array([1.75, 2.5, 3.25, 4.  ])
```

2．池化（Pooling）算子

池化算子也是从卷积神经网络（CNN）中借鉴来的聚合算子。常见的池化操作有最大池化、最小池化等。以最大池化为例，它要完成的任务就是取邻居节点的最大值，其形式表示如下：

$$\text{AGG}_k^{\text{pool}} = \max\left(\left\{\sigma\left(\boldsymbol{W}_{\text{pool}} \cdot h_{u_i}^k + \boldsymbol{b}\right)\right\}, \forall u_i \in N(v)\right) \tag{8.22}$$

池化算子先对中心节点的邻居节点嵌入表示向量进行一次非线性变换（激活函数为 σ），之后进行一次最大化操作，将得到的结果与中心节点的嵌入表示向量拼接，最后再经过一次非线性变换得到中心节点的第 k 层嵌入表示向量。

3．LSTM 模型算子

相比简单的均值算子，LSTM 模型算子具有更强的表达能力。然而值得注意的是，由于 LSTM 模型本身是不对称的（也就是说它对输入序列是敏感的，不同的序列会有不同的结果），因此 GraphSAGE 在使用时需要对节点的邻居节点进行随机排列，从而将有序序列"无序化"。

GraphSAGE 提供了多个算子，而实验效果最好的却是最简单的均值聚合算子，可谓是大道至简。

8.5.6 权值参数训练

在定义好聚合算子之后，接下来就是对聚合算子中的权值参数进行学习。如果学习任务是预测性的节点嵌入表示，这属于典型的无监督学习场景。此时的损失函数就是前面章节中提到的对比损失函数，即邻近中心节点的节点具有尽可能相似的嵌入表示（二者向量的点积尽可能大），同时远离中心节点的节点嵌入表示尽可能不相同（二者点积尽可能小）。

$$J_G(z_u) = -\log\left(\sigma\left(z_u^{\text{T}} z_v\right)\right) - Q \cdot E_{v_n \sim P_n(v)} \log\left(\sigma\left(-z_u^{\text{T}} z_{v_n}\right)\right) \tag{8.23}$$

式中，u 和 v 分别是共现于随机游走路径的两个相邻节点，这里的相邻是广义的，比如说，如果 u 和 v 在一个定长的随机游走路径中是可达的，那么就认为它们是相邻的；z_u 是节点 u 的嵌入表示；z_v 是节点 v 的嵌入表示；σ 是常用的激活函数 Sigmoid；P_n 是负采样的概率分布。Q 用来定义负采样的数量。

在分类场景下，即在监督学习场景下，GraphSAGE 可以使用交叉熵损失（Cross-Entropy Loss）来执行节点分类任务。

下面我们来看一下 GraphSAGE 小批量训练的过程，其伪代码如【算法 8-1】所示。

【算法 8-1】　GraphSACE 生成嵌入表示（即前向传播）算法

输入：图 $G=(V,E)$
输入特征 $\{x_v, \forall v \in V\}$，深度 k
权值矩阵 $W^k, \forall k \in \{1,\cdots,k\}$
非线性激活函数 σ，可微的聚合函数 $AGG_k, \forall k \in \{1,\cdots,k\}$
领域函数 $N_v \to 2^v$

输出：节点 z_v 的嵌入表示，$\forall k \in V$

1　$h_0 \leftarrow X_v, \forall v \in V$；
2　foreach $k = 1 \cdots k$ do
3　　foreach $v \in V$ do
4　　　$h_{N(v)}^k \leftarrow AGG_k\left(\{h_u^{k-1}, \forall u \in N(v)\}\right)$;
5　　　$h_v^k \leftarrow \sigma\left(W^k \cdot CONCAT\left(h_v^{k-1}, h_{N(v)}^k\right)\right)$;
6　　end
7　　$h_v^k \leftarrow h_v^k / \|h_v^k\|_2, \forall v \in V$;
8　end

在上述算法中，深度 k 其实就是聚合器的数量，也是权值矩阵的数量，还是网络的层数，即最远访问的邻域跳数（Hops），比如在图 8-20 中，中心节点聚合了 1 跳和 2 跳邻居节点的信息，那么网络层数就是 $k=2$。

聚合操作主要体现在第 4 行、第 5 行和第 7 行上。第 4 行所示的操作主要是调用聚合方法完成对每个邻居节点特征的整合输出，第 5 行的操作是将聚合后的邻居节点特征和中心节点（自身）上一层的特征进行拼接（Concatenate），然后送到一个单层网络中进行必要的处理，得到中心节点的新特征向量。第 7 行的操作实际上就是对节点的特征向量做归一化处理，以便将所有节点的特征都统一到单位尺度上。

值得一提的是，GraphSAGE 算法在设计上完全没有拉普拉斯矩阵参与，每个节点的特征学习完全和 k 阶邻居相关，而无须考虑图的全局结构信息，这就给"部分节点用于训练，部分节点用于预测"留下了操作空间，实际上这正是归纳式学习的精髓所在。具体到 GraphSAGE 算法，对于新出现的节点，只要遍历它的 k 阶子图，就可以带入模型进行相关预测，这种特性给该算法提供了巨大的灵活性，从而有很高的应用价值，因此在一些工业级的大规模推荐系统（如优步美食推荐 UberEats）中效果显著[10,11]。

8.6　基于 GraphSAGE 的实践

实践出真知，下面我们以 Cora 为数据集来具体说明 GraphSAGE 的应用。由于图数据特有的稀疏性（图的所有节点之间只有少量边相连），直接使用通用的深度学习框架（如 TensorFlow 和 PyTorch）来训练基于图数据的模型，性能往往不尽如人意。

《荀子·劝学》中有句名言"君子生非异也，善假于物也"，意为君子与一般人没有什么区别，他之所以高于一般人，是因为他善于利用外物。善于利用已有的条件，是君子成功的一个重要途径。对于图卷积神经网络的操作也是这样的，为了提高开发效率，我们也要善于利用一些成熟的类库，比如 PyTorch Geometric（PyG）[9] 和 Deep Graph Library（DGL）等，这些开源框架大幅提升了图卷积神经网络的训练速度，并且降低了资源消耗。

PyG 是一个基于 PyTorch 的且用于处理图中不规则结构数据的深度学习计算框架①。除了出类拔萃的运行速度，PyG 中还集成了很多论文中提出的方法（GCN、SGC、GAT、SAGE 等）和常用基准数据集，这些数据集包括但不限于：

（1）Cora，一个根据科学论文之间相互引用关系而构建的图数据集，论文中的类型分为 7 类（后面有介绍），共 2 708 篇。

（2）Citeseer，论文之间引用信息的数据集，论文分为 Agents、AI、DB、IR、ML 和 HCI 6 类，共包含 3 312 篇。

（3）Pubmed，生物医学方面的论文搜寻及摘要数据集。

本节案例就是基于 PyG 框架来完成的②。

8.6.1　Cora 数据探索

Cora 数据集由机器学习论文组成。该数据集包含 2 708 篇学术论文，5 429 条边（论文之间的引用关系），总共 7 种类别，分别基于案例（Case_Based）、遗传算法（Genetic_Algorithms）、神经网络（Neural_Networks）、概率方法（Probabilistic_Methods）、强化学习（Reinforcement_Learning）、规则学习（Rule_Learning）和理论（Theory）。每

---

① 读者可以用指令 conda install pyg -c pyg 安装 PyG 库或通过其官方网站找到与自己机器适配的安装指令。

② 通过在命令行输入 conda install pyg -c pyg 来安装。

篇论文都由 1 433 个单词特征向量构成，每个特征向量仅由 0 或 1 表示，体现是否出现某个单词[12]。下面我们用代码来验证上述信息。

```
In [42]:
01    import torch
02    from torch_geometric.datasets import Planetoid
03    import torch_geometric.transforms as T
04    data_name= 'Cora'
05    path = './data'
06    dataset = Planetoid(path, dataset, transform=T.NormalizeFeatures())
07    data = dataset[0]
08    print("数据集名称:", dataset)
09    print("子图数量:", len(dataset))
10    print("特征维度:", dataset.num_features)
11    print("类别数量:", dataset.num_classes)
12    print(f'节点的个数: {data.num_nodes}')
13    print(f'边的条数: {data.num_edges}')
14    print(f'节点平均度数: {data.num_edges / data.num_nodes:.2f}')
```

【运行结果】

```
数据集名称: Cora()
子图数量: 1
特征维度: 1433
类别数量: 7
节点的条数: 2708
边的个数: 10556①
节点平均度数: 3.90
```

对于第 06 行代码，Planetoid 是 PyG 内置的玩具数据集（Toy Dataset②），包含了"Cora""CiteSeer""PubMed"三个小数据集[12]。如数据集没有在本地，PyG 会自动从 GitHub 网站下载，所以读者需要具备必要的上网条件。transform=T.NormalizeFeatures(的含义是在行方向做特征向量的归一化（每一行代表一篇论文），从而使得每个节点的特征值总和为 1。我们可以用如下代码验证。

```
In [43]:
dataset = Planetoid(path, data_name)
data = dataset[0]
print(f"没有标准化的按行求和: {data.x.sum(dim=-1)}")
```

```
Out[43]:
没有标准化的按行求和: tensor([ 9., 23., 19.,  ..., 18., 14., 13.])
```

① Cora 中边为无向的，因此真正的边数为 10 556/2=5 278。

② "玩具数据集"并非有关"玩具"的数据集，而是一种比喻，指的是那种数据量较小，常用于学习和验证的内置数据集。比如 sklearn 中的波士顿房价数据集、鸢尾花数据集、糖尿病患者数据集等都属于"玩具数据集"。

```
In [44]:
dataset = Planetoid(path, data_name, transform=T.NormalizeFeatures())
data = dataset[0]
print(f"标准化之后的按行求和：{data.x.sum(dim=-1)}")
```

```
Out[44]:
标准化之后的按行求和：tensor([1.0000, 1.0000, 1.0000,  ..., 1.0000, 1.0000,
1.0000])
```

如前所述，PyG 中的 data 对象犹如一个 Python 中的字典，可以通过 keys 输出它支持的属性。请注意，不同的数据集具有数量不同的属性。

```
In [45]: data.keys
```

```
Out[45]: ['edge_index', 'test_mask', 'x', 'val_mask', 'y', 'train_mask']
```

从上述代码的输出可以看到，数据集被分为三个部分：训练集（用 train_mask 标识哪些节点属于训练集）、测试集（用 test_mask 标识哪些节点属于测试集）和验证集（用 val_mask 表示哪些节点属于验证集）。其中 edge_index 表示边的信息，x 表示的是节点的特征向量，y 表示的是标签信息，下面我们输出部分信息，以更好地认识 Cora 数据集的相关信息。

```
In [46]: data. edge_index.t()              #输出边的连接信息，转置便于查看
```

```
Out[46]:
tensor([[   0,  633],
        [   0, 1862],
        [   0, 2582],
        ...,
        [2707,  598],
        [2707, 1473],
        [2707, 2706]])
```

为了便于观察，我们将 edge_index 进行转置输出。在这个转置输出中，每一行其实就是图的一条边，它的语义信息为论文间的一次引用关系：<被引论文编号> <引论文编号>。比如，如下 3 行代码就表示 0 号论文分别被 633 号、1862 号和 2582 号论文引用。

```
[   0,  633],
[   0, 1862],
[   0, 2582]
```

其他节点间的语义也是类似的，此处不再赘述。我们可以通过论文之间的连接（引用）关系建立邻接矩阵。由于邻接矩阵比较稀疏，通常会转换为 OOD 格式。

我们再来说明一下 Cora 的特征向量 x 和标签 y 的构成形式。

```
In [47]: data.x                    #输出节点的特征向量
```

```
Out[47]:
tensor([[0., 0., 0.,  ..., 0., 0., 0.],
        [0., 0., 0.,  ..., 0., 0., 0.],
        [0., 0., 0.,  ..., 0., 0., 0.],
        ...,
        [0., 0., 0.,  ..., 0., 0., 0.],
        [0., 0., 0.,  ..., 0., 0., 0.],
        [0., 0., 0.,  ..., 0., 0., 0.]])
```

```
In [48]: data.x.shape              #输出节点特征向量的维度
```

```
Out[48]: torch.Size([2708, 1433])
```

```
In [49]: data.y                    #输出节点的标签
```

```
Out[49]:
tensor([3, 4, 4,  …, 3, 3, 3])
```

如前所述，Cora 本质上是一个简易的论文数据集。该数据集将每篇论文中的语气助词删除，同时将出现频率小于 10 的低频单词也删除，于是精简出了 1 433 个单词构成语料字典，每个单词可以理解为一个特征。

于是，特征向量 x 的每一行实际上都代表一篇被预处理过的论文。如果论文中某个单词出现在包含 1 433 个单词的字典中，那么这个单词对应的位置就标记为 1，否则就标记为 0（类似于词袋模型）。于是，x 的每一行看起来都是一长串 0、1 交替的二进制串（共 1 433 个字段，标记 1 433 个特征）。标签 y 就是论文的 7 种类型，分别用 0~6 的数字标识。

8.6.2 构造正负样本

下面我们来构造训练所用的正样本和负样本。为了简化程序设计复杂度，我们依然采用 PyG 提供的采样组件。有所不同的是，这里我们重构了 NeighborSampler 类的 sample 方法来创建带有正样本和负样本的批次[①]。

① 代码参考：Anuradha Wickramarachchi.和 PyTorch Geometric Graph Embedding.

```
In [50]:
01    from torch_cluster import random_walk
02    from torch_geometric.loader import NeighborSampler as Raw
03    from torch_geometric.nn import SAGEConv
```

```
04   class NeighborSampler(Raw):
05       def sample(self, batch):      #重载父类的 sample 函数
06           batch = torch.tensor(batch)
07           row, col, _ = self.adj_t.coo()
08           pos_batch = random_walk(row, col, batch, walk_length=1,
09                               coalesced=False)[:, 1]
10           neg_batch = torch.randint(0, self.adj_t.size(1), (batch.numel(), ),
11                       dtype = torch.long)
12           batch = torch.cat([batch, pos_batch, neg_batch], dim=0)
13           return super(NeighborSampler, self).sample(batch)
14
15   train_loader = NeighborSampler(data.edge_index, sizes = [10, 10],
16       batch_size = 256, shuffle=True, num_nodes = data.num_nodes)
```

GraphSAGE 的小批量（Minibatch）训练是通过邻居节点采样实现的，这使得大规模全连接图的 GNN 模型训练成为可能。采样操作是借用 PyG 的 torch_geometric.loader. NeighborSampler 实现的（第 02 行），它实际上属于数据加载器，如同"数据抽水机"，train_loader 每次都源源不断地给训练集或测试集输送小批量数据（第 15 行）。

对于小批量图中的每个节点，NeighborSampler 分别抽取一个直接邻居节点作为正例（第 07 和第 08 行），一个随机节点作为负例（第 09 行）。这样的采样操作和原本 PyG 提供的 NeighborSampler 操作有所不同，因此我们需要在继承类中改写这个采样方法，并传回父类。

8.6.3　定义模型

下面我们用 PyTorch 来实现 GraphSAGE 模型的搭建。首先导入 PyTorch 的网络模型 nn。

```
In [51]:
01   import torch.nn as nn
```

然后，我们需要自己设计一个网络模型，它需要继承父类模型（nn.Module）。

```
In [52]:
01   class SAGE(nn.Module):      #继承父类模型
02       def __init__(self, in_channels, hidden_channels, num_layers):
03           super(SAGE, self).__init__()
04           self.num_layers = num_layers
05           self.convs = nn.ModuleList()
06           for i in range(num_layers):
07               in_channels = in_channels if i == 0 else hidden_channels
08               self.convs.append(SAGEConv(in_channels, hidden_channels))
09
```

```
10      def forward(self, x, adjs):
11          for i, (edge_index, _, size) in enumerate(adjs):
12              x_target = x[:size[1]]    #将中心节点放置于首位
13              x = self.convs[i]((x, x_target), edge_index)
14              if i != self.num_layers - 1:
15                  x = x.relu()
16                  x = F.dropout(x, p=0.5, training=self.training)
17          return x
18
19      def full_forward(self, x, edge_index):
20          for i, conv in enumerate(self.convs):
21              x = conv(x, edge_index)
22              if i != self.num_layers - 1:
23                  x = x.relu()
24                  x = F.dropout(x, p = 0, training=self.training)
25          return x
```

① 覆写是指子类对父类中允许访问的方法的实现过程进行重新编写，返回值和形参都不变，即方法的外壳不变，对内核的个性化需求部分进行重写。

在 PyTorch 中要搭建自己的神经网络框架，需要先继承父类神经网络模型 nn.Module（第 01 行），以达到代码复用的目的（很多方法是自己从父类继承而来的）。然后，对部分个性化的方法进行必要的覆写（Override）①。例如，在__init__方法中，主要做参数初始化，比如定义一些网络模型（类似于积木模型，第 02~08 行）。请注意，上述模型中的 SAGEConv 层来自 PyG 框架（第 08 行）。

然后，覆写从父类继承而来的 forward 方法，它实际上表示的是神经网络的前向传播，将__init__定义的网络模型用数据流串联起来（第 10~17 行）。

由于训练时的前向传播和单纯用于预测的前向传播有很多不同之处，于是这里重新设计一个前向传播方法 full_forward（第 19~25 行）。

8.6.4　训练参数配置

在模型训练之前，我们需要配置部分参数，在一些深度学习框架（如 TensorFlow）中，这部分模型参数配置的工作称为模型编译。在这个阶段，我们需要定义模型的损失函数，定义优化器，如果需要 GPU 参与训练，还会涉及数据的迁移。

```
In [53]:
01   device = torch.device('cuda' if torch.cuda.is_available() else 'gpu')
02   model = SAGE(data.num_node_features, hidden_channels=64, num_layers=2)
03   model = model.to(device)
04   optimizer = torch.optim.Adam(model.parameters(), lr=0.01)
05   x, edge_index = data.x.to(device), data.edge_index.to(device)
```

在上述代码中，第 01 行的作用是检测当前系统是否具备 GPU（CUDA①）条件，如果具备，则利用 to() 方法将对应的数据和参数迁移至 GPU（第 03 行和第 05 行）。

第 02 行实例化一个 SAGE 对象 model，它会自动调用 __init__ 方法完成神经网络的初始化。

第 04 行将 model 的参数作为优化对象送给优化器 Adam，其中 lr 为学习率。

① CUDA（Compute Unified Device Architecture，统一计算架构）是由英伟达主导推出的一种集成计算技术。

8.6.5 训练模型

在配置好模型参数后，下面就可以训练了，相应的代码如下所示。

```
In [54]:
01    from torch.nn import functional as F
02    def train():
03        model.train()
04        total_loss = 0
05        for batch_size, n_id, adjs in train_loader:
06            adjs = [adj.to(device) for adj in adjs]
07            optimizer.zero_grad()            #梯度清零
08
09            out = model(x[n_id], adjs)       #前向传播
10            out, pos_out, neg_out = out.split(out.size(0) // 3, dim=0)
11
12            pos_loss = F.logsigmoid((out * pos_out).sum(-1)).mean()    #正例
13            neg_loss = F.logsigmoid(-(out * neg_out).sum(-1)).mean()
14            loss = -pos_loss - neg_loss      #计算损失
15            loss.backward()                  #反向传播
16            optimizer.step()                 #参数更新
17
18            total_loss += float(loss) * out.size(0)
19        return total_loss / data.num_nodes
```

在上述代码中，第 09 行为前向传播。可能读者会困惑于代码的细节，明明 model 是神经网络模型对象，为何后面可以如函数一样有一对括号，且括号内有参数？事实上，神经网络模型中通常都有一个隐含的方法 __call__()（该方法继承于父类 nn.Module），使用它的好处在于，神经网络模型的实例（对象）可以被当作函数对待，即"对象名称（参数 1，参数 2，…）"实际上调用的是相关联的方法 __call__（参数 1，参数 2，…），而该方法又会调用 forward 方法。这样的设计是为了简化代码，让程序更具有可读性。

与训练环节不同的是，在模型性能测试环节，我们只需要前向传播（模型推理），此时不需要反向传播（BP），自然也不要梯度计算。此外，随机失活方法也适用于区分

训练状态和测试状态，在训练状态，对部分神经元实施随机失活方法以防止过拟合，输出直接乘以 $\dfrac{1}{1-p}$（p 为随机失活概率），而在测试状态，这种随机失活方法不再工作，直接当恒等函数来用。

在聚合完邻居节点信息后，我们就可以把聚合而来的特征向量放到一个传统的神经网络中去训练，完成分类或回归等任务。

```
In [55]:
01    from sklearn.linear_model import LogisticRegression
02    @torch.no_grad()
03    def test():
04        model.eval()
05        out = model.full_forward(x, edge_index).cpu()
06        clf = LogisticRegression()
07        clf.fit(out[data.train_mask], data.y[data.train_mask])
08
09        val_acc = clf.score(out[data.val_mask], data.y[data.val_mask])
10        test_acc = clf.score(out[data.test_mask], data.y[data.test_mask])
11        return val_acc, test_acc
```

此时，我们需要明白两个知识点：一是逻辑回归（Logistic Regression）虽然号称"回归"，但它实际上是一个分类模型；二是逻辑回归实际上就是一个只有输入层和输出层的神经网络，它没有激活函数做非线性变换，或者说它的激活函数就是 $y = x$（直进直出，不做线性变换）。

这样一来，我们就可以明白，第 05 行就是图卷积神经网络的输出（前向传播），当前节点汇聚了邻居节点的信息，记作 out，然后 out 作为输入，为一个单层的神经网络提供训练数据（输入层通常不算作网络层，第 06 行）。第 07 行代码对这个单层神经网络进行训练。第 09 行和第 10 行代码训练神经网络模型，以评估验证集和测试集的分类准确率。

下面我们开始训练模型，每一轮训练得到的模型，都在验证集和测试集中输出模型预测准确率，以评估模型性能。

```
In [56]:
01    for epoch in range(1, 31):
02        loss = train()
03        val_acc, test_acc = test()
04        print(f'Epoch: {epoch:03d}, Loss: {loss:.4f}, '
05              f'Val: {val_acc:.4%}, Test: {test_acc:.4%}')
```

【运行结果】

```
Epoch: 001, Loss: 1.3863, Val: 27.0000%, Test: 29.0000%
Epoch: 002, Loss: 1.3168, Val: 56.0000%, Test: 51.5000%
……
Epoch: 029, Loss: 0.9205, Val: 72.8000%, Test: 76.5000%
Epoch: 030, Loss: 0.9265, Val: 74.0000%, Test: 76.5000%
```

从训练结果可以看出，GraphSAGE 的节点分类准确率大致为 76%，显然还有优化空间，这就需要读者进行各种超参数调节——毕竟"有多少人工，就有多少智能"。

8.6.6　嵌入表示的可视化

在模型训练完毕后，模型的输出其实就是图中各个节点的嵌入表示。我们用验证集来做实验。

```
In [57]:
with torch.no_grad():
    model.eval()
    out = model.full_forward(x, edge_index).cpu()
```

```
In [58]: out.shape
```

```
Out[58]: torch.Size([2708, 64])
```

从输出可以看出，验证集共有 2 708 个节点，每个节点最后的嵌入表示是 64 维的数据。为了在 2 维平面进行可视化聚类，我们需要将 64 维的数据降低到 2 维，这里需要用到 UMAP 库[①]，简单来说，UMAP（统一流形逼近与降维投影）是一种降维技术，类似于 t-SNE，可用于可视化，也可用于一般的非线性降维[13]。GraphSAGE 的嵌入表示聚类图如图 8-22 所示。

① UMAP 是一个开源的 Python 库，可以进行可视化降维。可通过 pip install umap-learn 指令在命令行安装。

```
In [59]:
01    import umap
02    import matplotlib.pyplot as plt
03    import seaborn as sns
04    palette = {}
05    for n, y in enumerate(set(data.y.numpy())):          #构建调色板
06        palette[y] = f'C{n}'
07    embd = umap.UMAP().fit_transform(out.cpu().numpy())   #降维
08    plt.figure(figsize=(10, 10))                          #构建画布
09    sns.scatterplot(x=embd.T[0], y=embd.T[1], hue = data.y.cpu().numpy(),
10                    palette=palette)                      #绘图
11    plt.legend(bbox_to_anchor=(1,1), loc='upper left')
```

```
12   plt.savefig("umap_embd_sage.png", dpi=120)          #保存图片
```

【运行结果】

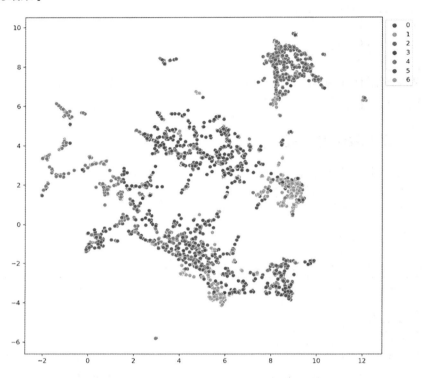

① 读者可运行图书的配套
源代码获得该范例的清
晰彩图。

图 8-22　GraphSAGE 的嵌入表示聚类图①

从聚类图上可以看到，大部分的节点在降维后得以区分，但也有部分节点交织在一起，难以区分，这给我们后续的优化留下了空间。

或许你会认为，GraphSAGE 的分类效果一般，但我们如果把没有经过 GraphSAGE 处理的原生态特征数据也降到 2 维，（见图 8-23），你会知道，GraphSAGE 还是很有作用的。

```
In [60]:
01   embd_x = umap.UMAP().fit_transform(data.x.numpy())
02   plt.figure(figsize=(10, 10))
03   sns.scatterplot(x=embd_x.T[0], y=embd_x.T[1], hue = data.y.cpu().numpy(),
04                   palette=palette)
05   plt.legend(bbox_to_anchor=(1,1), loc='upper left')
06   plt.savefig("umap_embd.png", dpi=300, bbox_inches='tight')
```

【运行结果】

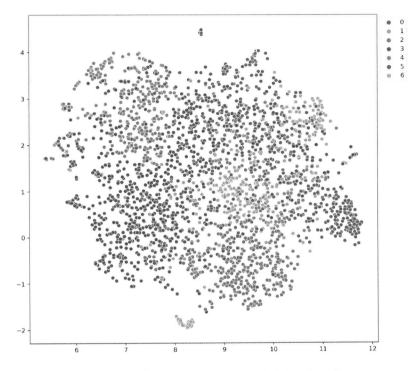

图 8-23 未经过 GraphSAGE 处理的降维特征聚类

从图 8-23 可以看出，如果未经过 GraphSAGE 处理，仅仅做特征降维，各个分类耦合度较高，区分度较低，但实践表明，非降维状态下的 GraphSAGE 在图节点分类上还是非常有效的。

GraphSAGE 利用了采样的机制，采用了小批量图数据训练，从而克服了 GCN 训练时内存和显存上的限制，使得图模型可以应用到大规模的图结构数据中。然而，在采样过程中，每个节点都有众多邻居节点，对它们都一视同仁就好吗？或者说，在聚合计算中，我们能否考虑到邻居节点的相对重要性？这两个问题可以利用图注意力机制加以解决[14]，感兴趣的读者可查阅相关文献。

8.7 本章小结

在本章，我们首先讨论了图卷积神经网络（GCN）的框架。在 GCN 中，信息聚合是获取邻居节点信息的必要途径。图卷积的核心思想在于，利用"边的信息"（如邻接矩阵）对"节点信息"进行"聚合"从而生成新的"节点嵌入表示"。卷积是获取邻域信息的重要手段。不论是卷积神经网络（CNN），还是图卷积神经网络，它们中的"卷积"都是聚合邻域信息以抽取特征的运算，只不过运算施加的对象不同而已。CNN 的核心特征包括：局部连接和分层次表达。在抽象层面，GCN 都以"批判与继承"的方式吸纳了这些思想。GCN 对局部结构的建模能力强，以及图上普遍存在节点依赖关系，因而成为图神经网络研究中最为活跃的一支。

随后，我们结合 PyTorch 框架下的代码实现，示范了图卷积神经网络在空域的信息聚合、信息更新及分类任务。其中大部分的工作是通过改进邻接矩阵，利用邻接矩阵的变换来完成信息聚合的。但事实上这并不够，因为我们仅仅是在空域角度考虑图的结构信息。

通过第 2 章的学习，我们知道，特征值及特征向量才是一个矩阵的本质。我们能不能在这个层面继续挖掘图的拓扑结构所表征的内涵呢？至此，我们就不可避免地要涉及谱图理论（Spectral graph theory），在下一章我们将就此内容展开讨论。

参考资料

[1] WU Z, PAN S, CHEN F, et al. A comprehensive survey on graph neural networks[J]. IEEE transactions on neural networks and learning systems, 2020, 32(1): 4-24.

[2] 徐冰冰，岑科廷，黄俊杰，等. 图卷积神经网络综述[J]. 计算机学报，2020, 43(5): 755-780.

[3] BRUNA J, ZAREMBA W, SZLAM A, et al. Spectral networks and locally connected networks on graphs[J]. arXiv preprint arXiv:1312.6203, 2014.

[4] DEFFERRARD M, BRESSON X, VANDERGHEYNST P. Convolutional neural networks on graphs with fast localized spectral filtering[J]. arXiv preprint arXiv:1606.09375, 2017.

[5] GILMER J, SCHOENHOLZ S S, RILEY P F, et al. Neural message passing for quantum chemistry[C]. International Conference on Machine Learning. Sydney, Australia: PMLR, 2017: 1263-1272.

[6] 刘忠雨，李彦霖，周洋. 深入浅出图神经网络：GNN 原理解析[M]. 北京：机械工业出版社，2020.

[7] KIPF T N, WELLING M. Semi-supervised classification with graph convolutional networks[J]. arXiv preprint arXiv:1609.02907, 2017.

[8] KIPF T N, WELLING M. Variational graph auto-encoders[J]. arXiv preprint arXiv:1611.07308, 2016.

[9] HAMILTON W, YING Z, LESKOVEC J. Inductive representation learning on large graphs[J]. Advances in neural information processing systems, 2017, 30.

[10] GAO C, WANG X, HE X, et al. Graph neural networks for recommender system[C]// Proceedings of the Fifteenth ACM International Conference on Web Search and Data Mining. USA:Tempe, Arizona, 2022: 1623-1625.

[11] WU S, SUN F, ZHANG W, et al. Graph neural networks in recommender systems: a survey[J]. ACM Computing Surveys, 2022, 55(5): 97.

[12] FEY M, LENSSEN J E. Fast graph representation learning with PyTorch Geometric[J]. arXiv preprint arXiv:1903.02428, 2019.

[13] MCINNES L, HEALY J, MELVILLE J. UMAP: Uniform manifold approximation and projection for dimension reduction[J]. arXiv preprint arXiv:1802.03426, 2018.

[14] VELIČKOVIĆ P, CUCURULL G, CASANOVA A, et al. Graph attention networks[J]. arXiv preprint arXiv:1710.10903, 2018.

第9章
谱域图卷积神经网络

与空域图卷积神经网络不同的是，谱域图卷积神经网络把图数据视为一种信号，因此对它的处理就不可避免地涉及信号的傅里叶变换、滤波等。本章介绍基于谱域的 GCN 的基本原理，包括傅里叶变换、谱域视角下的图卷积等内容，最后用一个实战项目提升读者对谱域图卷积神经网络的感性认识。

由前面章节的讨论可知，通过改进邻接矩阵或邻域采样函数，我们可以完成对图中节点在空域的信息聚合。但这并不够！能不能继续深挖图拓扑结构所表征的内涵呢？基于此，就需要图谱理论（Spectral Graph Theory）来做支撑。在谱域内实施图卷积，进而提取特征（或称信号过滤），主要利用的是图傅里叶变换（Graph Fourier Transform，GFT），它在图数据处理中有着广泛的应用。下面我们先来讨论傅里叶变换。

9.1 傅里叶变换

本质上，傅里叶变换（Fourier Transform）就是一种线性积分变换，主要用于信号在时域和频域之间的转换。这种转换，不仅仅是一种数学分析工具，还可能是一种"别样"的方法论。

9.1.1 傅里叶变换背后的方法论

在数学意义上，深度学习就是一种利用各种基础函数（如各种激活函数）来逼近复杂函数的方法论[1]。事实上，这样的方法论并不新鲜。因为在很早以前，数学领域就曾经用多项式、三角多项式、B-spline、一般 spline 及小波函数等简单方法的组合来逼近高阶函数。

在哲学领域，有一种认知论叫还原论（Reductionism）。这种方法论体现了"追本溯源"的意义，即一个系统（或理论）无论多复杂，都可以被一直分解，直到能够还原到逻辑原点。也就是说，一个复杂的系统，都可以由简单的系统叠加而成。比如，很多经典力学问题，不论形式有多复杂，通过不断分解和还原，最后都可以通过牛顿三大定律得以解决。

话说回来，在某种程度上，傅里叶变换也可算作还原论的代表。在傅里叶变换看来，任何一个信号（表征为一个函数）都可以被解构为一系列不同时移的冲激函数的加权叠加。这就是数学意义上的"还原论"。

解构信号仅仅是傅里叶变换的手段，而非它的目的。它的目的在于，把解构后的信号放置于另外一个世界——频域进行展示，这就给我们提供了一个重新审视信号的视角。有时候，当下视角的世界"纷纷扰扰，未知何意"。这时，不妨切换一个视角来观察世界，很可能"柳暗花明又一村"。世界本在，你看它的角度不同，得到的景象也大相径庭。就好比苏轼的名句："横看成岭侧成峰 远近高低各不同。"傅里叶变换的核心方法论概括来说就是"换个角度看世界"。

9.1.2 感性认识傅里叶变换

下面我们基于循序渐进的原则来推演傅里叶变换的由来。说起傅里叶变换，自然就离不开信号的时域和频域转换问题。为了增强读者的感性认识，我们不妨列举一个生活中的例子加以说明。

假设在 100 米的赛道上，运动员沿着跑道以"边跑边跳"的方式冲向终点。此时从侧面的观众席上观察，我们看到的是运动员随时间流动而上下起伏的运动轨迹，这便是在时域上的变化。但换一个角度，如果我们站在终点，从正面观察向我们跑来的运动员，我们看到的不再是他的运动轨迹，而是他这个人在上上下下跳动，这便是频域信号，如图 9-1 所示。

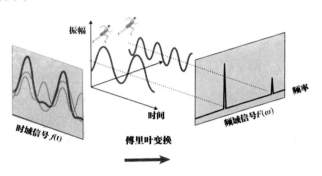

图 9-1　傅里叶变换示意图

类似于这个处理流程，假设我们收到一组图信号，可能它在空域的处理效果不太好。此时，我们能不能也切换一个视角，比如在频域重新"审视"这组图信号呢？在这个新视角下，就有望做到"去伪存真"，把噪声过滤掉。

9.1.3 向量分解与信号过滤

在傅里叶变换中，内积操作起着至关重要的作用。内积，可以简单理解为信号在正交基上的投影。为了增强读者对这一概念的认知，下面我们再给出一个简单的案例来说明。假设在二维坐标系中有一组标准基向量 $i = \begin{pmatrix} 1 \\ 0 \end{pmatrix}$ 和 $j = \begin{pmatrix} 0 \\ 1 \end{pmatrix}$，在一定程度上，基向量就相当于二维坐标系的刻度，也就是描述空间向量的基本单位。很显然，这两个基向量是正交的：

$$\langle i, j \rangle = \begin{bmatrix} 1 \\ 0 \end{bmatrix} \cdot \begin{bmatrix} 0 \\ 1 \end{bmatrix} = \begin{bmatrix} 1 \times 0 \\ 0 \times 1 \end{bmatrix} = \begin{bmatrix} 0 \\ 0 \end{bmatrix}$$

在图 9-2 所示的信号分解示意图中，有个长度为 5 的向量 $\boldsymbol{x}$。它在某个基向量上的投影就可视为该信号在该坐标轴上的相似度。比如，它在 $\boldsymbol{i}=\begin{pmatrix}1\\0\end{pmatrix}$ 这个基向量上（横轴）的投影值为 4，在 $\boldsymbol{j}=\begin{pmatrix}0\\1\end{pmatrix}$ 这个基向量上（纵轴）的投影值为 3。我们知道，坐标系中的任何一个向量，都可以视作基向量的线性组合，因此向量 $\boldsymbol{x}$ 可表示为：

$$\boldsymbol{x}=4\times\boldsymbol{i}+3\times\boldsymbol{j}=4\times\begin{pmatrix}1\\0\end{pmatrix}+3\times\begin{pmatrix}0\\1\end{pmatrix} \quad（9.1）$$

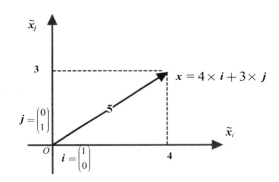

图 9-2　信号分解示意图

为了规整化，其实式(9.1)可以改写为矩阵与向量相乘的样式：

$$\boldsymbol{x}=4\times\boldsymbol{i}+3\times\boldsymbol{j}=\begin{pmatrix}1&0\\0&1\end{pmatrix}\begin{pmatrix}4\\3\end{pmatrix} \quad（9.2）$$

如前所述，信号向量 $\boldsymbol{x}$ 在 $\boldsymbol{x}_i$ 这个基向量上的投影为 4，在 $\boldsymbol{x}_j$ 这个基向量上的投影为 3。利用内积，坐标轴上的投影可以这样获得：

$$<\boldsymbol{x},\boldsymbol{i}>=\begin{pmatrix}4\\3\end{pmatrix}\cdot\begin{pmatrix}1\\0\end{pmatrix}=4 \quad \text{(在横轴的投影)}$$

$$<\boldsymbol{x},\boldsymbol{j}>=\begin{pmatrix}4\\3\end{pmatrix}\cdot\begin{pmatrix}0\\1\end{pmatrix}=3 \quad \text{(在纵轴的投影)}$$

这个投影值也表明，向量 $\boldsymbol{x}$ 与 $\boldsymbol{x}_i$ 的相似度高于与 $\boldsymbol{x}_j$ 的相似度（4>3）。假设我们有这样的需求：为了简化问题，只能选择一个维度的信号来近似代替原始信号，此时该做何取舍呢？很显然，我们会选择 $\boldsymbol{x}_i$ 维度的信号（因为它与原始信号相似度较高）。其实，这个过程已经隐含了降维和信号过滤的影子，后面的讨论会有所有体现。

9.2   图傅里叶变换

前面的理论回顾，实际上都是在为图傅里叶变换做铺垫。图傅里叶变换的对象就是图信号。在讲解图傅里叶变换之前，我们有必要先介绍什么是图信号[2]。

9.2.1   什么是图信号

图信号是一种描述 $V \rightarrow \mathbf{R}$ 的映射。V 表示图 G 的节点信息（可理解为节点的特征信息），$\mathbf{R}$ 表示某个实数。给定一组节点 V，可以把它们的信号值排列成向量的形式：

$$f = [f_1, f_2, \cdots, f_n]^{\mathrm{T}} \quad \in \mathbb{R}^n \tag{9.3}$$

式中，f_i 是节点 v_i 的信号强度。为了增强感性认识，我们在图 9-3 所示的图信号示意图中将图信号可视化，以竖线的长度表示信号的强度[3]。在该图中，每个图信号只有一个通道，而实际的图节点往往拥有成百上千的属性值，也就是说，图信号远远不止一个通道。比如说，经典的 Cora 数据集中每一个节点的属性有 1 433 维。在研究图信号的性质时，除了要考虑信号本身的强度，还要考虑图的拓扑结构。同样的信号强度，不同的拓扑结构，图可以表现出迥然不同的性质。

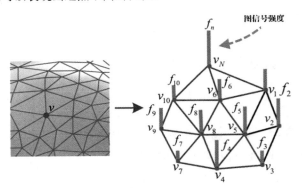

图 9-3   图信号示意图

拉普拉斯矩阵（Laplacian Matrix）是研究图信号的强有力工具。通过分析拉普拉斯矩阵的特征值及特征向量来研究图的理论，即谱图理论（Spectral Graph Theory）。图傅里叶变换在谱图理论中很重要，它广泛应用于图形结构学习算法的最新研究。

9.2.2   图傅里叶变换简介

图信号的"谱（Spectral）"在图傅里叶变换中有着重要的基础作用。虽然"谱"听起来很复杂，但对于我们来说，理解它仅仅意味着将信号/音频/图像/图形分解为简单元素（比如小波、小图形）的组合（如前文提及的还原论）。为了使这种分解具备一些良好的品质，这些简单的元素通常是彼此正交的，即它们相互间线性无关，因此得以形成一组基（Basis）。

但是，当我们讨论图和图卷积神经网络（GCN）时，"谱"意味着图拉普拉斯矩阵 L 的特征分解。在前面，我们一直强调使用拉普拉斯矩阵来处理图信号，其实是有深层次原因的。首先，拉普拉斯矩阵是实对称矩阵，因此它是半正定（Positive Semi-Definite）的。这里的"definite"是一个形容词，表示"明确的、确定的"等意思。半正定矩阵有很多有用的性质，如矩阵所有特征值 $\lambda \geqslant 0$；在理论上可以确保它能被分解为 N 个正交的基向量，即可构造一个完整的坐标系。

图上的信号一般可表达为一个向量。假设图上的信号向量 x 有 n 个分量，记为：

$$x = [x_1, x_2, \cdots, x_n]^T \in \mathbb{R}^n \qquad (9.4)$$

如果能找到一组正交基向量，我们就可以通过这组正交基向量的线性组合来表达图信号。这组正交基向量记作：

$$U = (u_1, u_2, \ldots, u_N) \qquad (9.5)$$

有了这组正交基向量，我们就可以定义图傅里叶变换（GFT）了。在数学中，图傅里叶变换就是一种数学变换，它将图的拉普拉斯矩阵分解为特征值和特征向量。与传统的傅里叶变换类似，拉普拉斯矩阵的特征值及特征向量就构成了所谓的图傅里叶变换基础。

在图傅里叶变换中，拉普拉斯矩阵中的特征值 λ，也就是该矩阵的"谱"，其对应于传统意义上傅里叶变换中的频率 ω。通过第 2 章的学习可知，特征值是对一个矩阵最本质、最靠"谱"的刻画，用它来剖析拉普拉斯矩阵，通常更能让人"拨云见日"，看清图信号的本质。

图信号的谱域是构造在图谱理论上的[4]。对于某个图信号向量 x 而言，它的离散傅里叶变换同样可以记作点积形式，如式(9.6)所示。

$$\hat{x}(\lambda_k) = <x, u_k> = \sum_{i=1}^{N} x_i u_k(i), \quad k = 1, 2, \cdots, n \qquad (9.6)$$

式中，x_i 表示图信号向量 x 的第 i 个分量；u_k 是特征值 λ_k 对应的特征向量。$u_k(i)$ 表示第 k 个特征向量 u_k 的第 i 个分量。$\hat{x}(\lambda_k)$ 表示的是图信号 x 在第 k 个傅里叶基上的投影，即所谓的傅里叶系数。这个投影值的大小实际上也衡量了图信号和这个基之间的相似度，也可以说，它是信号在某个基上的表达强度。

有时，人们也用 $\hat{f}(\lambda_k)$ 表示傅里叶变换后的结果。利用矩阵乘法将图上的傅里叶变换推广到矩阵形式如下：

$$\begin{pmatrix} \hat{f}(\lambda_1) \\ \hat{f}(\lambda_2) \\ \vdots \\ \hat{f}(\lambda_N) \end{pmatrix} = \begin{pmatrix} \hat{x}_1 \\ \hat{x}_2 \\ \vdots \\ \hat{x}_N \end{pmatrix} = \begin{pmatrix} u_1(1) & u_1(2) & \cdots & u_1(N) \\ u_2(1) & u_2(2) & \cdots & u_2(N) \\ \vdots & \vdots & \ddots & \vdots \\ u_N(1) & u_N(2) \cdots & u_N(N) \end{pmatrix} \begin{pmatrix} x_1 \\ x_2 \\ \vdots \\ x_N \end{pmatrix} \quad (9.7)$$

不失一般性，公式(9.7)可简记为：

$$\hat{f} = \hat{x} = U^{\mathrm{T}} x \quad , \hat{x} \in \mathbf{R}^N \quad (9.8)$$

式中，$\hat{x}$ 就是图信号向量 x 在各个基上的投影向量；U 是由傅里叶基构成的正交矩阵。

图信号从空域转换为谱域的流程如图 9-4 所示。

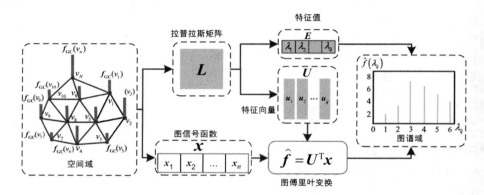

图 9-4　图信号从空域转换为谱域的流程

由于 U 是正交矩阵，因此有 $U^{-1} = U^{\mathrm{T}}$，式(9.8)两边同时乘上 U 即可得到图傅里叶变换的逆变换（Inverse Graph Fourier Transform，IGFT）[2]：

$$U\hat{x} = U \underbrace{U^{\mathrm{T}} x}_{\hat{x}} = Ix = x \quad (9.9)$$

调换一下公式表达的顺序，可得：

$$x = U\hat{x}, \quad x \in \mathbf{R}^N \quad (9.10)$$

式(9.10)所代表的物理意义是，从"投影"矩阵（谱域信号）中可恢复出原始信号（空域信号）。由此可见，图信号可以通过傅里叶变换和逆变换在谱域和空域之间按需切换。

在第 2 章中，我们提到，矩阵的乘法有三种视角。如果从列向量矩阵乘法的视角来看，即可得到矩阵形式的图傅里叶变换逆变换表达：

$$
\begin{array}{cccc}
\mathrm{col}_1 & \mathrm{col}_2 & \cdots & \mathrm{col}_N
\end{array}
$$

$$
\boldsymbol{x} = \boldsymbol{U}\hat{\boldsymbol{x}} = \begin{bmatrix} \boldsymbol{u}_1 & \boldsymbol{u}_1 & \cdots & \boldsymbol{u}_N \end{bmatrix} \begin{bmatrix} \hat{x}_1 \\ \hat{x}_2 \\ \vdots \\ \hat{x}_N \end{bmatrix} \tag{9.11}
$$

$$
= \hat{x}_1 \boldsymbol{u}_1 + \hat{x}_2 \boldsymbol{u}_2 + \cdots + \hat{x}_N \boldsymbol{u}_N
$$

$$
= \sum_{i=1}^{N} \hat{x}_i \boldsymbol{u}_i
$$

从线性代数的角度来看，$(\boldsymbol{u}_1, \boldsymbol{u}_2, \cdots, \boldsymbol{u}_N)$ 就构成了一组完备的正交基向量，因此图 G 上的任意图信号都可以表达为这些基向量的线性组合，组合的系数（权重）就是它们在基向量上的投影（傅里叶系数 $\hat{x}_1, \cdots, \hat{x}_N$）。这样的图信号的分解思路，和传统离散信号处理中的傅里叶变换在理念上完全一致。

9.2.3 特征值与图信号频率之间的关系

接下来，我们来讨论图傅里叶变换中特征值与图信号的频率到底有什么关系。要回答这个问题，就必须回到总变差（Total Variation）的定义上。总变差是一个标量，描述的是信号量两两之间的差值。在图信号处理中，总变差的大小可以用来刻画图信号的平滑程度。

有了前面所述的傅里叶变换的定义后，我们可以对总变差进行新的表述：

$$
\begin{aligned}
\boldsymbol{TV}(\boldsymbol{x}) &= \boldsymbol{x}^{\mathrm{T}} \boldsymbol{L} \boldsymbol{x} \\
&= \boldsymbol{x}^{\mathrm{T}} \boldsymbol{U} \boldsymbol{\Lambda} \boldsymbol{U}^{\mathrm{T}} \boldsymbol{x} \\
&= (\boldsymbol{U}\hat{\boldsymbol{x}})^{\mathrm{T}} \boldsymbol{U} \boldsymbol{\Lambda} \boldsymbol{U}^{\mathrm{T}} (\boldsymbol{U}\hat{\boldsymbol{x}}) \\
&= \hat{\boldsymbol{x}}^{\mathrm{T}} \boldsymbol{U}^{\mathrm{T}} \boldsymbol{U} \boldsymbol{\Lambda} \boldsymbol{U}^{\mathrm{T}} \boldsymbol{U} \hat{\boldsymbol{x}} \\
&= \hat{\boldsymbol{x}}^{\mathrm{T}} \boldsymbol{I} \boldsymbol{\Lambda} \boldsymbol{I} \hat{\boldsymbol{x}} \\
&= \hat{\boldsymbol{x}}^{\mathrm{T}} \boldsymbol{\Lambda} \hat{\boldsymbol{x}} \\
&= \sum_{k}^{N} \lambda_k \hat{x}_k^2
\end{aligned} \tag{9.12}
$$

式中，$\boldsymbol{L}$ 是拉普拉斯矩阵；$\boldsymbol{\Lambda}$ 表示由特征值构成的对角矩阵。

在上述公式推导中，我们利用了式(9.10)给出的结论：$\boldsymbol{x} = \boldsymbol{U}\hat{\boldsymbol{x}}$，其中 $\boldsymbol{U} \in \mathbf{R}^{N \times N}$ 是一个正交矩阵，$\boldsymbol{U}\boldsymbol{U}^{\mathrm{T}} = \boldsymbol{I}$（单位矩阵），式中 $\boldsymbol{U}\boldsymbol{\Lambda}\boldsymbol{U}^{\mathrm{T}}$ 是 $\boldsymbol{L}$ 的特征值分解表达式，λ_k 是对角矩阵 $\boldsymbol{\Lambda}$ 的第 k 个特征值。

从式(9.12)中可以看出，图信号的总变差与图的特征值之间有着非常直接的线性对应关系[5]。总变差是所有特征值的一个线性组合，组合的系数（权值）就是图信号在基向量下投影值的平方（观察式(9.12)最后一行）。

当所有的特征值排列在一起并排序时有：$0 \leqslant \lambda_1 \leqslant \lambda_2 \cdots \leqslant \lambda_N$。利用这些特征值就可以对图信号的平滑度做一个刻画。我们可以把拉普拉斯矩阵的特征值视为传统傅里叶变换中的频率。特征值 λ_k 越小，它等价的频率就越低，其对应的特征向量 $\boldsymbol{u}_k$（傅里叶基）各个分量的变化就越缓慢，当 $\lambda \to 0$ 时，它对应的特征向量的元素值趋于一致。反之，特征值越大，其对应的特征向量值变化得就越剧烈，总变差异非常明显。

为便于读者理解，我们用一个具体的案例来说明特征值与信号总变差异的关系。图 9-5 给出了原始图 G 和它对应的拉普拉斯矩阵。

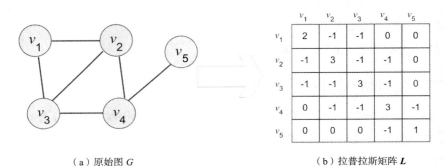

（a）原始图 G （b）拉普拉斯矩阵 $\boldsymbol{L}$

图 9-5　原始图 G 和它对应的拉普拉斯矩阵

我们用 NumPy 演示拉普拉斯矩阵的特征值求解过程。

【**范例 9-1**】　拉普拉斯矩阵的特征值求解（laplacian-eig.py）

```
In [1]:
01  import numpy as np
02  np.set_printoptions(precision = 2, suppress = True)
03
04  A = np.array([
05      [0, 1, 1, 0, 0],
06      [1, 0, 1, 1, 0],
07      [1, 1, 0, 1, 0],
08      [0, 1, 1, 0, 1],
09      [0, 0, 0, 1, 0]],
10  )
11  A_sum = np.sum(A, axis = 0)       #度数矩阵的按列求和
12  D = np.diag(A_sum)                #求得度数矩阵
13  L = D - A                        #求得拉普拉斯矩阵
14  print(L)                         #输出拉普拉斯矩阵
```

【运行结果】

```
[[ 2. -1. -1.  0.  0.]
 [-1.  3. -1. -1.  0.]
 [-1. -1.  3. -1.  0.]
 [ 0. -1. -1.  3. -1.]
 [ 0.  0.  0. -1.  1.]]
```

下面我们要求解拉普拉斯矩阵的特征值和特征向量。为了方便观察数据，不用科学记数法来显示数据(In [1]中的第 02 行代码)。

```
In [2]:                    #求解拉普拉斯矩阵的特征值及特征向量
01   (evals,evecs) = np.linalg.eig(L)
02   sorted_index = np.argsort(evals) [::-1]        #特征值降序排序
03   lambda_matrix = np.diag(evals[sorted_index])   #获取特征值的对角矩阵
```

```
In [3]: print(lambda_matrix)                        #输出特征值
```

```
Out[3]:
[[4.48 0.   0.   0.   0. ]
 [0.   4.   0.   0.   0. ]
 [0.   0.   2.69 0.   0. ]
 [0.   0.   0.   0.83 0. ]
 [0.   0.   0.   0.   0. ]]
```

```
In [4]:    #输出特征值对应的特征向量
01   sorted_vectors = evecs[:,sorted_index]
02   print(sorted_vectors)
```

```
Out[4]:
[[-0.34 -0.   -0.7   0.44  0.45]
 [ 0.42  0.71  0.24  0.26  0.45]
 [ 0.42 -0.71  0.24  0.26  0.45]
 [-0.7  -0.    0.54 -0.14  0.45]
 [ 0.2   0.   -0.32 -0.81  0.45]]
```

我们关注 Out[3]处的输出。

拉普拉斯矩阵的最大特征值为 4.48（第 1 列），它对应的特征向量为：

$$\boldsymbol{u}_1=[-0.34，0.42，0.42，-0.70，0.20]^{\mathrm{T}}$$

最小的特征值为 0，它对应的特征向量为：

$$\boldsymbol{u}_5=[0.45，045，0.45，0.45，0.45]^{\mathrm{T}}$$

从图 9-6 中可以看出，最大特征值 λ_1 对应的特征向量 $\boldsymbol{u}_1$，其对应的信号变化起伏较大，正负值交替出现。而特征向量 $\boldsymbol{u}_5$ 则不然，特征值为 0，信号"波澜不惊"。处于极值中间的其他特征值对应的特征向量（信号）则变化幅度适中。

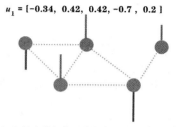

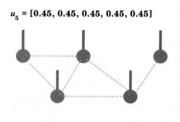

（a）最大特征值对应变化最大的特征向量　　　　　（b）最小特征值对应最平稳的特征向量

图 9-6　特征向量反映图信号频率

此外，我们还可以定义图信号的能量。通常用信号的 L2 范数的平方表示：

$$
\begin{aligned}
E(\boldsymbol{x}) &= \|\boldsymbol{x}\|_2^2 \\
&= \boldsymbol{x}^{\mathrm{T}} \boldsymbol{x} \\
&= (\boldsymbol{U}\hat{\boldsymbol{x}})^{\mathrm{T}}(\boldsymbol{U}\hat{\boldsymbol{x}}) \\
&= \hat{\boldsymbol{x}}^{\mathrm{T}} \underbrace{\boldsymbol{U}^{\mathrm{T}}\boldsymbol{U}}_{I} \hat{\boldsymbol{x}} \\
&= \hat{\boldsymbol{x}}^{\mathrm{T}} \hat{\boldsymbol{x}}
\end{aligned}
\tag{9.13}
$$

在式(9.13)中，$\hat{\boldsymbol{x}}$ 是傅里叶系数。该系数可视为图信号在对应频率上的幅值。如果图信号在低频分量的强度较大，则表明该信号较为平稳。反之，如果高频分量的强度很大，则表明信号的起伏比较大，不够平稳。

到此，我们不禁要思考一个问题，在给定的一个图上，信号中亦有噪声，该如何除去其中的噪声呢？这个问题就涉及谱域视角下的图卷积。

9.3　谱域视角下的图卷积

定义好图傅里叶变换之后，下面我们就可以把视角从空域切换到谱域去研究图信号了。

9.3.1　图卷积理论

在传统的信号处理中，两个函数卷积的傅里叶变换就是这两个函数傅里叶变换的乘积，即一个域中的卷积对应另一个域中的乘积，如时域中的卷积对应频域中的乘积。同样的定理也可以应用于图信号。

定理 1 卷积定理：在图 G 上给定一组信号 $\boldsymbol{f}$ 和卷积核 $\boldsymbol{g}$[①]，函数卷积的傅里叶变换等价为函数傅里叶变换的乘积，即：

$$F\{\boldsymbol{f} * \boldsymbol{g}\} = F\{\boldsymbol{f}\} \odot F\{\boldsymbol{g}\} = \hat{\boldsymbol{f}} \odot \hat{\boldsymbol{g}} \tag{9.14}$$

式中，"$*$"表示卷积运算；F 表示傅里叶变换[②]；$\hat{\boldsymbol{f}}$ 是信号 $\boldsymbol{f}$ 的傅里叶变换，记作 $F\{\boldsymbol{f}\}$；$\hat{\boldsymbol{g}}$ 是卷积核 $\boldsymbol{g}$ 的傅里叶变换，记作 $F\{\boldsymbol{g}\}$；$\odot$ 表示哈达玛乘积（按位乘法）。

如果我们还想从谱域还原出空域的信号，利用傅里叶变换逆变换即可：

$$\boldsymbol{f} * \boldsymbol{g} = F^{-1}\{F\{\boldsymbol{f}\} \odot F\{\boldsymbol{g}\}\} \tag{9.15}$$

式中，$F^{-1}\{\bullet\}$ 表示傅里叶变换逆变换。

上面的傅里叶变换和傅里叶变换逆变换是图卷积的基础。

9.3.2　谱域图卷积

在介绍完卷积定理之后，下面我们详细推导谱域图卷积（Spectral Convolutions）的过程。这个过程涉及拉普拉斯算子和它的特征分解。

通过前面的分析可知，假设 $\boldsymbol{U}$ 是拉普拉斯矩阵的特征向量，参考式(9.8)和式(9.10)，对于一个图信号 $\boldsymbol{x}$ 和卷积核 $\boldsymbol{f}$，可得卷积操作如下：

$$\boldsymbol{x} * \boldsymbol{f} = \boldsymbol{U}\left(\boldsymbol{U}^{\mathrm{T}}\boldsymbol{x} \odot \boldsymbol{U}^{\mathrm{T}}\boldsymbol{f}\right) \tag{9.16}$$

如前所述，卷积的目的就是从原始信号中提取特征，所以卷积核的设计是非常有讲究的。卷积核 $\boldsymbol{f}$ 实际上可视为另外一种信号。为了提取特征（换句话说，要过滤部分信息），卷积核至关重要，它通常是学习得来的。

如果我们在谱域视角下实施卷积操作，针对式(9.16)展开来说，它由如下三个步骤完成[6]。图的流程如图 9-7 所示。

（1）信号变换。通过图傅里叶变换，将空域图信号 $\boldsymbol{x} \in \mathbb{R}^N$ 映射到谱域空间，变成谱域信号 $\hat{\boldsymbol{x}}$，根据式(9.8)有：

$$F(\boldsymbol{x}) = \hat{\boldsymbol{x}} = \boldsymbol{U}^{\mathrm{T}}\boldsymbol{x}$$

（2）信号过滤。在谱域定义一个可参数化[③]的卷积核 $\boldsymbol{g}_\theta$，它对谱域中的信号进行必要的变换，于是可以得到过滤后的优化信号 $\hat{\boldsymbol{y}}_d$。

$$\hat{\boldsymbol{y}}_{\mathrm{d}} = \boldsymbol{g}_\theta \hat{\boldsymbol{x}} = \boldsymbol{g}_\theta \boldsymbol{U}^{\mathrm{T}}\boldsymbol{x}$$

① 卷积核在很多语境下直接被称为"滤波器"。在很多情况下二者是等价描述。

② 亦有文献直接用傅里叶变换的英文简写 GFT(•) 表示傅里叶变换。用 IGFT(•) 表示傅里叶变换的逆变换。

③ 可参数化说的是可以利用神经网络训练得到的参数。

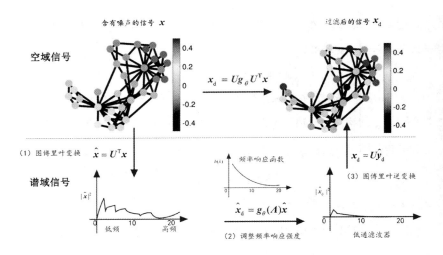

图 9-7   图卷积的流程[7]

g_θ 是一个关于拉普拉斯矩阵 L 特征值的函数，有时可记作 $g_\theta(\varLambda)$ ，该函数用对角矩阵形式表达可以记作：

$$g_\theta = \mathrm{diag}(\theta) = \begin{bmatrix} \theta_1 & & & \\ & \theta_2 & & \\ & & \ddots & \\ & & & \theta_n \end{bmatrix} \qquad (9.17)$$

在这个过程中，有两点需要注意。

第一，$U^{\mathrm{T}}x$ 操作的结果作为一个整体，已成为谱域信号 $\hat{x}$ ，在形式上 $\hat{x}$ 就是一个单纯的矩阵。g_θ 是通过数据训练学习而来的，就好比一个感知机的权值矩阵，训练得到的参数 g_θ 和要 $\hat{x}$ 进行按位乘法，所以它必须和 $\hat{x}$ 矩阵在尺寸上保持一致。

第二，g_θ 的滤波功能在这个矩阵乘法中得到体现，某些我们不需要的信号（如高频信号）被过滤掉。

（3）信号还原。通过图傅里叶逆变换，将过滤后的谱域图信号重新映射回空域，得到"去伪存真"的图信号 x_{d} ：

$$x_{\mathrm{d}} = \mathbb{F}^{-1}(\hat{y}_{\mathrm{d}}) = U\hat{y}_{\mathrm{d}} = Ug_\theta U^{\mathrm{T}}x$$

于是，结合上述流程，我们获得了一个看起来并不复杂的图卷积形式：

$$g * x = \underbrace{Ug_\theta U^{\mathrm{T}}}_{\text{滤波器}} x = U \begin{bmatrix} \theta_1 & & & \\ & \theta_2 & & \\ & & \ddots & \\ & & & \theta_n \end{bmatrix} U^{\mathrm{T}}x \qquad (9.18)$$

通常，我们把除原始信号 *x* 之外的加工处理统称为"滤波"①。后面提到的图卷积实际上就是如式(9.19)所示的形式，将这部分滤波操作整体记作 Θ：

$$\boldsymbol{\Theta} = \boldsymbol{U}\boldsymbol{g}_\theta\boldsymbol{U}^T \tag{9.19}$$

至于滤波操作后面的图信号 *x*，一般并不显式表达出来。

① "滤波"和"卷积"在很多场景下就是同义词。不过"滤波"多用在信号处理领域，而"卷积"多用在神经网络学习领域。

9.3.3　基于谱的图滤波器设计

在前面的讨论中，我们已经把拉普拉斯矩阵的特征值类比为传统傅里叶变换中的频率。有了这些"频率"的定义，对类似于离散信号的处理，我们就可以定义"图滤波器"了。所谓图滤波器，其作用就是对图信号中各个谱分量进行有目的的强化或衰减，从而达到"遴选"特定信号的目的。

从上面的分析可知，图滤波器的设计主要体现在 $\boldsymbol{g}_\theta$ 的设计上。$\boldsymbol{g}_\theta$ 实际上是拉普拉斯矩阵特征值 λ 的函数，即有：

$$\boldsymbol{\Lambda} = \begin{bmatrix} \lambda_1 & & & \\ & \lambda_2 & & \\ & & \ldots & \\ & & & \lambda_N \end{bmatrix}$$

$$\boldsymbol{g}_\theta(\boldsymbol{\Lambda}) = \begin{bmatrix} \theta(\lambda_1) & & & \\ & \theta(\lambda_2) & & \\ & & \ldots & \\ & & & \theta(\lambda_N) \end{bmatrix} \tag{9.20}$$

在式(9.20)中，$\boldsymbol{\Lambda}$ 是拉普拉斯矩阵的特征值构成的对角矩阵，也被称为图滤波器的频率响应矩阵。

$\boldsymbol{g}_\theta(\boldsymbol{\Lambda})$ 是滤波器设计的核心部件，也被称为频率响应函数。相比原生态的拉普拉斯矩阵 *L*，$\boldsymbol{g}_\theta$ 仅仅是改动了对角线上的值。从式(9.20)可以清楚看到，如果我们对 $\theta(\lambda_i)$ 进行"有理有据"的控制，就能对信号进行有目的增强或减弱，也就是说达到滤波的目的，然后再通过图傅里叶逆变换，将"纯洁"的图信号重建于空域之中。

从算子的角度来审视，$\boldsymbol{\Theta}\boldsymbol{x}$ 描述了一种作用在每个节点一阶子图上的变换操作[5]。一般来说，满足上述性质的矩阵称为图 *G* 的图位移算子（Graph Shift Operator）。拉普拉斯矩阵与邻接矩阵都属于典型的图位移算子。在本质上，本节所提及的所有图信号处理，都可以用图位移算子来实现。

不同的 $\boldsymbol{g}_\theta$ 函数可以实现不同的滤波效果。在信号处理领域，常见的滤波器有四类：低通滤波器（Low Pass Band）、高通滤波器（High Pass Band）、带通滤波器（Band Pass）

和带阻滤波器（Band Stop），如图 9-8 所示，图中纵轴表示信号的振幅（信号的强弱）。

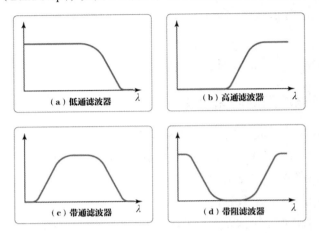

图 9-8　四类滤波器

对于低通滤波器，顾名思义，它只保留频率较低的信号，即关注信号中较为平滑的部分，丢弃高频信号，如图 9-8（a）所示。反之，高通滤波器只保留高频部分，即更加关注信号中变化较快的部分，如图 9-8（b）所示。此外，还可以有选择地保留或丢弃部分频率范围的信号，如图 9-8（c）和图 9-8（d）所示。已有研究表明[8]，图神经网络仅仅对特征向量进行低通滤波，它是一个低通滤波器。

到这里为止，图卷积的相关理论就介绍完毕。接下来，我们将介绍具有代表性的基于谱域 GCN 的演进。

9.4　基于谱域 GCN 的演进

在基于谱域的图卷积神经网络发展过程中，有四类具有代表性的网络：频率响应参数化的 GCN、多项式参数化的 GCN、基于切比雪夫网络截断的多项式参数化的 GCN 和基于一阶切比雪夫网络的 GCN。下面分别对它们进行简单介绍。

9.4.1　频率响应参数化的 GCN

给定图中的两组信号 x_1 和 x_2，根据式(9.16)所示的图卷积公式，有：

$$x_1 * x_2 = \underbrace{\left(U g_\theta U^\top\right)}_{\text{滤波器}} x_2 \tag{9.21}$$

如果我们令 $\boldsymbol{\Theta} = \boldsymbol{U} \boldsymbol{g}_\theta \boldsymbol{U}^\mathrm{T}$（公式的左侧部分），显然 $\boldsymbol{\Theta}$ 就是一个滤波器，它也是一个图位移算子，从式(9.21)可以看出，两组图信号的卷积总可以转换为形式对应的图滤波形式。从这个角度来看，图卷积就是一种图滤波。

为了使卷积操作能应用到真实的图数据上，我们还需要把图信号 $\boldsymbol{x}$ 从 n 维扩展到 $n \times d$ 维的属性矩阵（Node Feature Matrix）$\boldsymbol{X} \in \mathbf{R}^{N \times d}$ 上[①]，d 就是图信号的通道数。

$X_{:,j}$ 就表示第 j 个通道上的图信号，其对应的滤波后的输出为 $Y_{:,j}$。式(9.22)表示的是用图滤波器 $\boldsymbol{\Theta}$ 对图信号矩阵 $\boldsymbol{X}$ 中的每个通道都进行滤波操作。

$$Y = \boldsymbol{\Theta} X \tag{9.22}$$

如果我们从"第一性原理"出发，考虑所谓滤波器的本质，就会发现，所谓的滤波器，无非就是为输入数据的每个元素都配备一个权值，这些权值的取值是有所取舍的，有的权值可以强化信号，而有的权值却会弱化信号，被弱化的信号即被过滤的部分。

那这些权值是如何获得的呢？自然是从训练数据中拟合而来的。如果拟合的权值效果不好，输出偏离预期值，那么就再利用反馈的误差来调参，直到这些滤波器达标为止，这其实就是 End-to-End（端到端）的思想。而最擅长"端到端"操作的计算非神经网络莫属！

因此，一种很直观的想法呼之欲出：利用神经网络来拟合滤波器的权值。事实上，图卷积通常是和神经网络结合在一起使用的。这时，我们把 $\theta_1, \cdots, \theta_n$ 看作模型的自由参数，通过梯度下降法等优化方法，使模型学习到最优或次优的参数。为了提高神经网络的拟合能力，通常我们还对每一层的输出添加激活函数。

2013 年，纽约大学杨立昆（Yann LeCun）团队首次将卷积操作引入图谱理论[9]。他们的思路就是这样的：既然图卷积操作等价于图滤波操作，而图滤波算子的核心在于频率响应矩阵，那么我们自然就想到对频率响应矩阵进行参数化。如前面的分析，图卷积操作的输出可以表示为：

$$
\begin{aligned}
y_{\mathrm{out}} = \boldsymbol{X}' &= \sigma\!\left(\boldsymbol{U} \begin{pmatrix} \theta_1 & & & \\ & \theta_2 & & \\ & & \ddots & \\ & & & \theta_N \end{pmatrix} \boldsymbol{U}^\mathrm{T} \boldsymbol{X} \right) \\
&= \sigma\Big(\underbrace{\boldsymbol{U}\,\mathrm{diag}(\theta)\,\boldsymbol{U}^\mathrm{T}}_{\text{滤波器}} \boldsymbol{X} \Big) \\
&= \sigma(\boldsymbol{\Theta} X)
\end{aligned}
\tag{9.23}
$$

① 为了将矩阵的特征值和特征向量中的"特征"区分开，这里我们将"feature"译作"属性"。在没有歧义的地方，再使用"特征"。

式中，X 是于节点的属性矩阵，也可以是属性矩阵的嵌入表示，代表的是输入图信号矩阵；Θ 是对应的需要学习得到的图滤波器；$\Theta = [\theta_1, \theta_2, \cdots \theta_N]$ 是待学习的参数，θ_i 和神经网络中的权值 w_i 一样，都可通过反向传播算法在训练数据中习得；X' 是经过滤波处理的输出图信号；$\sigma(\bullet)$ 是我们常用的激活函数（如 ReLU、sigmoid 等）。

式(9.23)所代表的滤波器是第一代基于谱域的图卷积神经网络[9]，它可以有以下两种视角的解读[5]。

（1）从空域的角度来审视，该卷积层引用了一个自适应的图位移算子，通过训练指导该算子进行学习，从而完成对输入图信号的针对性变换操作。

（2）从谱域角度来审视，该卷积层在输入信号 X 和输出信号 X' 之间构建了一个自适应的图滤波器。图滤波器的频率响应函数可以通过监督学习的方式训练得到。

虽然这个早期模型方案简单，但它为人们在谱域上实施图卷积探明了前进的方向。它也有很多有待改善的地方。

（1）计算复杂度高。式(9.23)中的 U 是拉普拉斯矩阵 L 的特征向量矩阵，而一个矩阵的特征分解的复杂度为 $O(n^3)$，n 为节点数。当节点数过多时，这个方法在工程上就不切实际，且每一次前向传播（每计算一次 y_{out}）都要计算上述提及的特征分解，以及 U、$g_\theta(\Lambda)$ 和 U^T 三个矩阵的乘积，计算量不容小觑。

（2）参数量巨大。每个卷积层和下一个卷积层之间都需有 $n \times d_l \times d_{l+1}$ 个卷积核，其中 d_l 为第 l 层的通道数（图信号的维度），d_{l+1} 为第 $l+1$ 层的通道数。当图很大时，参数过多，除了计算量很大，还可能导致过拟合。

（3）训练没有局部化。由于这种谱域上的卷积在空域上没有明确的意义，因此卷积算子不能局部化（Localized）到具体的节点上。这意味着，每次卷积操作都是所有节点"全员上阵"。而在真实的图中，图信号的大部分有效信息都蕴含在低频段数据中，因此学习全频段的参数代价高昂且没有必要。

9.4.2 多项式参数化的 GCN

前面提到卷积核由 N 个自由度参数构成，在一些情况下，我们不希望模型的参数过多，否则在数据量不够的情况下，模型可能陷入欠拟合状态。

为了拟合任意频率的响应函数，我们也可以将拉普拉斯矩阵的多项式形式转化为一种可学习方式。瑞士洛桑联邦理工学院的 Defferrard 等人提出了一种新的谱域图卷积网络[10]，被称为多项式参数化的 GCN。

在讲解这个概念之前，我们先回顾第一代谱域卷积操作的概念：

$$g * x = U g_\theta U^\mathrm{T} x \qquad (9.24)$$

出于效率的考量，我们希望过滤函数 g 的作用范围能够具有一定的局部性，也就是卷积仅仅影响当前节点的局部区域。因此，我们需要改造这个函数 g，将其定义为一个关于拉普拉斯矩阵的函数 $g(L)$。从前面的分析可知，拉普拉斯矩阵 L 就是一阶图位移算子（Graph shift Operator），作用一次拉普拉斯矩阵就相当于将图信息扩散到一阶邻域。以此类推，如果作用 k 次拉普拉斯矩阵，就相当于把图信息扩散至 k 阶邻域，这使得信息的传播具有局部性。

下面我们来讨论多项式参数化的 GCN 的改进所在。为了拟合任意的频率响应函数，我们可以将拉普拉斯矩阵 L 的多项式（Polynomials）转换为一种可学习的形式，该方法的理论基础为数值逼近理论，我们可以通过泰勒展开（Taylor Series）——多项式逼近函数去拟合任意函数。

$$g_\theta(\Lambda) \approx \theta_0 L^0 + \theta_1 L^1 + \cdots + \theta_K L^k = \sum_{k=0}^{K} \theta_k L^k \qquad (9.25)$$

式中，$\theta_k \in \mathbb{R}^K$ 是多项式的系数；L^k 表示 L 的 k 次幂；K 是图滤波器保留的最高阶数。

通过特征分解，所有的拉普拉斯矩阵都可以改写为如下形式：

$$L = U \Lambda U^\mathrm{T} \qquad (9.26)$$

于是，基于多项式逼近的图滤波器可以表示为：

$$\Theta = \sum_{k=0}^{K} \theta_k L^k = \sum_{k=0}^{K} \theta_k (U \Lambda U^\mathrm{T})^k = U \left(\sum_{k=0}^{K} \theta_k \Lambda^k \right) U^\mathrm{T}$$

$$= U \begin{pmatrix} \sum_{k=0}^{K} \theta_k \lambda_1^k & & \\ & \ddots & \\ & & \sum_{k=0}^{K} \theta_k \lambda_N^k \end{pmatrix} U^\mathrm{T} \qquad (9.27)$$

式中，$\theta_k \in \mathbb{R}^K$，是多项式的系数向量，是要学习的参数。

观察式(9.27)可知，滤波器的频率响应函数 Θ 是拉普拉斯矩阵特征值 λ 的 k 次代数多项式。通过多项式级数展开，它丢弃了部分精度（展开式的高阶部分），但换来了计算复杂度上的降低。根据这个定义，我们只需要学习 $K+1(K \ll N)$ 个参数，N 为节点的数量。通过 K 阶多项式展开，相当于信息在每个节点最多传播 K 跳，这在一定程度上实现了卷积的局部化。这大大降低了参数学习的复杂度。

在式(9.27)中，为了简略，我们省略了一个关键的证明：

$$L^k = (U \Lambda U^\mathrm{T})^k = U \Lambda^k U^\mathrm{T} \qquad (9.28)$$

我们用归纳法证明该公式。由于 $U^T U = I$（I 为单位矩阵），所以有：

$$L^2 = \underbrace{U \Lambda U^T}_{L} \underbrace{U \Lambda U^T}_{L} = U \Lambda I \Lambda U^T = U \Lambda^2 U^T$$

$$L^3 = L^2 L = \underbrace{U \Lambda^2 U^T}_{L^2} \underbrace{U \Lambda U^T}_{L} = U \Lambda^2 I \Lambda U^T = U \Lambda^3 U^T$$

······

一旦有了滤波器的设计，配合激活函数提升拟合能力，输入的图信号 X 和输出信号 X' 之间就可以表述为：

$$X' = \sigma(\boldsymbol{\Theta} X) = \sigma \left(\underbrace{U \left(\sum_{k=0}^{K} \boldsymbol{\theta}_k \Lambda^k \right) U^T}_{\text{滤波器}} X \right) \tag{9.29}$$

相比第一代的 GCN，第二代的 GCN 有如下特点。

（1）模型参数量大幅降低。由 N 个（$\boldsymbol{\theta}_1, \cdots, \boldsymbol{\theta}_N$）降低为 K 个，由于 $K \ll N$，模型参数的自由度大大降低，从而降低了欠拟合的风险。

（2）可进行局部化卷积。通过对卷积核的多项式近似，引入了所谓的空间局部性（Spatial Localization），K 被称为感受野（Receptive Field），表示对每个节点的嵌入表示更新只会涉及 K 跳（K-Hops）以内邻居节点信息的聚合。

相比于第一代 GCN，虽然第二代 GCN 做了很多改进，但这种方法仍然没有从根本上解决计算复杂度的问题，因为仍需要求解 L^k，计算复杂度 $O(n^3)$ 不容小觑。

9.4.3 基于切比雪夫网络截断的多项式参数化的 GCN

为了进一步加速多项式参数化网络计算，俄勒冈大学的 Hammonda 等人把滤波器 $g_\theta(\Lambda)$ 近似为切比雪夫多项式的 K 阶截断：

$$g_{\theta'} = \sum_{k=0}^{K} \boldsymbol{\theta}'_k T_k(\widetilde{\Lambda}) \tag{9.30}$$

式中，T_k 就是 k 阶切比雪夫多项式；$\boldsymbol{\theta}'_k$ 是待学习的系数；$\widetilde{\Lambda}$ 依然是一个对角矩阵，但有所不同的是，它是原有拉普拉斯矩阵特征分解中对角矩阵 Λ 的线性变换，其定义如下：

$$\widetilde{\Lambda} = \frac{2}{\lambda_{\max}} \Lambda - I_N \tag{9.31}$$

式中，$\lambda_{\max}$ 就是归一化后的拉普拉斯矩阵 L 的最大特征值，也称为谱半径。

因为归一化的拉普拉斯矩阵最大特征值就是 2，因此式(9.31)的主要目的是把特征值缩放到 $[-1,1]$ 区间。

之所以用切比雪夫多项式，是因为它有很好的计算性质。我们可以通过式(9.32)循环递归求解 T_k ：

$$T_k(x) = 2xT_{k-1}(x) - T_{k-2}(x) \quad (k \geqslant 2)$$
$$T_0(x) = I, T_1(x) = x$$

（9.32）

由此，切比雪夫网络中不再需要求解 $\boldsymbol{L}^k$ ， $\boldsymbol{L}^k$ 是 k 个拉普拉斯矩阵 $\boldsymbol{L}$ 的高阶相乘。$T_k(\widetilde{\boldsymbol{\Lambda}})$ 的计算可以使用循环递推的方式实现，而递推中的每一步都是有线性复杂度的，其复杂度为 $O(n^2)$ ，因此式(9.32)整体的计算复杂度为 $O(Kn^2)$ 。

将切比雪夫近似截断表达式带入谱图卷积的公式中，有

$$\begin{aligned}
\boldsymbol{y} &= \boldsymbol{g}_{\theta'} * \boldsymbol{x} \\
&= \boldsymbol{U}\boldsymbol{g}_{\theta'}(\boldsymbol{\Lambda})\boldsymbol{U}^{\mathrm{T}}x \\
&\approx \boldsymbol{U}\left(\sum_{k=0}^{K}\boldsymbol{\theta}'_k T_k(\widetilde{\boldsymbol{\Lambda}})\right)\boldsymbol{U}^{\mathrm{T}}x \\
&= \sum_{k=0}^{K}\boldsymbol{\theta}'_k T_k(\widetilde{\boldsymbol{L}})x
\end{aligned}$$

（9.33）

请注意，为了避免拉普拉斯矩阵 $\boldsymbol{L}$ 的特征分解运算，在式(9.33)中，我们将特征分解式（公式的第2行）写回了 $\boldsymbol{L}$ 的形式，不过这个 $\boldsymbol{L}$ 是改良之后的形式：

$$\widetilde{\boldsymbol{L}} = \frac{2}{\lambda_{\max}}\boldsymbol{L} - \boldsymbol{I}_{\mathrm{N}}$$

（9.34）

式(9.33)之所以成立，有一个重要等式做支撑：

$$\boldsymbol{U}T_n(\widetilde{\boldsymbol{\Lambda}})\boldsymbol{U}^T = T_k(\widetilde{\boldsymbol{L}})$$

（9.35）

式(9.35)可以用归纳法给予简要证明。当 $k = 0$ 或 $k = 1$ 时，由式(9.32)可知，式(9.35)显然成立。这是因为：

$$\boldsymbol{U}T_0(\widetilde{\boldsymbol{\Lambda}})\boldsymbol{U}^{\mathrm{T}} = \boldsymbol{U}\boldsymbol{I}\boldsymbol{U}^{\mathrm{T}} = \boldsymbol{I} = T_0(\widetilde{\boldsymbol{L}})$$
$$\boldsymbol{U}T_1(\widetilde{\boldsymbol{\Lambda}})\boldsymbol{U}^{\mathrm{T}} = \boldsymbol{U}\widetilde{\boldsymbol{\Lambda}}\boldsymbol{U}^{\mathrm{T}} = \widetilde{\boldsymbol{L}} = T_1(\widetilde{\boldsymbol{L}})$$

现在假设 $k = n-1$ 成立，即 $\boldsymbol{U}T_{n-1}(\widetilde{\boldsymbol{\Lambda}})\boldsymbol{U}^{\mathrm{T}} = T_{n-1}(\widetilde{\boldsymbol{L}})$ 成立，那么当 $k = n$ 时，根据式(9.32)则有：

$$\begin{aligned}
&\boldsymbol{U}T_n(\widetilde{\boldsymbol{\Lambda}})\boldsymbol{U}^{\mathrm{T}} \\
&= \boldsymbol{U}\left(2\widetilde{\boldsymbol{\Lambda}}T_{n-1}(\widetilde{\boldsymbol{\Lambda}}) - T_{n-2}(\widetilde{\boldsymbol{\Lambda}})\right)\boldsymbol{U}^{\mathrm{T}} \\
&= 2T_{n-1}(\widetilde{\boldsymbol{\Lambda}})\boldsymbol{U}\boldsymbol{\Lambda}\boldsymbol{U}^{\mathrm{T}} - T_{n-2}(\widetilde{\boldsymbol{\Lambda}})\boldsymbol{U}\boldsymbol{U}^{\mathrm{T}} \\
&= 2T_{n-1}(\widetilde{\boldsymbol{L}})\widetilde{\boldsymbol{L}} - T_{n-2}(\widetilde{\boldsymbol{L}}) \\
&= T_n(\widetilde{\boldsymbol{L}})
\end{aligned}$$

（9.36）

由于 $T_k(\tilde{L})$ 可以通过递推的方式计算，所以切比雪夫网络截断法也避免了拉普拉斯矩阵的特征分解，计算复杂度为 $O(kn^2)$，它降低了卷积计算的复杂度。此外，式(9.33)实际上是拉普拉斯矩阵的 K 阶多项式，因此，它仍然保持了 K 阶局部化特性（从时域来讲，节点仅仅被周围 K 跳的邻居节点所影响）。

9.4.4 基于一阶切比雪夫网络的 GCN

通过使用切比雪夫多项式近似，GCN 已在很大程度上降低了卷积计算的复杂度。2016 年，阿姆斯特丹大学的 Kipf 和 Welling 等人在 ChebyNet 的基础上，又进一步做了简化[4]，把切比雪夫网络中的多项式卷积核限定为 1 阶（$K=1$），产生了目前被广泛采用的 GCN 逐层传播范式。

$K=1$、$\lambda_{\max}$ 这样的假设可以大大简化模型。使得图卷积近似为一个关于 $\tilde{L}$ 的线性函数，这就大大减少了计算量。当然付出的代价就是降低了模型的精度，如节点只能被它周围的 1 阶邻居节点所影响。

对由于简化模型而带来的误差，Kipf 和 Welling 等人希望用神经网络参数训练过程来自动适应，从而弥补模型简化带来的误差。我们可以叠加 K 层这样的简化图卷积层，从而把节点的影响力扩展到 K 阶邻域。

在上述两个假设条件下，我们可以从切比雪夫公式出发，对图卷积神经网络进行进一步推导。

$$
\begin{aligned}
g_\theta * x &\approx \theta_0 T_0(\tilde{L})x + \theta_1 T_1(\tilde{L})x \\
&= \theta_0 x + \theta_1 \tilde{L}x \\
&= \theta_0 x + \theta_1 (L_{\text{sym}} - I_n)x \\
&= \theta_0 x + \theta_1 D^{-\frac{1}{2}} A D^{-\frac{1}{2}} x
\end{aligned}
\tag{9.37}
$$

为了抑制参数数量，防止过拟合，1 阶的切比雪夫截断假设 $\theta' = \theta_0 = -\theta_1$，图卷积的定义就近似为（这是常见的简易一阶模型）：

$$
g_\theta * x \approx \theta' \left(I_N + D^{-\frac{1}{2}} A D^{-\frac{1}{2}} \right) x
\tag{9.38}
$$

由于归一化算子 $I_N + D^{-\frac{1}{2}} A D^{-\frac{1}{2}}$ 对应矩阵的特征值范围是 $[0,2]$，因此如果在深度神经网络模型中使用该算子，则反复应用该算子会导致数值不稳定。

为了解决这个问题，研究人员使用了一个二次归一化技巧（Renormalization Trick），在邻接矩阵中每个节点添加自环，即：

$$
\tilde{A} = A + I_N
\tag{9.39}
$$

然后，重新计算度数矩阵 $\widetilde{D}$ 和归一化拉普拉斯矩阵 $\widetilde{L}$。

$$I_N + D^{-\frac{1}{2}}AD^{-\frac{1}{2}} \to \widetilde{D}^{-\frac{1}{2}}\widetilde{A}\widetilde{D}^{-\frac{1}{2}} \qquad (9.40)$$

这样做的好处是，$I_N + \widetilde{D}^{-\frac{1}{2}}\widetilde{A}\widetilde{D}^{-\frac{1}{2}}$ 对应的特征值矩阵被约束到 [0,1] 区间。

于是，卷积公式可表示为：

$$g_\theta * x = \theta'\left(\widetilde{D}^{-\frac{1}{2}}\widetilde{A}\widetilde{D}^{-\frac{1}{2}}\right)x \qquad (9.41)$$

现在我们将图信号从向量 x 扩展到属性矩阵 $X \in \mathbf{R}^{N \times d}$，$N$ 为节点数量，d 为每个节点的属性维度。于是得到新的信号加工形式：

$$Z = \widetilde{D}^{-\frac{1}{2}}\widetilde{A}\widetilde{D}^{-\frac{1}{2}}X\boldsymbol{\Theta} \qquad (9.42)$$

式中，$\boldsymbol{\Theta} \in \mathbf{R}^{c \times d}$ 是参数矩阵，即滤波器；$Z \in \mathbf{R}^{N \times d}$ 是图卷积之后的输出。

在实际应用中，为了增强网络的拟合能力，每次输出还需要添加一个激活函数 σ（通常为 ReLU 函数），而且通常需要叠加多层图卷积网络，为描述方便，我们描述图的拓扑结构用新的符号 $\hat{A}$ 代替，即：

$$\hat{A} = \widetilde{D}^{-\frac{1}{2}}\widetilde{A}\widetilde{D}^{-\frac{1}{2}} \qquad (9.43)$$

最后就可以得到相应的快速卷积公式：

$$H^{(l+1)} = f\left(H^{(l)}, A\right) = \sigma\left(\widetilde{D}^{-\frac{1}{2}}\widetilde{A}\widetilde{D}^{-\frac{1}{2}}H^{(l)}W^{(l)}\right) = \sigma\left(\hat{A}H^{(l)}W^{(l)}\right) \qquad (9.44)$$

式中，$H^{(l)}$ 表示第 l 层的节点向量（一开始，输入层 X 就是第一层节点向量，即 $H^{(0)} = X$）；$W^{(l)}$ 表示对应层的参数。

接下来，我们以一个常用的两层 GCN（见图 9-9）为例，来简要说明它是如何进行半监督学习的。首先，假设输入数据是图的节点属性 X 和图拓扑结构（邻接矩阵）A，通过一个两层的图卷积神经网络，得到节点嵌入矩阵 Z：

$$Z = \underbrace{\left(\text{ReLU}\left(\hat{A}\underbrace{\text{ReLU}\left(\hat{A}XW^{(0)}\right)}_{\text{第1层}}W^{(1)}\right)\right)}_{\text{第2层}} \qquad (9.45)$$

然后，我们再用 Softmax 函数输出预测的分类信息 $\hat{Y}$：

$$\hat{Y} = \text{soft}\max(Z) \qquad (9.46)$$

之后，将训练集中节点 V_{train}（部分有标签的节点）的标签 $\hat{Y}$ 和输出的标签 Y 做比较，计算它们之间的交叉熵，并将结果作为损失函数。

$$\text{Loss} = -\sum_{l=0}^{m-1} \sum_{i \in V_{train}} Y_{l,i} \ln \hat{Y}_{l,i} \qquad (9.47)$$

接下来通过随机梯度下降法等网络优化算法进行训练，可以得到整个网络的权值。之后就可以对没有标签的节点进行分类预测，让部分有标签的节点进行有条件的"扩张"，这就是半监督学习的精髓所在，图神经网络做到了。

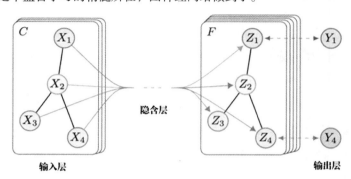

图 9-9 两层 GNC

概括来说，正是由于有了图信号处理中对图卷积操作的定义与理解，神经网络模型中的图卷积层才能得到"行云流水"般的设计，这也说明了理论对工程实践的指导意义。一般来说，对于从谱域出发进行矩阵特征分解从而执行图卷积计算的模型，我们称之为谱域图卷积模型。反之，对于图卷积计算不需要进行拉普拉斯矩阵特征分解，能在空域视角执行矩阵乘法计算的模型，我们称之为空域图卷积模型。需要特别说明的是，很多图卷积模型既可以从空域解读，也可以从谱域进行理解，从而达到"空谱合一"的奇妙效果。

9.5   Karate Club 图卷积分类实践

前面的理论讨论或多或少有些抽象，下面我们结合代码来感性认识这些规则。本节将采用著名的 Karate Club（空手道俱乐部）数据集[7]来完成图卷积的分类任务。

9.5.1   Karate Club 数据集

该数据集是 W. Zachary 在 20 世纪 70 年代为研究空手道俱乐部成员之间的友谊而构造的一种社交网络图。该网络中包含 34 名空手道俱乐部的成员，记录了俱乐部成员之间的联系。在 Zachary 的研究期间，俱乐部主管 John A 和俱乐部教练 Mr. Hi（化名）

在是否提高俱乐部的收费上产生了分歧，导致俱乐部一分为二。半数成员围绕 Mr. Hi 成立了新俱乐部；另一方的成员找到了新的教练或放弃了空手道。

根据收集到的数据，W.Zachary 利用之前的研究（Ford-Fulkerson 算法），成功地将俱乐部除一人外的其他成员分配到他们实际加入的小组。在 2002 年，该数据集被 Michelle Girvan 和 Mark Newman 再次采用后，成为流行的网络社区研究的数据标本[8]。

空手道俱乐部数据集在互联网上公开可用。它共有 34 个节点，78 条边。每条边表明了两个俱乐部成员的互动关系。数据的表现形式可以概括为整数对列表。每个整数代表一个空手道俱乐部成员，一个整数对表示互动的两个成员。其中有两个节点比较特殊，它们分别是节点 1（代表教练）、节点 34（代表俱乐部管理员/主席）。为了便于观察数据，且由于该数据集并不大，表 9-1 列出了 Karate Club 数据集。

表 9-1 Karate Club **数据集**

编 号	节点连接关系	编 号	节点连接关系
1	[2 1]	16	[20 1] [20 2]
2	[3 1] [3 2]	17	[22 1] [22 2]
3	[4 1] [4 2] [4 3]	18	[26 24] [26 25]
4	[5 1]	19	[28 3] [28 24] [28 25]
5	[6 1]	20	[29 3]
6	[7 1] [7 5] [7 6]	21	[30 24] [30 27]
7	[8 1] [8 2] [8 3] [8 4]	22	[31 2] [31 9]
8	[9 1] [9 3]	23	[32 1] [32 25] [32 26] [32 29]
9	[10 3]	24	[33 3] [33 9] [33 15] [33 16] [33 19] [33 21] [33 23] [33 24] [33 30] [33 31] [33 32]
10	[11 1] [11 5] [11 6]		
11	[12 1]		
12	[13 1] [13 4]	25	[34 9] [34 10] [34 14] [34 15] [34 16] [34 19] [34 20] [34 21] [34 23] [34 24] [34 27] [34 28] [34 29] [34 30] [34 31] [34 32] [34 33]
13	[14 1] [14 2] [14 3] [14 4]		
14	[17 6] [17 7]		
15	[18 1] [18 2]		

9.5.2 数据导入与探索

Karate Club 数据集已内置在 PyG①中，因此用户无须额外下载。数据集中的每个节点都被分配一个 34 维的特征向量（独热编码），并被唯一表示。数据集有 4 类，代表每个节点所属的社区。我们的任务就是借助 PyG 的图卷积神经网络（GCN）来实现对这 34 个节点的分类②。

① PyG 是面向几何深度学习的 PyTorch 的扩展库，几何深度学习指的是应用于图和其他不规则、非结构化数据的深度学习。

② 代码参考：Daniel Holmberg. Graph Neural Networks in Python.

为了便于解释代码，我们采用 Jupyter 来逐步加载代码。首先导入必要的库，并从 torch_geometric.datasets 导入 Karate Club 数据集。

```
In [5]:
01   import torch
02   from torch_geometric.datasets import KarateClub
03   dataset = KarateClub()
04   print("数据集名称:", dataset)
05   print("子图数量: ", len(dataset))
06   print("特征维度: ", dataset.num_features)
07   print("类别数量: ", dataset.num_classes)
```

【运行结果】

```
数据集名称: KarateClub()
子图数量: 1
特征维度: 34
类别数量: 4
```

从上面的输出结果可以看到，Karate Club 数据集中只有一个连通图，它有 34 个节点，每个节点的特征为 34 维（这是因为每个节点都用独热编码进行编号，独热编码的特点就是有多个节点就启用多少位来编码，其中只有当前位为 1，其余位均为 0）。

我们可以用代码接着探索这个数据集的部分特征。

```
In [6]:
01   data = dataset[0]        #获取第 0 个子图
02   print(data)             #输出图的相关信息
03   print("是否为有向图:", data.is_directed())
04   print("训练节点拥有标签的个数:", data.train_mask.sum().item())
05   print(f'训练节点的标签标记率: {int(data.train_mask.sum()) / data.num_nodes:.2f}')
06   #获取一些图的统计信息
07   print(f'节点的个数: {data.num_nodes}')
08   print(f'边的条数: {data.num_edges}')
09   print(f'节点平均度数: {data.num_edges / data.num_nodes:.2f}')
```

【运行结果】

```
Data(x=[34, 34], edge_index=[2, 156], y=[34], train_mask=[34])
是否为有向图: False
训练节点拥有标签的个数: 4
训练节点的标签标记率: 0.12
节点的个数: 34
边的条数: 156
节点平均度数: 4.59
```

从上面的输出信息可以看到，根据 Karate Club 数据集所构建的图是无向图。图中共有 156 条边。但需要注意的是，在 PyG 中，无向边被表示为双向连接边，它用两个元组表达，每个元组表达一个方向。因此，在 Karate Club 中图的实际边数应为 156/2=78。

从输出结果还可以看到，34 个节点只有 4 个节点的标签被公之于众，标签标记率仅有 12%，大部分节点的标签被掩藏（Mask）了。节点平均度数为 4.59。

torch_geometric.data 模块中包含了一个名为 Data 的类。它主要描述图数据的节点属性/特征和边连接信息。Data 类所定义的对象（如名为 data 的对象）犹如一个 Python 中的字典，我们可以通过 keys 输出它支持的属性。

```
In [7]: data.keys
```

```
Out[7]: ['edge_index', 'y', 'train_mask', 'x']
```

data 对象中常用的属性简介如下。

（1）edge_index：连接的边数，如果是无向边，则真实的边数为 edge_index / 2。

（2）train_mask：训练集的 mask 向量，描述了已知社区归属的节点（后面有代码演示辅助理解）。

（3）x：输入数据的特征向量矩阵。

（4）y：节点标签。

下面我们用代码逐一测试这些属性，以便掌握更多的图数据细节，示例代码如下。

```
In [8]: data.x            #输出特征向量矩阵，利用独热编码表示不同的节点

Out[8]:
tensor([[1., 0., 0.,  ..., 0., 0., 0.],
        [0., 1., 0.,  ..., 0., 0., 0.],
        [0., 0., 1.,  ..., 0., 0., 0.],
        ...,
        [0., 0., 0.,  ..., 1., 0., 0.],
        [0., 0., 0.,  ..., 0., 1., 0.],
        [0., 0., 0.,  ..., 0., 0., 1.]])
```

```
In [9]: data.x.shape      #输出尺寸

Out[9]: torch.Size([34, 34])
```

```
In [10]: data.train_mask  #查看训练集中哪些节点已知标签
tensor([ True, False, False, False,  True, False, False, False,  True,
False,False, False, False, False, False, False, False, False,
```

```
False,False, False, False, False, True, False, False, False, False,
False, False, False, False])    #只有 4 个节点知道自己的社区标签
```

```
In [11]: data.y    #输出标签，从 0~3 共 4 类
```

```
Out[11]:
tensor([1, 1, 1, 1, 3, 3, 3, 1, 0, 1, 3, 1, 1, 1, 0, 0, 3, 1, 0, 1, 0, 1,
0, 0, 2, 2, 0, 0, 2, 0, 0, 2, 0, 0])
```

从上面的代码分析可知，我们只知道 4 个节点的基本标签（每个社区一个），而任务就是根据图拓扑结构，利用图卷积模型获取邻居节点信息，从而推断其余节点的社区分配情况。得到部分节点的标签，利用图拓扑结构，拓展得知其他节点的标签，这属于典型的半监督学习。

9.5.3　邻接矩阵与坐标格式

我们知道，邻接矩阵通常是稀疏矩阵 $A \in \{0,1\}^{|V| \times |V|}$，邻接矩阵内部有大量的 0（表示不连接）和少量的 1（表示连接）。为了提高邻接矩阵的信息表达密度，人们通常采用坐标格式（Coordinate Format，COO）。COO 只需考虑邻接矩阵中不为零的元素的坐标，这种存储方式的主要优点是灵活简单。

下面我们用 edge_index 属性来查看不同节点间的连接情况。在 PyG 中，描述图中节点连接情况用的格式就是 COO。

```
In [12]:
01  edge_index = data.edge_index
02  #打印节点
03  print(edge_index.t())
tensor([[ 0,  1],       #节点 0 与节点 1 相连
        [ 0,  2],       #节点 0 与节点 2 相连
        [ 0,  3],       #节点 0 与节点 2 相连
        [ 0,  4],       #节点 0 与节点 4 相连
        [ 0,  5],       #节点 0 与节点 5 相连
        ....
        [33, 31],
        [33, 32]])
```

通过打印"edge_index"，我们可以进一步了解 PyG 内部是如何表示节点之间的连接的。对于边矩阵 edge_index，它的构造尺寸为 $(2, E)$，其中 E 表示边的数量。在这个矩阵中，第一行表示边的源（Source）节点，第二行表示边的目标（Target）节点。

edge_index 输出的边信息如图 9-10 所示。为了便于查看，我们通常将其转置（使用.T 属性）。

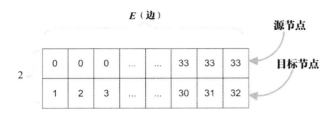

图 9-10　edge_index 输出的边信息

从输出结果可以看到，在 COO 格式中，对于每条边，"edge_index"都包含两个节点索引的元组，其中第一个值表示的是边的起始点索引，第二个值描述的是边的终点索引。比如，从图中我们可以"一字排开"，得到一系列源节点与目标节点连接对，如 (0,1)、(0,2)、(0,3)、…、(0,31)。其他节点的连接信息也可以以类似的方式获得。

下面我们来简要介绍邻接矩阵和 COO 格式的异同。对于无权无向图，其邻接矩阵是对称矩阵并且元素非 0 即 1，考虑下面的邻接矩阵：

$$A = \begin{bmatrix} 0 & 1 & 0 & 1 \\ 1 & 0 & 1 & 0 \\ 0 & 1 & 0 & 0 \\ 1 & 0 & 0 & 0 \end{bmatrix}$$

邻接矩阵 A 中不为零的元素的坐标为(1,0)、(0,1)、(2,1)、(1,2)、(3,0)、(0,3)。于是，将这六个坐标转置成列向量并沿列方向拼在一起即可得到此邻接矩阵的 COO 格式：

$$\begin{bmatrix} 1 & 0 & 2 & 1 & 3 & 0 \\ 0 & 1 & 1 & 2 & 0 & 3 \end{bmatrix}$$

为了便于统计，通常会对 COO 格式的首行按大小排序，参见如下代码。

```
In [13]:
01   import numpy as np
02   def adj2coo(adj):
03       return np.vstack(adj.nonzero())
04
05   arr = np.array([[0, 1, 0, 1],
06                   [1, 0, 1, 0],
07                   [0, 1, 0, 0],
08                   [1, 0, 0, 0]])
09   print(adj2coo(arr))
```

```
Out[13]
[[0 0 1 1 2 3]
 [1 3 0 2 1 0]]
```

在上述代码第 03 行，我们使用 NumPy 的 nonzero 方法，该方法会返回一个元组，内容是不为 0 的元素在各个维度上的索引。具体来说，对于一个二维数组，它会返回一个包括两个元素的元组：第一个元素是不为 0 元素的行索引数组，第二个元素是不为 0 元素的列索引数组。由于这是两个独立的数组，因此还需要用 vstack 方法将它们在垂直方向拼接起来，从而形成邻接矩阵的 COO 格式。

事实上，对于真正的权值邻接矩阵，COO 格式的矩阵是一个三元组（也称为 ijv 模式），它包括三个部分：rows、cols 和 values。其中，rows 表示节点的行索引，cols 表示节点的列索引，values 表示节点存储的值，下面举例说明。

```
In [14]:
01    import numpy as np
02    from scipy.sparse import coo_matrix
03
04    row  = np.array([0, 3, 1, 0])
05    col  = np.array([0, 3, 1, 2])
06    values= np.array([4, 5, 7, 9])
07    coo_matrix((values, (row, col)), shape=(4, 4)).toarray()
```

```
Out[14]:
array([[4, 0, 9, 0],
       [0, 7, 0, 0],
       [0, 0, 0, 0],
       [0, 0, 0, 5]])
```

在上述代码中，第 04~06 行分别给出了 COO 格式三元组的信息，第 07 行利用 SciPy coo_matrix 方法把第 04~06 行给出的信息进行拼接，还原出矩阵原本的稀疏模样。

不过还原出来的矩阵，它的行和列信息被隐藏在输出矩阵的索引当中。比如说，输出矩阵的索引位置（0,0）对应的值是 4，索引位置（1,1）对应的值是 7，以此类推。COO 格式矩阵存储如图 9-11 所示。

① 事实上，关稀疏数据的存储，除了 COO 格式，还有 CSR（Compressed Sparse Row，以行压缩的形式）和 CSC（Compressed Sparse Column，以列压缩的形式），感兴趣的读者可以自行查阅相关信息。

很明显，为了存储少数节点值，稀疏矩阵不得不用方阵存储，因此 COO 格式在稀疏图数据的存储中应用比较广泛[①]。

言归正传，我们重新回到 PyG 的讨论上。在 PyG 中，Data 对象还提供了一些"实用功能"来推断基础图的一些基本属性。例如，图中是否存在孤立的节点，图中是否包含自环等。

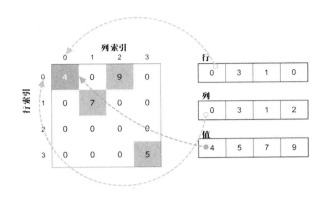

图 9-11 COO 格式矩阵存储

9.5.4 绘图 NetworkX 图

为了增强感性认识,我们可以将 Karate Club 数据集转换为一个 NetworkX 图,节点的颜色可以根据它们所属的类别来设置。Karate Club 数据集的网络结构如图 9-12 所示。

```
In [15]:
01    import matplotlib.pyplot as plt
02    import networkx as nx
03    from torch_geometric.utils import to_networkx
04    G = to_networkx(data, to_undirected = True)
05    nx.draw(G, node_color = data.y, node_size=150)
```

【运行结果】

图 9-12 Karate Club 数据集的网络结构

9.5.5 半监督的节点分类

接下来,我们利用 PyG 库提供的 GCN 网络层来实现一个简单的节点分类任务。如前所述,对于 Karate Club 数据集,PyG 仅为 4 个节点提供了社区标签,对其余节点的标签信息做了隐藏。通过机器学习，利用部分节点的标签信息给隐藏节点打标签（分类），这个工作就属于典型的半监督学习。

GCN 可以用于对测试集中的节点进行分类。相比前面的代码，方便的地方在于，PyG 已经把图卷积层实现了，我们可以很容易地将其作为 GCNConv 类导入，卷积操作使用的公式来自文献[10]：

$$X' = \hat{D}^{-1/2} \hat{A} \hat{D}^{-1/2} XW \tag{9.48}$$

关于公式，前面章节做了详细介绍，这里不再赘述。

在下面的实现代码中，我们将堆叠 3 个 GCN 层，这可以使每个节点的信息经过 3 跳之后得到更新。

```
In [16]:
01   from torch.nn import Linear
02   from torch_geometric.nn import GCNConv
03   class GCN(torch.nn.Module):
04       def __init__(self):
05           super(GCN, self).__init__()
06           torch.manual_seed(42)
07           self.conv1 = GCNConv(dataset.num_features, 4)
08           self.conv2 = GCNConv(4, 4)
09           self.conv3 = GCNConv(4, 2)
10           self.classifier = Linear(2, dataset.num_classes)
11       def forward(self, x, edge_index):
12           h = self.conv1(x, edge_index)
13           h = h.tanh()
14           h = self.conv2(h, edge_index)
15           h = h.tanh()
16           h = self.conv3(h, edge_index)
17           h = h.tanh()     #最后一个隐含层的嵌入表示
18           out = self.classifier(h)
19           return out, h
```

【代码分析】

在 PyTorch 中，自定义的神经网络模型需要继承父类 torch.nn.Module（第 03 行代码）。按照 PyTorch 的规则，在初始化构造方法 __init__() 中定义网络层，在 forward() 方法中实现前向传播。在 __init__() 中，我们定义并堆叠 3 个卷积层，汇总每个节点 3 跳内的邻域信息。

GCNConv 层将节点特征维度减小：34→4→4→2。每个 GCNConv 层都通过激活函数 Tanh 的"净化",目的是增强整个网络的非线性表达能力。最后添加一个线性分类层,实际上就是多层感知机。由于 Linear 的输入必须是 GCNConv 最后一层的输出,所以它的输入维度为 2,又由于它的输出对应分类的数量,所以这里的输出是 dataset.num_classes(在本例中为 4)。

卷积操作使用 PyG 提供的 GCNConv 方法,该方法有以下两个重要的参数(其余参数采用默认值即可)。

(1)in_channels (int):输入通道数,如果该值设置为-1,它就会从 forward 方法的第一个输入对象中推断出输入数据的维度。

(2)out_channels (int):输出数据的维度。

输入层的通道数通常就是每个节点的特征数,输出层(最后一层)的输出通道数为节点类别数(节点分类)。中间层输入和输出通道数都是超参数,基本都是设计者自己"折腾"出来的。但有一个需要遵循的规则,即前一个层的输出通道数通常对应下一层的输入通道数,犹如自来水管道一样,只有"严丝合缝",才能"序贯而出"。因此,这样一层层叠加的模型,也称为"序贯(Sequential)"模型。上述代码所示的模型,完全可以用 Sequential 方法搭建起来,这个尝试工作,就交给读者自行完成。

下面,我们构建一个模型实例,并输出模型的结构。

```
In [17]:
model = GCN()
print(model)
```

```
Out[17]:
GCN(
  (conv1): GCNConv(34, 4)
  (conv2): GCNConv(4, 4)
  (conv3): GCNConv(4, 2)
  (classifier): Linear(in_features=2, out_features=4, bias=True)
)
```

从输出可以看出,我们把隐含层最后一个输出通道数设置为 2。这是有讲究的,因为将 34 维的输入,通过卷积操作降维至 2 维,这本身就是一种嵌入表示。而 2 维的嵌入向量更便于我们绘制可视化图。

```
In [18]:
01   _, h = model(data.x, data.edge_index)
02   print(f'嵌入向量的维度: {list(h.shape)}')
```

```
Out[18]:
嵌入向量的维度: [34, 2]
```

在 In [18]处，第 01 行代码获取最后一个卷积层的隐含变量 h，实际上就是节点的嵌入向量。(data.x, data.edge_index)会自动调用模型中的 forward 方法，该方法会返回两个值，第一个值为 out，这个我们暂时用不到，就利用"垃圾变量"下画线（_）来接受。

下面我们绘制可视化图查看不同节点的分类情况，如图 9-13 所示。

```
In [19]:
01   import pandas as pd
02   import seaborn as sns
03   fig_data = h.detach().numpy()
04
05   df = pd.DataFrame(
06       dict(x = fig_data[:, 0],
07       y = fig_data[:, 1])
08   )
09
10   map_marker = {0: 'o', 1: 's', 2 : 'v', 3 : '^'}
11
12   plt.figure(figsize=(6,6))
13   plt.xticks([])
14   plt.yticks([])
15   #绘图
16   sns.scatterplot(data = df, x = 'x', y = 'y', s = 80 ,
17                   hue = data.y, style= data.y, markers=map_marker)
18   plt.legend(loc = 'upper left')
19   plt.show()
```

【运行结果】

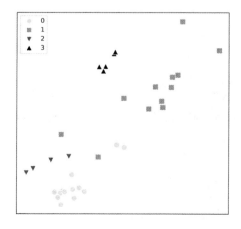

图 9-13   不同节点的分类可视化图

　　尽管模型的权重在训练前完全是"随机初始化"的，并且到目前为止，模型还没有进行任何训练，仅图结构信息是已知的。但根据图 9-13，相同形状（相同社区）的节点在嵌入空间中大致聚集在一起了，因此，我们可以得出初步的结论，即图卷积神经网络模型有超强的邻居节点信息获取能力，从而引入了强烈的节点偏差，这使得输入原始图中彼此靠近的节点具有相似的嵌入表示。因此，相似的嵌入表示在二维空间的可视化图中出现彼此聚集的情况。

　　如果没有训练的分类结果就已经令人比较满意，那么，训练后的模型势必更令人期待，下面我们就开启训练模式，并绘制训练后的节点分类图。

```
In [20]:
01   criterion = torch.nn.CrossEntropyLoss()          #定义损失函数
02   optimizer = torch.optim.Adam(model.parameters(), lr = 0.01)   #定义优化器
03   def train(data):
04       optimizer.zero_grad()                          #梯度清零
05       out, h = model(data.x, data.edge_index)   #GCN 模型
06       loss = criterion(out[data.train_mask], data.y[data.train_mask])
07       #计算真实 loss
08       loss.backward()                               #反向求导
09       optimizer.step()                              #参数更新
10       return loss, h
11   epochs = range(1, 301)
12   losses = []
13   embeddings = []
14   for epoch in epochs:
15       loss, h = train(data)
16       losses.append(loss)
17       embeddings.append(h)
18       print(f"Epoch: {epoch}\tLoss: {loss:.4f}")
```

【运行结果】

```
Epoch: 1 Loss: 1.3996
Epoch: 2 Loss: 1.3749
Epoch: 3 Loss: 1.3545
….
Epoch: 299   Loss: 0.0383
Epoch: 300   Loss: 0.0381
```

　　从运行结果可以看出，随着训练轮次的增加，损失函数逐渐缩小，这说明训练是收敛的。我们可以将训练过程可视化。Matplotlib 可以用来绘制节点分类的散点图（最后一个卷积层的输出），其中对每个节点根据它们所属的类别进行着色。对于每一帧，我

们都显示训练的轮次及训练的损失值。最后，还可以将结果转换为 GIF 格式的动图。
GCN 训练期间的分类可视化图如图 9-14 所示。

```
In [21]:
01   import matplotlib.animation as animation
02   def animate(i):
03       ax1.clear()
04       h = embeddings[i]
05       h = h.detach().numpy()
06       #ax.scatter(h[:, 0], h[:, 1], c = data.y, s = 100)
07       sns.scatterplot(x = h[:, 0], y = h[:, 1], s = 80 ,
08           hue = data.y, style= data.y, markers = map_marker, ax = ax1)
09
10       ax1.set_title(f'Epoch: {i}, Loss: {losses[i].item():.4f}')
11       ax1.set_xlim([-1.1, 1.1])
12       ax1.set_ylim([-1.1, 1.1])
13       if i % 30 == 0:
14           ax1.figure.savefig(f'graph11-{i}.png',dpi = 100,
15                           bbox_inches='tight')
16   fig = plt.figure(figsize=(7, 7))
17   ax1 = plt.axes()
18   anim = animation.FuncAnimation(fig, animate, frames = np.arange(0,301))
19
20   gif_writer = animation.PillowWriter(fps=20)
21   anim.save('embeddings-3.gif', writer=gif_writer)
22   plt.show()
```

【运行结果】

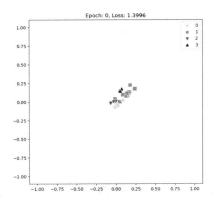
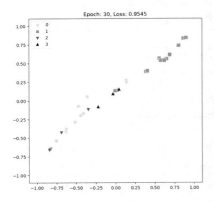

图 9-14　GCN 训练期间的分类可视化图（仅显示 4 帧）

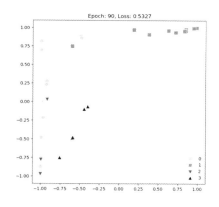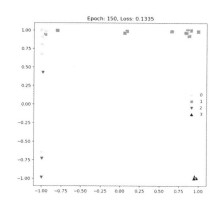

图 9-14　GCN 训练期间的分类可视化图（仅显示 4 帧）（续）

由图 9-14 可知，一开始各个节点汇聚在一起，随着训练轮次加大，到第 150 轮（Epoch）之后，各个类别的节点大致能"各就各位"，去到它该去的位置。也就是说，3 层 GCN 模型可以有效地用于社区发现并正确地对大多数节点实施分类。

9.5.6　模型预测

下面我们量化输出模型的节点预测准确率。首先，我们要算出模型对所有节点的预测值。预测仅仅需要调用模型设计中的 forward 方法。

```
In [22]:
01    import torch.nn.functional as F
02    out, _ = model(data.x, data.edge_index)
03    result = F.softmax(out, dim = 1)   #将 logits 转换为"伪概率"
```

【代码分析】

上述第 02 行代码隐式调用了 forward 方法，该方法返回两个参数，由于返回的隐含层嵌入向量 h 不再需要，因此用"垃圾变量"下画线(_)来接收。第 03 行通过 softmax 将线性层的输出 out（有时候也称为 logits）做归一化处理，处理后的值可以当作概率来用，所以该输出向量的每一行都可视为 4 个类的预测概率。

```
In [23]:
01    torch.set_printoptions(
02        precision = 2,        #设置输出精度，保留小数点后 2 位
03        sci_mode = False      #不用科学计数法显示数据，默认为 True
04    )
05    result                    #输出验证，查看"概率"
```

```
Out[23]:
tensor([[    0.02,     0.97,     0.00,     0.01],
        [    0.04,     0.95,     0.00,     0.01],
        [    0.97,     0.02,     0.02,     0.00],
 …
        [    0.07,     0.00,     0.89,     0.03],
        [    0.97,     0.01,     0.02,     0.00],
        [    0.97,     0.01,     0.02,     0.00]], grad_fn=<SoftmaxBackward0>
```

我们需要择其大者作为分类的依据，这个最大概率值所在的索引位置就是分类的编号，这时需要利用 argmax 方法。pred 就是对所有 34 个节点的预测分类结果。

```
In [24]:
01   pred = out.argmax(dim = 1)
02   print(pred)
```

```
Out[24]:
tensor([1, 1, 0, 1, 3, 3, 3, 1, 0, 0, 3, 1, 1, 0, 0, 0, 3, 1, 0, 0, 0, 1,
0, 2, 2, 2, 0, 2, 0, 0, 0, 2, 0, 0])
```

由于 data.y 存储着这 34 个节点的真正分类，所以将它和预测 pred 相比较，我们就很容易得到分类的准确率。

```
In [25]:
data.y            #输出真实标签来验证
```

```
Out[25]:
tensor([1, 1, 1, 1, 3, 3, 3, 1, 0, 1, 3, 1, 1, 1, 0, 0, 3, 1, 0, 1, 0, 1,
0, 0, 2, 2, 0, 0, 2, 0, 0, 2, 0, 0])
```

```
In [26]:
acc = torch.sum(pred == data.y) / len(data.y)
print(f'准确率为: {acc: 0.2%}')
```

```
Out[26]:
准确率为:  79.41%
```

在一开始，只有 4 个节点被打了标签，占比约 12%（4/34），通过 GCN 算法感知图拓扑结构，最终有 27 个节点（占比 79.41%）被成功标记，模型训练的结果是可以接受的，后续我们还可以再次优化模型，提高模型的性能。

9.6 本章小结

在本章，我们首先较为详尽地讨论了在信号处理领域广泛使用的傅里叶变换，并用案例说明了傅里叶变换的作用，然后阐明了向量分解和信号过滤之间的关系，从而延伸至傅里叶变换与拉普拉斯算子之间的讨论。我们借助拉普拉斯算子来衡量图信号的波动趋势。

图信号中亦有噪声，该如何去除呢？这就涉及了图傅里叶变换。于是，我们讨论了傅里叶变换和图卷积。在图卷积过程中，卷积核实际上可视为另外一种信号。为了提取特征（或者说过滤部分信息），卷积核对图信号中谱域的各个分量进行有目的的强化或衰减，从而达到"遴选"特定信号的作用。

接下来，基于历史发展脉络，我们先后讨论了基于谱域的 4 种具有代表性的 GCN 网络：频率响应参数化的 GCN、多项式参数化的 GCN、基于切比雪夫网络截断的多项式参数化的 GCN 和基于一阶切比雪夫网络的 GCN。其中基于一阶切比雪夫网络的 GCN 是我们广泛采用的神经网络模型。

最后，为了让读者有一个感性认识，我们利用著名的 Karate Club（空手道俱乐部）数据集示范如何利用图卷积来完成图节点的分类任务。

关于图卷积神经网络的讨论暂止步于此。图卷积神经网络是当下的研究热点，其发展可谓是"一日千里"，我们仅仅介绍了其中的部分基础理论，难免挂一漏万。至于更为前沿的探索，还是希望读者自行阅读相关参考文献。毕竟，所有的高手，都是自行"折腾"出来的。

参考资料

[1] 邱锡鹏. 神经网络与深度学习[M]. 北京：机械工业出版社，2020.

[2] SHUMAN D I, NARANG S K, FROSSARD P, et al. The emerging field of signal processing on graphs: Extending high-dimensional data analysis to networks and other irregular domains[J]. IEEE signal processing magazine, 2013, 30(3): 83-98.

[3] LIN, YAOYAO. Blind mesh assessment based on graph spectral entropy and spatial features[J]. Entropy, 2020, 22(2): 190.

[4] KIPF T N, WELLING M. Semi-supervised classification with graph convolutional networks[J]. arXiv preprint arXiv:1609.02907, 2017.

[5] 刘忠雨，李彦霖，周洋. 深入浅出图神经网络：GNN 原理解析[M]. 北京：机械工业出版社，2020.

[6] 马腾飞. 图神经网络：基础与前沿[M]. 北京：电子工业出版社，2021.

[7] TREMBLAY N, GONÇALVES P, BORGNAT P. Design of graph filters and filterbanks[M]. Cooperative and Graph Signal Processing. Cambridge, Massachusetts: Elsevier, 2018: 299-324.

[8] NT H, MAEHARA T. Revisiting graph neural networks: All we have is low-pass filters[J]. arXiv preprint arXiv:1905.09550, 2019.

[9] BRUNA J, ZAREMBA W, SZLAM A, et al. Spectral networks and locally connected networks on graphs[J]. arXiv preprint arXiv:1312.6203, 2014.

[10] DEFFERRARD M, BRESSON X, VANDERGHEYNST P. Convolutional neural networks on graphs with fast localized spectral filtering[J]. arXiv preprint arXiv:1606.09375, 2017.